电子信息科学与工程类专业系列教材

U0192684

DSP技术与应用实例
（第4版）

赵红怡　编著

电子工业出版社

Publishing House of Electronics Industry

北京 · BEIJING

内 容 简 介

本书以 TMS320C54x 系列 DSP 芯片为描述对象。全书分 7 章：首先详细介绍 DSP 的硬件结构、指令系统及应用程序开发和仿真过程；然后给出正弦信号发生器、FIR 滤波器、IIR 滤波器、快速傅里叶变换、语音信号压缩、数字基带信号等的 DSP 实现方法和实例；最后从应用角度给出典型硬件系统定时/计数器的设计和应用，以及主机接口、串口和存储器与 I/O 空间扩展的接口设计。本书的特点是围绕具体应用，尽可能详细地介绍软硬件设计和实现的方法。

本书可以作为电子信息工程、通信工程、自动化专业高年级本科生及研究生的教材和参考书，也可作为相关技术人员从事 DSP 芯片开发与应用的参考书。

图书在版编目（CIP）数据

DSP 技术与应用实例 / 赵红怡编著. —4 版. —北京：电子工业出版社，2021.1
ISBN 978-7-121-39810-0

Ⅰ. ①D⋯ Ⅱ. ①赵⋯ Ⅲ. ①数字信号处理－高等学校－教材②数字信号－微处理器－高等学校－教材
Ⅳ.①TN911.72②TP332

中国版本图书馆 CIP 数据核字（2020）第 200071 号

责任编辑：冉　哲
印　　刷：涿州市般润文化传播有限公司
装　　订：涿州市般润文化传播有限公司
出版发行：电子工业出版社
　　　　　北京市海淀区万寿路 173 信箱　邮编　100036
开　　本：787×1092　1/16　印张：17.25　字数：530 千字
版　　次：2003 年 6 月第 1 版
　　　　　2021 年 1 月第 4 版
印　　次：2024 年 1 月第 5 次印刷
定　　价：49.80 元

凡所购买电子工业出版社图书有缺损问题，请向购买书店调换。若书店售缺，请与本社发行部联系，联系及邮购电话：（010）88254888，88258888。

质量投诉请发邮件至 zlts@phei.com.cn，盗版侵权举报请发邮件至 dbqq@phei.com.cn。

本书咨询联系方式：ran@phei.com.cn。

前　言

数字信号处理器（DSP）作为快速处理与实时处理最重要的载体之一，正日益受到科学技术界与工程界的关注。业界对掌握 DSP 技术人才的需求极为迫切，因而编写的教材既要适用于电类本科生和研究生的 DSP 技术类课程，也应为从业人员进行科技开发提供参考。本书是《DSP 技术与应用实例》的第 4 版，去掉了第 3 版中第 5 章的内容，修改了发现的错误。

本书通过对 TMS320C54x 系列 DSP 芯片的结构和专用汇编语言的介绍，使读者了解并掌握电子、通信技术等领域相关产品使用数字信号进行处理的方法。全书分 7 章。第 1 章综述 DSP 芯片的特点、发展趋势和应用范围；第 2 章介绍 TMS320C54x 的硬件结构；第 3 章介绍 TMS320C54x 的指令系统；第 4 章介绍 TMS320C54x 应用程序开发；第 5 章介绍汇编语言程序设计；第 6 章以 TMS320C54x 为例介绍数字信号处理和通信中最常见、最具有代表性的应用程序，如正弦信号发生器、FIR 滤波器、IIR 滤波器、快速傅里叶变换、语音信号压缩、数字基带信号等的 DSP 实现方法；第 7 章从应用角度介绍典型硬件系统定时/计数器的设计和应用，以及主机接口、串口和存储器与 I/O 空间扩展的接口设计。

本书提供配套电子课件，登录华信教育资源网（www.hxedu.com.cn），注册后免费下载。

在本书的编写过程中，雷挺、刘佳凝对本书所附的程序进行了验证，特此深表感谢。同时也感谢电子工业出版社的领导和编辑对本书提出的宝贵意见与大力支持。

由于作者水平有限，书中难免存在错误和疏漏之处，恳请读者批评指正。

作　者

目　录

第1章 绪 论

1.1 DSP 概述

数字信号处理（Digital Signal Processing，DSP）是一门涉及许多学科并且被广泛应用于众多领域的新兴学科。从 21 世纪开始，社会逐渐进入数字化时代，而数字信号处理正是这场数字化革命的核心。从 20 世纪 60 年代数字信号处理理论的崛起，到 80 年代数字信号处理器的产生，数字信号处理器无论在其应用的广度方面还是深度方面都在以前所未有的速度向前发展。对于其重要意义及发展前景，无论怎样估计都不为过。

数字信号处理器利用计算机或专用设备，以数字形式对信号进行采样、变换、滤波、估值、增强、压缩、识别等处理，以得到符合人们需要的信号形式。数字信号处理器作为快速处理与实时处理最重要的载体之一，正日益受到科学技术界与工程界的关注。随着数字信号处理技术在我国应用的日益广泛，对掌握数字信号处理技术的人才的需求极为迫切。

数字信号处理技术是围绕着数字信号处理的理论、实现和应用等几个方面发展起来的：数字信号处理在理论上的发展推动了数字信号处理应用的发展；反过来，数字信号处理的应用又促进了数字信号处理理论的发展；而数字信号处理的实现则是理论和应用之间的桥梁。

数字信号处理是以众多学科为理论基础的，它所涉及的范围极其广泛。例如，在数学领域，微积分、概率统计、随机过程、数值分析等都是数字信号处理的基本工具；它与网络理论、信号与系统、控制理论、通信理论、故障诊断等也密切相关；近年来，新兴的一些学科，如人工智能、模式识别、神经网络等，也都与数字信号处理密不可分。可以说，数字信号处理把许多经典的理论体系作为自己的理论基础，同时又使自己成为一系列新兴学科的理论基础。

数字信号处理的实现方法一般有以下 5 种。

① 在通用的计算机（如 PC）系统中用软件（如 FORTRAN、C 语言、MATLAB）实现。

② 在通用计算机系统中加上专用的加速处理机实现。

③ 用通用的单片机实现——可用于不太复杂的数字信号处理，如数字控制等。

④ 用通用的可编程 DSP 芯片实现——与用单片机相比，DSP 芯片提供了更加适合进行数字信号处理的软件和硬件资源，可用于复杂的 DSP 算法。

⑤ 用专用的 DSP 芯片实现——在一些特殊的场合，要求的信号处理速度极高，用通用的 DSP 芯片很难实现（如专用于 FFT、数字滤波、卷积、相关等算法的 DSP 芯片，这种芯片将相应的信号处理算法在芯片内部用硬件实现，无须编程）。

在上述几种方法中，第①种方法的缺点是速度较慢，一般用于 DSP 算法的模拟。第②种和第⑤种方法专用性强，应用受到很大的限制，且第②种方法也不便于系统的独立运行。第③种方法只适用于实现简单的 DSP 算法。只有第④种方法使数字信号处理的应用打开了新的局面。

虽然数字信号处理的理论发展迅速，但由于实现方法的限制，其理论还得不到广泛的应用。直到 20 世纪 70 年代末，世界上第一个单片可编程 DSP 芯片的诞生，才将理论研究成果广泛应用到低成本的实际系统中，并且推动了新的理论和应用领域的发展。可以毫不夸张地说，DSP 芯片的诞生及发展对通信、计算机、控制等领域的技术发展起到了十分重要的作用。

1.2　DSP芯片的特点

DSP 有两个含义：① Digital Signal Processing，是指数字信号处理技术；② Digital Signal Processor，是指数字信号处理器。数字信号处理器，也称 DSP 芯片，是一种专门用于数字信号处理的微处理器。DSP 芯片的内部采用程序和数据分开的哈佛结构，具有专门的硬件乘法器，采用流水线操作，提供特殊的 DSP 指令，可以用来快速地实现各种 DSP 算法。根据数字信号处理的要求，DSP 芯片一般具有以下主要特点。

① 在一个指令周期内可以完成一次乘法和一次加法。
② 程序空间和数据空间分开，可以同时访问程序空间和数据空间。
③ 内部配有快速 RAM，通常可通过独立的数据总线同时访问两个芯片。
④ 提供低开销或零开销循环及跳转的硬件支持。
⑤ 提供快速的中断处理和硬件 I/O 支持。
⑥ 具有在单周期内操作的多个硬件地址产生器。
⑦ 可以并行执行多个操作。
⑧ 支持流水线操作：取指令、译码、取操作数和执行等操作可以流水执行。

1．哈佛结构

早期的微处理器内部大多采用冯·诺依曼（Von-Neumann）结构，其内部程序空间和数据空间是合在一起的，取指令和取操作数都是通过一根总线分时进行的。当高速运算时，不但不能同时取指令和取操作数，而且还会造成传输通道上的瓶颈现象。DSP 芯片内部采用的是程序空间和数据空间分开的哈佛（Harvard）结构（一组程序总线，三组数据总线，三组地址总线），允许同时取指令（来自程序空间）和取操作数（来自数据空间）。改进的哈佛结构还允许在程序空间和数据空间之间相互传送数据。

2．多总线结构

许多 DSP 芯片内部都采用多总线结构，保证在一个机器周期内可以多次访问程序空间和数据空间。例如，TMS320C54x 内部有 P、C、D、E 共 4 根总线（每根总线又包括地址总线和数据总线），可在一个机器周期内从程序空间中取 1 条指令，从数据空间中读 2 个操作数和向数据空间中写 1 个操作数，大大提高了 DSP 芯片的运行速度。因此，对 DSP 芯片来说，内部总线是十分重要的资源，总线越多，可以完成的功能就越复杂。

3．流水线（Pipeline）结构

DSP 芯片执行一条指令，需要经过取指令、译码、取操作数和执行等阶段。在 DSP 芯片中，采用流水线结构，因此，在程序运行过程中，这几个阶段是重叠的，如图 1-1 所示。这样，在执行本条指令的同时，还依次完成了后面 3 条指令的取操作数、译码和取指令操作，将指令周期减到最小值。

利用这种流水线结构，加上执行重复操作，就能保证数字信号处理中用得最多的乘法累加运算

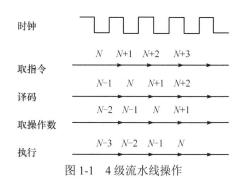

图 1-1　4 级流水线操作

$$y = \sum_{i=1}^{N} a_i x_i$$

可在单个指令周期内完成。

4．多处理单元

DSP 芯片内部一般都包含多个处理单元，如算术逻辑单元（ALU）、辅助寄存器运算单元（ARAU）、累加器（ACC）及硬件乘法器（MUL）等。它们可以在一个机器周期内同时进行运算。例如，在执行一次乘法和累加运算的同时，辅助寄存器运算单元已经完成了下一个地址的寻址工作，为下一次乘法和累加运算做好充分的准备。因此，DSP 芯片在进行连续的乘法和累加运算时，每次乘法和累加运算都是单周期的。DSP 芯片的这种多处理单元结构，特别适用于 FIR 和 IIR 滤波器。此外，许多 DSP 芯片的多处理单元结构还可以将一些特殊的算法，如 FFT 的位码倒置寻址和取模运算等，在芯片内部用硬件实现，以提高运行速度。

5．特殊的 DSP 指令

为了更好地满足数字信号处理应用的需要，在 DSP 芯片的指令系统中，设计了一些特殊的 DSP 指令。例如，TMS320C54x 中的 FIRS 和 LMS 指令专门用于系数对称的 FIR 滤波器和 LMS 算法。

6．指令周期短

早期，DSP 的指令周期约为 400ns，采用 4μm 的 NMOS 制造工艺，其运算速度为 5MIPS（每秒执行 500 万条指令）。随着集成电路工艺的发展，DSP 芯片广泛采用亚微米 CMOS 制造工艺，其运算速度越来越快。以 TMS320C54x 为例，其运算速度可达 100MIPS。

7．运算精度高

早期 DSP 芯片的字长为 8 位，后来逐步提高到 16 位、24 位、32 位。为了防止在运算过程中产生溢出，有的累加器达到了 40 位。此外，一批浮点 DSP，如 TMS320C3x，TMS320C4x，ADSP21020 等，提供了更大的动态范围。

8．硬件配置高

新一代 DSP 芯片的接口功能越来越强，内部具有串口、主机接口（HPI）、DMA 控制器、软件控制的等待状态发生器、锁相环时钟发生器，以及用于实现片上仿真的符合 IEEE 1149.1 标准的测试访问接口，更易于完成系统设计。许多 DSP 芯片都可以工作于省电方式，使系统功耗降低。

DSP 芯片是一种特殊的微处理器，不仅具有可编程性，而且其实时运算速度远远高于通用微处理器。特殊的内部结构、强大的信息处理能力及较高的运算速度，是 DSP 芯片最重要的特点。

DSP 芯片是一种专用微处理器，是高性能系统的核心。它接收模拟信号，如光和声音，并将其转化为数字信号，实时地对大量数据进行数字技术处理。这种实时能力使 DSP 芯片在声音处理、图像处理等不允许时间延迟领域的应用十分理想，成为全球 70%数字电话的"心脏"。同时，DSP 芯片在网络领域也有广泛的应用。DSP 芯片的上述特点，使其在各个领域得到越来越广泛的应用。

1.3 DSP 芯片的现状及其应用

1．DSP 芯片的发展

1978 年，Microsystems 公司的 AMI 子公司发布了世界上第一个单片 DSP 芯片 S2811。1979 年，美国 Intel 公司发布了商用可编程器件 2920，它是 DSP 芯片发展的一个主要里程碑。这两种芯片内部都没有现代 DSP 芯片所必需的单周期硬件乘法器。1980 年，日本 NEC 公司推出的μPD7720 是第一个具有乘法器的商用 DSP 芯片。第一个采用 CMOS 工艺生产浮点 DSP 芯片的是日本的 Hitachi 公司，它于 1982 年推出了浮点 DSP 芯片。1983 年，日本的 Fujitsu 公司推出了 MB8764，其指令周期为120ns，双内部总线，从而使处理器的吞吐量有了一个大的飞跃。第一个高性能的浮点DSP芯片是AT&T公司于1984年推出的DSP32。TI公司于1982年成功推出其第一代DSP芯片TMS32010及系列产品TMS32011、TMS320C10/C14/C15/C16/C17等，之后相继推出了第二代DSP芯片TMS32020、TMS320C25/C26/C28，第三代DSP芯片TMS320C30/C31/C32，第四代DSP芯片TMS320C40/C44，第五代DSP芯片TMS320C50/C51/C52/C53/C54，以及集多个DSP于一体的高性能DSP芯片TMS320C80/C82等。

自1980年以来，DSP芯片得到了突飞猛进的发展，DSP芯片的应用也越来越广泛。从运算速度来看，MAC（一次乘法和一次加法）时间已经从1980年的400ns减少到40ns，处理能力提高了约10倍。DSP芯片内部关键的乘法器部件从1980年的占模区的40左右下降到5以下，内部RAM容量增加了一个数量级以上。从制造工艺来看，1980年采用4μm的NMOS制造工艺，而现在则普遍采用亚微米CMOS制造工艺。DSP芯片的引脚数量从1980年的最多64个增加到现在的200个以上，引脚数量的增加，意味着结构灵活性的增强。此外，随着DSP芯片的发展，DSP系统的成本、体积、重量和功耗有很大程度的下降。

生产DSP芯片的公司有很多家，主要有TI公司、AD公司、Lucent公司、Motorola公司和LSI Logic公司。TI公司作为DSP芯片生产商的代表，生产的品种很多，定点和浮点DSP芯片均占较大的市场份额。

2．DSP芯片的分类

DSP芯片可以按照下列三种方式进行分类。

（1）按基础特性分类

这种方式根据DSP芯片的工作时钟和指令类型进行分类。如果在某个时钟频率范围内的任何时钟频率上，DSP芯片都能正常工作，除运算速度有变化外，没有性能的下降，这类DSP芯片一般称为静态DSP芯片。例如，日本OKI电气公司的DSP芯片、TI公司的TMS320C2xx系列都属于这一类。

如果有两种或两种以上的DSP芯片，它们的指令集和相应的机器代码及引脚结构相互兼容，则这类DSP芯片称为一致性DSP芯片。例如，美国TI公司的TMS320C54x系列。

（2）按数据格式分类

这种方式根据DSP芯片工作的数据格式进行分类。数据以定点格式工作的DSP芯片称为定点DSP芯片，如TI公司的TMS320C1x/C2x、TMS320C2xx/C5x、TMS320C54x/C62xx系列，AD公司的ADSP21xx系列，AT&T公司的DSP16/16A，Motorola公司的MC56000等。以浮点格式工作的DSP芯片称为浮点DSP芯片，如TI公司的TMS320C3x/C4x/C8x系列，AD公司的ADSP21xxx系列，AT&T公司的DSP32/32C，Motorola公司的MC96002等。

不同浮点DSP芯片所采用的浮点格式不完全一样，有的DSP芯片采用自定义的浮点格式，如TMS320C3x系列；有的DSP芯片则采用IEEE的标准浮点格式，如Motorola公司的MC96002、Fujitsu公司的MB86232和ZORAN公司的ZR35325等。

（3）按用途分类

按照DSP芯片的用途来分类，可分为通用型DSP芯片和专用型DSP芯片。通用型DSP芯片适合普通的数字信号处理应用，如TI公司的一系列DSP芯片属于通用型DSP芯片。专用DSP芯片是为特定的DSP运算而设计的，更适合特殊的运算，如数字滤波、卷积和FFT，如Motorola公司的DSP56200和ZORAN公司的ZR34881。

3．国内 DSP 技术的发展

目前，我国 DSP 芯片产品主要来自海外。TI 公司的第一代产品 TMS32010 在 1983 年最早进入中国市场，以后 TI 公司通过提供 DSP 培训课程，不断扩大市场份额，现约占国内 DSP 芯片市场的 90%，其余为 Lucent、AD、Motorola、ZSP 和 NEC 等公司所占有。目前，全球有数百家直接依靠 TI 公司的 DSP 芯片产品而成立的公司，称为 TI 的第三方，它们有的制作 DSP 开发工具，有的从事 DSP 硬件平台开发，有的从事 DSP 应用软件开发。这些公司基本上是在 20 世纪 80 年代末、90 年代初才创建的，开始时往往只有几个人，经过 30 余年的努力，现在均发展到一定的规模。

近年来，在国内一些专业 DSP 用户的推动下，我国 DSP 的应用日渐普及。20 世纪 80 年代末期主要采用 TMS320C25，而目前 TMS320F206/F240/F2407/C5409/C5410/C6201/C6701 等系列产品已经成为主流。

国内除一些专业的 DSP 芯片产品公司外，一些高校在 DSP 技术的发展上也起到了关键的作用。目前许多高校都建立了 DSP 实验室。

与国外相比，我国 DSP 技术的发展在硬件、软件上还有很大的差距，还有很长一段路要走。数字信号处理毕竟是一个新兴产业，我们对其应用前景充满希望和信心，也盼望有更多的高校、科研机构、公司开展 DSP 技术的应用研究。

4．DSP 技术的发展趋势

数字化技术正在极大地改变着我们的生活。作为数字化技术的基石，DSP 技术已经在、正在、并且还将在其中扮演一个不可或缺的角色。DSP 技术的核心是算法与实现，越来越多的人正在认识、熟悉和使用它。因此及时了解 DSP 技术的现状及其发展趋势，正确使用 DSP 芯片，才有可能真正发挥出 DSP 技术的作用。

（1）DSP 芯片内核结构进一步改善的趋势

传统的 DSP 芯片通过采用乘加（乘法和累加）单元和改进的哈佛结构，使其运算能力大大超越了传统的微处理器。在存储器的带宽必须能够满足由于总线数目增加所带来的数据吞吐量的提高，以及多个功能单元并行工作所涉及的调度算法的复杂度必须是可实现的条件下，通过增加片上运算单元的个数以及相应的连接这些运算单元的总线数目，就可以成倍地提升芯片的总体运算能力。

1997 年，TI 公司发布了基于 VLIW（超长指令字）体系结构的 C62x DSP 内核。它在内部集成了两组完全相同的功能单元，各包括一个 ALU（算术逻辑单元）、一个乘法单元、一个移位单元和一个地址产生单元。这 8 个功能单元通过各自的总线与两组寄存器组连接。在理想情况下，这 8 个功能单元可以完全并行，从而在单周期内执行 8 条指令操作。VLIW 体系结构使得 DSP 芯片的性能得到了大幅提升。VLIW 结构对功能单元采用静态调度的策略，DSP 芯片内部只完成简单的指令分发操作，调度算法的实现可以由编译器完成。用户也可以通过手工编写汇编代码的形式实现自主调度，其好处是 DSP 芯片的使用难度大大降低。另外，通过使用高效的 C 语言编译器，普通用户也可以开发出具有较高效率的 DSP 应用程序。

（2）存储器构架的趋势

随着芯片主频的不断攀升，存储器的访问速度日益成为系统性能提升的瓶颈。在现有的制造工艺下，片上存储单元的增加将导致数据线负载电容的增加，进而影响数据线上信号的开关时间，这意味着片上高速存储单元的增加将是十分有限的。为了解决存储器速度与 CPU 内核速度不匹配的问题，高性能的 CPU 普遍采用 Cache（高速缓存）机制，新的 DSP 芯片也开始采用这种结构。在很多情况下，采用这种多级缓存的架构可以达到采用完全片上存储器结构的系统约 80% 的执行效率。但是，采用 Cache 机制也在一定程度上增加了系统执行时间的不确定性，其对于实时系统的影响需要用户认真地加以分析和评估。Cache 对于 DSP 芯片还是一个比较新的概念。DSP 开发人员需要更深入地了解 Cache 机制，相应地对算法的数据结构、处理流程及程序结构等做出调整，以提高 Cache 的命中率，从而更有效地发挥 Cache 的作用。

（3）SoC 的趋势

对于特定的终端应用，SoC（System-on-a-Chip）可以兼顾体积、功耗和成本等诸多因素，因而逐渐成为芯片设计的主流。DSP 芯片也逐渐从传统的通用型处理器中分离出更多的、直接面向特定应用的 SoC 芯片。这些 SoC 芯片多采用 DSP+ARM 的双核结构，既可以满足核心算法的实现需求，又能够满足网络传输和用户界面等需求。同时，越来越多的专用接口和协处理器被集成到芯片中，用户只需添加极少的外部芯片，即可构成一个完整的应用系统。以 TI 公司为例，其推出的面向第三代无线通信终端的 OMAP1510、面向数码相机的 DM270、面向专业音频设备的 DA610、面向媒体处理的 DM642 等，都是 SoC 的典型例子。

（4）实时的趋势

实时的定义因具体应用而异。一般而言，对于逐样本（Sample-by-Sample）处理的系统，如果对单次样本的处理可以在相邻两次采样的时间间隔之内完成，就称这个系统满足实时性的要求，即 tprocess>tsample，其中，tprocess 代表系统对单次采样样本的处理时间，tsample 代表两次采样之间的时间间隔。举例来说，某个系统要对输入信号进行滤波，采用的是一个 100 阶的 FIR 滤波器，即假设系统的采样率为 1kHz，如果系统在 1ms 之内可以完成一次 100 阶的 FIR 滤波运算，就认为这个系统满足实时性的要求。如果采样率提高到 10kHz，那么实时性条件也相应提高，系统必须在 0.1ms 内完成所有的运算。需要注意，tprocess 还应当考虑各种系统开销，包括中断的响应时间、数据的吞吐时间等。

正确理解实时的概念是很重要的。工程实现的原则是"量体裁衣"，即从工程的实际需要出发设计系统，选择最合适的方案。对于数字信号处理的工程实现而言，脱离系统的实时性要求，盲目选择高性能的 DSP 芯片是不科学的，因为这意味着系统复杂度、可靠性、制造工艺、开发时间、开发成本及生产成本等方面不必要的开销。从这个角度而言，即使系统开发成功，整个工程项目可能仍然是失败的。

（5）嵌入式的趋势

世界上没有完美的处理器，DSP 芯片不是万能的。嵌入式应用对系统成本、体积和功耗等因素较敏感。DSP 芯片在这些方面都具有优势，因此 DSP 芯片特别适合嵌入式的实时数字信号处理应用。反过来，对于某个具体的嵌入式的实时数字信号处理任务，DSP 芯片却往往不是唯一的，或者最佳的解决方案。越来越多的嵌入式 RISC 处理器开始增强其数字信号处理的功能，FPGA 厂商为数字信号处理应用所做的努力一直没有停止过，针对某项特定应用的 ASIC/ASSP 器件的推出时间也越来越快。开发人员面临的问题是，如何根据实际的应用需求客观地评价和选择处理器件。

5．DSP 技术的应用

DSP 芯片的高速发展，一方面得益于集成电路的发展，另一方面也得益于巨大的市场。经过 30 余年的发展，DSP 技术应用领域日渐宽广，已经在信号处理、通信、雷达等许多领域得到广泛的应用。目前，DSP 芯片的价格越来越低，性能价格比日益提高，具有巨大的应用潜力。

（1）DSP 芯片的主要应用

① 信号处理——数字滤波，自适应滤波，快速傅里叶变换，相关运算，频谱分析，卷积，模式匹配，加窗，波形产生等。

② 通信——调制解调，自适应均衡，数据加密，数据压缩，回波抵消，多路复用，传真，扩频通信，纠错编码，可视电话等。

③ 语音处理——语音编码，语音合成，语音识别，语音增强，说话人辨认，说话人确认，语

音邮件，语音存储等。

④ 图像/图形——二维图形和三维图形处理，图像压缩与传输，图像识别，机器人视觉，多媒体，动画，电子地图，图像增强等。

⑤ 军事——保密通信，雷达处理，声呐处理，导航，全球定位，跳频电台，搜索和反搜索等。

⑥ 仪器仪表——频谱分析，函数发生，数据采集，地震数据处理等。

⑦ 自动控制——控制，深空作业，自动驾驶，机器人控制，磁盘控制等。

⑧ 医疗——助听，超声设备，诊断工具，病人监护，心电图等。

⑨ 家用电器——高保真数字音响，数字电视，可视电话，音乐合成，音调控制，玩具与游戏等。

（2）DSP 芯片将是普遍应用的热门产品

随着 DSP 芯片性价比的不断提高，将会在更多领域得到更为广泛的应用。

① 通信电子类（Communication Electronics）——蜂窝电话（Cellular Phone），ADSL 调制解调器（Modem），线缆调制解调器（Cable Modem），蓝牙技术（Blue Tooth）产品，数字电话应答机（Digital Telephone Answering Device），全球定位系统（Global Positioning System，GPS），卫星电话（Satellite Phone），电话会议（Conference Speaker Phone），电视电话会议编译码器（Video Conferencing Code），IP 电话（Voice over IP），IP 传真（Fax over IP），ATM 电话（Voice over ATM），智能天线（Smart Antenna），PCS 用户端（Subscriber Set）。其中，DSP 芯片在通信领域的应用大约占 DSP 芯片市场份额的 60%。

② 计算机类（Computer Electronics）——计算机电话卡（Computer Telephone Board，CTB），硬盘驱动器（Hard Disk Driver），DDPRML 读取通道（Read Channel），PCI 声卡芯片（Audio/Sound Chip），声卡（Sound Board）。

③ 消费电子类（Consumer Electronics）——数字多用光盘（Digital Versatile Disk，DVD），数字电视/高清晰度电视（Digital TV/HDTV），数字助听器（Digital Hearing Aid），数码相机芯片（Digital Camera Chip），MPEG 编码器芯片（Encoder Chip），MPEG 译码器芯片（Decoder Chip），MP3 播放机芯片（Player Chip），机顶盒（Set Top Box）。

④ 仪器电子类（Instrumentation Electronics）——马达控制芯片（Motor Control Chip）。

⑤ 军事电子类（Military Electronics）——雷达系统（Radar System），声呐系统（Sonar System）。

⑥ 办公自动化设备（Office Automation Electronics）及数字无线电广播（Digital Radio Broadcasting，DRB）等。

习题 1

1．数字信号处理的实现方法一般有哪几种？

2．简要叙述 DSP 芯片的发展概况。

3．可编程 DSP 芯片有哪些特点？

4．什么是哈佛结构和冯·诺依曼结构？它们有什么区别？

5．什么是流水线技术？

6．什么是定点 DSP 芯片和浮点 DSP 芯片？它们各有什么优缺点？

7．DSP 技术的发展趋势主要体现在哪些方面？

第 2 章　TMS320C54x 的硬件结构

2.1　结构概述

TMS320 系列中的同一代芯片具有相同的 CPU 结构，但是内部存储器和内部外设的配置是不同的。通过把存储器和外设集成到一块芯片上，可以降低系统成本和节省电路板空间。

TMS320C54x 是 16 位定点 DSP 芯片，采用改进的哈佛结构，适应远程通信等实时嵌入式应用的需要。TMS320C54x 有一组程序总线和三组数据总线，以及高度并行性的算术逻辑单元（ALU），专用硬件逻辑，内部存储器，内部外设和专业化的指令集，使该芯片运算速度更高，操作更灵活。

程序空间和数据空间分开，允许同时对指令和数据进行访问，提供了很高的并行度，可在一个机器周期内完成两个读操作和一个写操作。因此，并行存储指令和专用指令可以在这种结构里得到充分利用。另外，数据可在数据空间和程序空间之间传送。并行性支持一系列算术、逻辑和位处理运算，它们都能在一个机器周期内完成。TMS320C54x 还具有管理中断、循环运算和功能调用的控制结构。

表 2-1 中列出了 TMS320C54x 的主要特性。

表 2-1　TMS320C54x 的主要特性

型　号	电压/V	内部存储器		内部外设			指令周期/ns	封装形式	
		RAM[①]/KW	ROM/KW	串口	定时器	主机接口		引脚	类型
TMS320C541	5.0	5	28[②]	2[③]	1		25	100	TQPF
TMS320LC541	3.3	5	28[②]	2[③]	1		20/25	100	TQPF
TMS320C542	5.0	10	2	2[③]	1	√	25	128/144	TQPF
TMS320LC542	3.3	10	2	2[④]	1	√	20/25	100	TQPF
TMS320LC543	3.3	10	2	2[④]	1		20/25	128	TQPF
TMS320LC545	3.3	6	48[⑦]	2[⑤]	1	√	20/25	128	TQPF
TMS320LC545A	3.3	6	48[⑦]	2[⑤]	1	√	15/20/25	100	TQPF
TMS320LC546	3.3	6	48[⑦]	2[⑤]	1		20/25	100	TQPF
TMS320LC546A	3.3	6	48[⑦]	2[⑤]	1		15/20/25	144	BGA/TQPF
TMS320LC548	3.3	32	2	3[⑥]	1	√	15/20	144	TQPF/BGA
TMS320LC549	3.3	32	16	3[⑥]	1	√	12.5/15	144	TQPF/BGA
TMS320VC549	3.3（内核 2.5）	32	16	3[⑥]	1	√	10	144	TQPF/BGA
TMS320VC5402	3.3（内核 2.8）	16	4	2	2	√	10	144	TQPF/BGA

型 号	电压/V	内部存储器		内 部 外 设			指令周期 /ns	封 装 形 式	
		RAM① /KW	ROM /KW	串口	定时器	主机接口		引脚	类型
TMS320VC5409	3.3（内核 2.8）	32	4	3	1	√	10	144	TQPF/BGA
TMS320VC5410	3.3（内核 2.5）	64	6	3	1	√	10	144	TQPF/BGA
TMS320VC5420	3.3（内核 2.8）	100	0	6	1	√	10	144	TQPF/BGA

注：

① 对于 C548 和 C549 而言，是 SRAM，其余型号芯片则是 DRAM，且 SRAM 可以配置为程序空间或者数据空间。

② 对于 C541 或 LC541，8KW（千字）的 ROM 可以配置为程序空间或者程序/数据空间。

③ 两个标准通用串口 SP。

④ 一个时分复用串口 TDM 和一个带缓冲区的标准串口 BSP。

⑤ 一个标准串口 SP 和一个带缓冲区的标准串口 BSP。

⑥ 一个时分复用串口 TDM 和两个带缓冲区的标准串口 BSP。

⑦ 对于 LC545 或 LC546，16KW 的 ROM 可以配置为数据空间或者程序空间。

TMS320C54x 的硬件结构框图如图 2-1 所示。它围绕 8 根总线由 10 大部分组成，包括中央处理器（CPU）、内部总线结构、特殊功能寄存器、随机存储器（RAM）、只读存储器（ROM）、I/O 扩展口、串口、并口（HPI）、定时/计数器、中断系统等。由于采用改进的哈佛结构和 8 总线结构，使芯片的性能大大提高。其独立的程序总线和数据总线，允许同时访问程序空间和数据空间，实现高度并行操作。例如，可以在一条指令中，同时执行 3 次读操作和 1 次写操作。还可以在数据总线与程序总线之间相互传送数据，从而使芯片具有在单个机器周期内同时执行算术运算、逻辑运算、移位操作、乘法累加运算及访问程序空间和数据空间的强大功能。

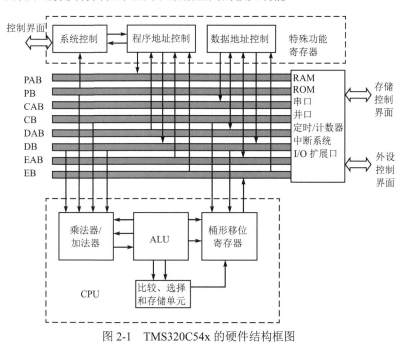

图 2-1 TMS320C54x 的硬件结构框图

2.2　总线结构

TMS320C54x 内部有 8 根 16 位主总线：4 根程序/数据总线和 4 根地址总线。

● 程序总线（PB）传送取自程序空间的指令代码和立即操作数（立即数）。

● 3 根数据总线（CB、DB 和 EB）将内部各单元（如 CPU、数据地址生成电路、程序地址生成电路、内部外设及数据空间）连接在一起。其中，CB 和 DB 总线传送从数据空间中读出的操作数，EB 总线传送写到数据空间中的数据。

● 4 根地址总线（PAB、CAB、DAB 和 EAB）传送执行指令所需的地址。

TMS320C54x 利用两个辅助寄存器运算单元（ARAU0 和 ARAU1），在每个周期内产生两个数据空间的地址。

PB 总线能将存放在程序空间（如系数区）中的操作数传送到乘法器/加法器中，以便执行乘法/累加操作，或通过数据传送指令（MVPD 和 READA 指令）传送到数据空间中。这种功能连同双操作数的特性一起，支持在一个机器周期内执行三操作数指令（如 FIRS 指令）。

TMS320C54x 还有一组内部双向总线，用于寻址内部外设。这根总线通过 CPU 接口中的总线交换器与 DB 和 EB 连接，利用这根总线进行读/写，需要两个或两个以上机器周期，具体时间取决于外设的结构。表 2-2 列出了各种寻址方式所用到的总线。

表 2-2　各种寻址方式所用到的总线

读/写方式	地　址　总　线				程　序　总　线	数　据　总　线		
	PAB	CAB	DAB	EAB	PB	CB	DB	EB
程序读	√				√			
程序写	√							√
单数据读			√				√	
双数据读		√	√			√	√	
长数据（32 位）读		√（hW）	√（lW）			√（hW）	√（lW）	
单数据写				√				√
数据读/数据写			√	√			√	√
双数据读/系数读	√	√	√		√	√	√	
外设读			√				√	
外设写				√				√

注：hW =高 16 位字，lW =低 16 位字。

2.3　中央处理器

TMS320C54x 的中央处理器（CPU）由运算部件和控制部件组成，包括：

● 一个 40 位的算术逻辑单元（ALU）。

● 两个 40 位的累加器（ACCA 和 ACCB）。

● 一个桶形移位寄存器。

● 17×17 位乘法器。

● 40 位加法器。

● 比较、选择和存储单元（CSSU）。

● 指数编码器。

- 各种 CPU 寄存器（CPU 寄存器是由存储器映射的，能够实现快速恢复和保存）。

2.3.1 运算部件

1. 算术逻辑单元

TMS320C54x 使用一个 40 位的算术逻辑单元（ALU）和两个 40 位的累加器（ACCA 和 ACCB）来完成二进制补码的算术运算。同时，ALU 也能完成布尔运算，其功能框图如图 2-2 所示。

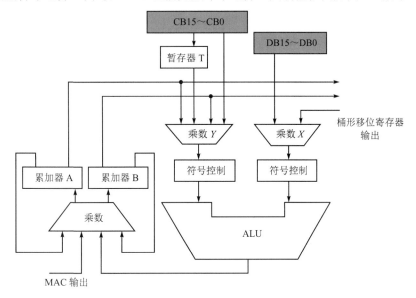

图 2-2　ALU 功能框图

ALU 的 X 输入端的数据为以下两个数据中的任意一个：

① 桶形移位寄存器的输出（32 位或 16 位数据存储器操作数及累加器中的数值，经桶形移位寄存器移位后输出）。

② 来自数据总线 DB 的数据存储器操作数。

ALU 的 Y 输入端的数据为以下 4 个数据中的任意一个：

① 累加器 A 中的数据。

② 累加器 B 中的数据。

③ 暂存器 T 中的数据。

④ 来自数据总线 CB 的数据存储器操作数。

ALU 能起两个 16 位 ALU 的作用，且在 ST1 寄存器中的 C16 位置位（置 1）时，可以同时完成两个 16 位的运算。

ALU 的输出为 40 位的，被送往累加器 A 或 B。

2. 累加器

累加器 A 和 B 用于存放从 ALU 或乘法器/加法器输出的数据，其数据也能输出到 ALU 或乘法器/加法器中。累加器 A 和 B 都可分成三个部分，如图 2-3 所示。其中，保护位作为计算时的数据位余量，防止迭代运算（如自相关）产生的溢出。

累加器 A 和 B 在 CPU 中的表示如图 2-4 所示。AG、BG、AH、BH、AL 和 BL 都是存储器映射寄存器，由特定的指令将其内容存放到存储器中，以及从存储器中读出或写入 32 位累加器的值。同时，任何一个累加器都可作为暂存器使用。累加器 A 和 B 的差别仅在于累加器 A 的 31～16 位可以用作乘法器的输入。

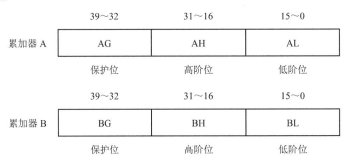

图 2-3　累加器 A 和 B

图 2-4　累加器在 CPU 中的表示

可以利用 STH、STL、STLM 和 SACCD 等指令或并行存储指令，将累加器的内容存放到存储器中。在存放前，有时需要对累加器的内容进行移位操作。右移时，AG 和 BG 中的各数据位分别移至 AH 和 BH 中；左移时，AL 和 BL 中的各数据位分别移至 AH 和 BH 中，低位填 0。

【例 2-1】假设累加器 A=FF12345678H，执行带移位的 STH 和 STL 指令后，暂存器 T 中的结果如下：

```
STH   A,8,T        ;T=3456H(A 左移 8 位后,高阶位存放在 T 中)
STH   A,-8,T       ;T=FF12H(A 右移 8 位后,高阶位存放在 T 中)
STL   A,8,T        ;T=7800H(A 左移 8 位后,低阶位存放在 T 中)
STL   A,-8,T       ;T=3456H(A 右移 8 位后,低阶位存放在 T 中)
```

3. 桶形移位寄存器

桶形移位寄存器的功能框图如图 2-5 所示。

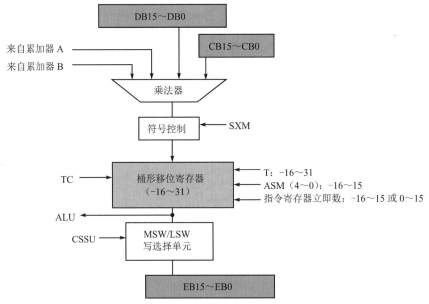

图 2-5　桶形移位寄存器的功能框图

40 位的桶形移位寄存器的输入端接至：

① DB，取得 16 位输入数据。

② DB 和 CB，取得 32 位输入数据。

③ 40 位累加器 A 或 B。

桶形移位寄存器的输出端接至：

① ALU 的一个输入端。

② 经过 MSW/LSW（最高有效字/最低有效字）写选择单元至 EB 总线。

桶形移位寄存器能把输入的数据进行 0～31 位的左移和 0～16 位的右移，所移的位数由 ST1 寄存器中的累加器移位方式（ASM）位或被指定作为移位数寄存器的暂存器（T）决定。桶形移位寄存器和指数编码器可把累加器中的值在一个周期中进行归一化，移位输出的最低位填 0，最高位可以填 0 或进行符号扩展，这由 ST1 寄存器中的符号位扩展方式（SXM）位决定。这种外加的移位能力能使 CPU 能完成数字定标、位提取、扩展算术和溢出保护等操作。

指令中的移位数就是移位的位数。移位数都用 2 的补码表示，正值表示左移，负值表示右移。移位数可用以下三种方式来定义：

① 一个立即数（−16～15）。

② ST1 寄存器的累加器移位方式（ASM）位（共 5 位，移位数为−16～15）。

③ 暂存器 T 中最低 6 位的数值（移位数为−16～15）。

【例 2-2】对累加器 A 执行不同的移位操作。

```
ADD    A,-4,B              ;A 右移 4 位后加到 B 中
ADD    A,ASM,B             ;A 按 ASM 规定的移位数移位后加到 B 中
NORM   A                   ;按 T 中的数值对 A 进行归一化处理
```

最后一条指令对累加器 A 中的数值进行归一化处理是很有用的。假设 40 位的累加器 A 中的定点数为 FFFFFFF001H，先用 EXP A 指令，求得它的指数为 13H，放在暂存器 T 中；再执行 NORM A 指令，就可以在单周期内将原来的定点数分成尾数 FF80080000H 和指数 13H 两部分了。

4．乘法器/加法器

乘法器/加法器和一个 40 位的累加器在单周期内完成 17×17 位的二进制补码运算。乘法器/加法器由以下部分组成：乘法器、加法器、带符号/无符号输入控制、小数控制、零检测器、舍入器（二进制补码）、溢出/饱和逻辑、暂存器（T）。图 2-6 所示是它的功能框图。

乘法器有两种输入：

① 从暂存器（T）、数据空间（D）或一个累加器（A）中选择。

② 从程序空间（P）、数据空间（D）、一个累加器（A）或立即数（C）中选择。

快速的内部乘法器能使 TMS320C54x 有效地完成卷积、相关和滤波等运算。另外，乘法器和 ALU 在一个周期内共同执行乘/累加（MAC）运算且并行 ALU 运算。这个功能可以用来确定欧几里得距离，以及完成复杂的 DSP 算法所需的 LMS 滤波。

乘法器的输出加到加法器的输入端，累加器 A 或 B 则是加法器的另一个输入，最后结果送往目的累加器 A 或 B。

5．比较、选择和存储单元

比较、选择和存储单元（CSSU）完成累加器的高位字和低位字之间的最大值比较，即选择累加器中较大的字并存储在存储器中，不改变 ST0 寄存器中的测试/控制标志位（TC）和状态转移寄存器（TRN）的值。图 2-7 所示是 CSSU 的功能框图。

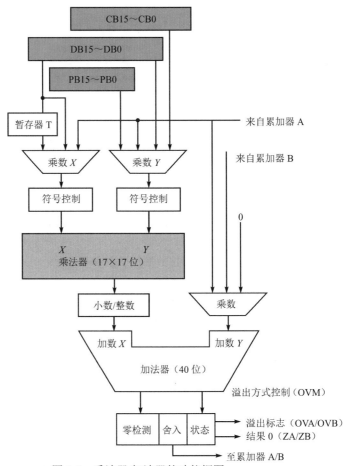

图 2-6　乘法器/加法器的功能框图

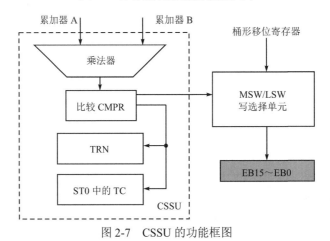

图 2-7　CSSU 的功能框图

CSSU 与 ALU 配合，可以实现数据通信与模式识别领域常用的快速加法/比较/选择（ACS）运算，如 Viterbi 型蝶形算法等。

6．指数编码器

指数编码器是用于支持单周期指令 EXP 的专用硬件。在 EXP 指令中，累加器中的指数值能以二进制补码的形式存储在暂存器 T 中，范围为 8～31 位。指数值定义为前面的冗余位数减 8 的差值，即累加器中为消除非有效符号位所需移动的位数。当累加器中的值超过 32 位时，该操作将产生负值。

有了指数编码器，就可以用 EXP 和 NORM 指令对累加器中的内容进行归一化处理了。

【例 2-3】

EXP	A	;(冗余符号位-8)→T
ST	T,EXPONET	;将指数值存入数据空间
NORM	A	;对 A 进行处理归一化(A 按 T 中的值移位)

2.3.2 控制部件

控制部件是 TMS320C54x 的中枢神经，由各种控制寄存器及流水线指令操作控制逻辑组成，用于设定以时钟频率为基准（机器周期）的整个芯片的运行状态。控制部件控制 CPU 的时序，并按时间序列发出一系列控制命令，完成指令的预取、取指令、译码、取操作数及执行等操作，使各部分硬件电路组成一个高效的整体。

TMS320C54x 共有 3 个 16 位寄存器作为状态和控制寄存器：处理器工作方式状态（PMST）寄存器、状态寄存器（ST0 和 ST1）。它们都是存储器映射寄存器，可以方便地写入数据，或者由数据空间对它们进行加载。

1. PMST 寄存器

PMST（processor mode status）寄存器主要设定并控制处理器的工作方式，反映处理器的工作状态，其各位的定义如图 2-8 所示。

15～7	6	5	4	3	2	1	0
IPTR	MP/MC	OVLY	AVIS	DROM	CLKOFF	SMUL	SST

图 2-8 PMST 寄存器各位的定义

IPTR（interrupt vector pointer）：中断向量指针。IPTR 的 9 位字段（15～7）中断向量驻留的 128 字的程序存储器地址。自举加载时，可将中断向量重新映射至 RAM 中。复位时，这 9 位全置为 1。复位向量总是驻留在程序空间的地址 FF80H 处。RESET 复位指令不影响这个字段的内容。

MP/MC（micro process/micro computer）：微处理器或微计算机模式选择。此位的信息可由硬件连接方式决定，也可以由软件置位（1）或清零（0）选择，但复位时由硬件引脚连接方式决定。芯片复位时，CPU 采样 MP/MC 的电平，当电平为高时，芯片工作于微处理器模式，不能寻址内部的程序空间（内部 ROM）；当电平为低时，芯片工作于微计算机模式，可以寻址内部的程序空间。

OVLY（overlay）：RAM 重复占位标志。OVLY=1，允许内部双寻址数据 RAM 块映射到程序空间，即将内部 RAM 作为程序空间寻址。数据空间第 0 页（0～7FH）为特殊功能寄存器空间，不能进行映射。OVLY=0，内部 RAM 只能作为数据空间寻址。

AVIS（address visibility）：地址可见控制。AVIS=1，允许在地址引脚上看到内部程序空间的地址内容，且当中断向量驻留内部存储器时，可以连同 $\overline{\text{IACK}}$ 与地址译码器一起对中断向量进行译码。AVIS=0，则外部地址线上的信号不能随内部程序空间的地址一起变化，程序总线和数据总线不受影响，地址总线为总线上的最后一个地址。

DROM（data ROM）：数据 ROM。用来控制内部 ROM 是否映射到数据空间。DROM=0，内部 ROM 不能映射到数据空间；DROM=1，内部 ROM 可以映射到数据空间。

CLKOFF（clock off）：时钟关断。CLKOFF=1，CLKOUT 禁止输出，保持为高电平；CLKOFF=0，CLKOUT 输出时钟脉冲。

SMUL（saturation on multiplication）：乘法饱和方式。SMUL=1，使用多项式加 MAC 或多项式减 MAS 指令进行累加时，对乘法结果进行饱和处理，而且，只有当 OVM=1，FRCT=1 时，SMUL 位才起作用。只有 LP（低通滤波）器件有此状态位，其他器件的此位均为保留位。饱和处理的方式为：当执行 MAC 或 MAS 指令时，进行多项式加或减之前，小数模式的 8000H×8000H 经饱和处理为 7FFF FFFFH。此时，MAC 指令等同于 OVM=1 时的多项式乘 MPY+加 ADD。如果不设定小数模式，且 OVM=1，在完成加或减之前，乘法结果不进行饱和处理，只对 MAC 或 MAS 指令执行的结果进行饱和处理。

SST（saturation on store）：存储饱和。SST=1，对存储前的累加器进行饱和处理。饱和处理是在移位操作执行完成之后进行的。执行下列指令可以进行数据存储前的饱和处理：STH，STL，STLM，DST，ST‖ADD，ST‖LT，ST‖MACR[R]，ST‖MAS[R]，ST‖MPY，ST‖SUB。数据存储前的饱和处理步骤如下。

① 根据指令要求对累加器的 40 位数据进行移位。

② 将 40 位数据饱和处理成 32 位数据，饱和处理与 SXM 位有关。SXM=0，数据为正，若数值大于 7FFF FFFFH,则饱和处理的结果为 7FFF FFFFH。SXM=1,若移位后，数值大于 7FFF FFFFH,则饱和处理的结果为 7FFF FFFFH；若移位后数值小于 8000 0000H，则生成 8000 0000H。

③ 按指令要求操作数据。

④ 在指令执行期间，累加器的内容不变。

2. ST0 寄存器

ST0（status 0）寄存器反映了寻址要求和计算的中间运行状态，其各位的定义如图 2-9 所示。

15～13	12	11	10	9	8～0
ARP	TC	C	OVA	OVB	DP

图 2-9　ST0 寄存器各位的定义

ARP（assistant register pointer）：辅助寄存器指针。此位用于间接寻址单数据存储器操作数的辅助寄存器的选择。当 DSP 芯片处于标准方式时（CMPT=0），ARP=0。

TC（test control signal）：测试/控制标志。此位用来保存 ALU 的测试位操作结果。同时，可由 TC 的状态（0 或 1）控制条件分支的转移和子程序调用，并判断返回是否执行。

C（carry）：进位标志。加法进位时，此位置位。减法借位时，此位清 0。在加法无进位或减法无借位的情况下，完成一次加法，此位清 0；完成一次减法，此位置位。带 16 位移位操作的加法只能对它置位，而减法只能对它清 0。此时，加减操作不影响进位标志。

OVA（overflow of A）：累加器 A 的溢出标志。当 ALU 运算结果送入累加器 A 且溢出时，OVA 置位。运算时，一旦发生溢出，OVA 将一直保持置位状态，直到硬件复位或软件复位后，方可解除此状态。

OVB（overflow of B）：累加器 B 的溢出标志。当 ALU 运算结果送入累加器 B 且溢出时，OVB 置位。运算时一旦发生溢出，OVB 将一直保持置位状态，直到硬件复位或软件复位后方可解除此状态。

DP（data memory page pointer）：数据页指针。将 DP 的 9 位作为高位与指令寄存器 IR 中的低 7 位作为低位相结合，形成 16 位直接寻址方式下的数据存储器地址。这种寻址方式要求 ST1 寄存器中的 CPL=0。DP 值可用 LD 指令加载一个短立即数或从数据空间加载。

3. ST1 寄存器

ST1（status 1）寄存器反映寻址要求，计算的初始状态设置，I/O 及中断控制，其各位的定义如图 2-10 所示。

15	14	13	12	11	10	9	8	7	6	5	4~0
BRAF	CPL	XF	HM	INTM	O	OVM	SXM	C16	FRCT	CMPT	ASM

图 2-10　ST1 寄存器各位的定义

BRAF（block repeat action flag）：块循环有效标志。此位置位，表示正在执行块重复操作指令；此位清 0，表示没有进行块操作。

CPL（compiler mode）：直接寻址编译方式。此位表示直接寻址编译方式选用哪种指针。CPL=1，表示选用堆栈指针（SP）的直接寻址编译方式；CPL=0，表示选用数据页指针（DP）的直接寻址编译方式。

XF（external flag）：外部标志状态。此位控制 XF 通用外部 I/O 引脚的输出状态。可以通过软件置位或清 0 来控制 XF 引脚的输出电平。

HM（hold mode）：保持方式。芯片响应 $\overline{\text{HOLD}}$ 信号时，此位表示 CPU 工作保持方式。此位置位，表示 CPU 暂停内部操作；此位清 0，表示 CPU 从内部处理器中取指令继续执行内部操作，外部地址、数据线挂起，呈高阻态。

INTM（interrupt mode）：中断方式。此位置位（INTM=1，由 SSBX 指令控制），关闭所有可屏蔽中断；此位清 0（INTM=0，由 RSBX 指令控制），开放所有可屏蔽中断。此位不影响不可屏蔽中断 RS。NMI 不能用存储器操作设置。

O：保留。

OVM（overflow mode）：溢出方式。此位用于确定溢出时累加器内容的加载方式。OVM=1，若 ALU 运算发生正数溢出，则目的累加器置为正的最大值（00 7FFFF FFFFH）；若发生负数溢出，则置为负的最大值（FF 8000 0000H）。OVM=0，直接加载实际运算结果。此位可由 SSBX 和 RSBX 指令置位或清 0。

SXM（sign-extension mode）：符号位扩展方式。此位用于确定符号位是否扩展。SXM=1，表示数据进入 ALU 之前进行符号位扩展；SXM=0，表示数据进入 ALU 之前符号位禁止扩展。此位可由 SSBX 和 RSBX 指令置位或清 0。

C16（double-precision arithmetic mode）：双 16 位/双精度算术运算方式。C16=1，表示 ALU 工作于双 16 位算术运算方式；C16=0，表示 ALU 工作于双精度算术运算方式。

FRCT（fraction mode）：小数方式。FRCT=1，乘法器输出自动左移 1 位，消去多余的符号位。

CMPT（compatibility mode）：间接寻址辅助寄存器修正方式。CMPT=1，兼容方式，除 AR0 外，当间接寻址单数据存储器操作数时，可以通过修改 ARP 内容改变辅助寄存器 AR1～AR7 的值来实现；CMPT=0，标准方式，ARP 必须清 0，且不能被修改。

ASM（accumulate shift mode）：累加器移位方式。5 位字段的 ASM 规定从−16～15 的位移位（2 的补码），可以用数据空间或使用 LD 指令（短立即数）对 ASM 加载。

2.4　存储空间

TMS320C54x 的内部存储空间分为三种可选择的存储空间：64KW（千字）的程序空间、64KW 的数据空间和 64KW 的 I/O 空间。TMS320C54x 系列都包含随机存储器（RAM）和只读存储器（ROM）。RAM 又分两种：一种是只可一次寻址的 RAM（SARAM），另一种是可以两次寻址的 RAM

（DARAM）。不同芯片的存储空间大小、配置不同，表 2-3 给出了 TMS320C54x 不同芯片中的 ROM、DARAM 和 SARAM 配置。

表 2-3 TMS320C54x 不同芯片中的 ROM、DARAM 和 SARAM 配置

存储器类型	541	542	543	545	546	548
ROM/KW	28	2	2	48	48	2
RAM/KW	20	2	2	32	32	2
程序或数据	8	0	0	16	16	0
DARAM/KW	5	10	10	6	6	8
SARAM/KW	0	0	0	0	0	24

TMS320C54x 还有数据空间第 0 页映射的 26 个特殊功能寄存器。CPU 的并行结构和内部 DARAM 的配合，可使 TMS320C54x 在一个机器周期内同时执行 4 次操作，包括 1 次取指、2 次读操作数和 1 次写操作数。

TMS320C54x 所有内部和外部程序空间及内部和外部数据空间分别统一编址。因此，通过处理器工作方式状态（PMST）寄存器的 3 个位控信息 MP/MC、OVLY 和 DROM，可以方便地将内部 RAM 定义为程序或数据空间。

1. 存储器地址、空间分配

图 2-11 所示为 TMS320C5402 的存储器地址、空间分配图。

图 2-11 TMS320C5402 的存储器地址、空间分配图

由图 2-11 可见，程序空间定义在内部还是外部由 MP/MC 和 OVLY 决定。MP/MC 位决定了 4000H～FFFFH 程序空间的内部、外部存储器分配。

MP/MC=1，4000H～FFFFH 程序空间全部定义为外部存储器。

MP/MC=0，4000H～EFFFH 程序空间定义为外部存储器，FF00H～FFFFH 程序空间定义为内部存储器。

OVLY 位决定了 0000H～3FFFH 程序空间的内部、外部分配控制。

OVLY=1，0000H～007FH 保留，程序无法占用，0080H～3FFFH 定义为内部 DARAM。

OVLY=0，0000H～3FFFH 全部定义为外部存储器。

数据空间内部、外部存储器统一编址，0000H～007FH 为特殊功能寄存器空间，0080H～3FFFH 为内部 DARAM 数据空间，4000H～EFFFH 为外部数据空间，F000H～FFFFH 由 DROM 控制数据空间的内部和外部分配。

DROM=1，F000H～FEFFH 定义只读存储空间，FF00H～FFFFH 保留。

DROM=0，F000H～FEFFH 定义外部数据空间。

TMS320C5402 有 23 根外部程序地址线，其程序空间可扩展至 1MW（兆字）。为此，TMS320C5402 增加了一个额外的存储器映射程序计数器扩展寄存器（XPC），以及 6 条扩展程序空间寻址指令。整个程序空间分成 16 页，每页程序空间内容顺序安排如图 2-12 所示。

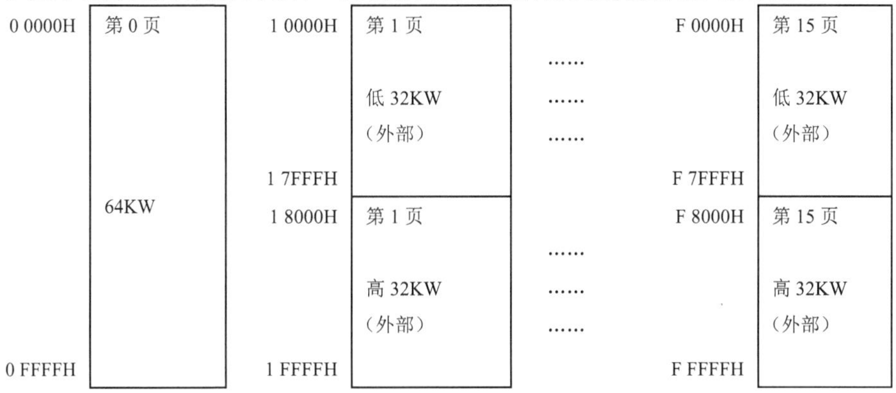

图 2-12　TMS320C5402 扩展程序空间结构图

第 1～15 页，每页的前 512KW 存储空间存放低 32KW，后 512KW 存储空间存放高 32KW。如果内部程序空间被寻址，则它只能在第 0 页上。扩展程序空间的页号由 XPC 设定，XPC 映射到数据存储单元 001EH 上。当硬件复位时，XPC=0。

2．程序空间

TMS320C5402 可寻址 1MW 的外部存储器的存储空间。它的内部 ROM、DARAM、SARAM 都可通过软件映射到程序空间，此时 CPU 可以自动地按程序空间方式对它寻址。如果程序地址生成器 PAGEN 产生的地址处于外部存储器中，CPU 可以自动地对外部存储器寻址。

为了增强性能，将内部程序区以 512KW 为单位分成若干块，CPU 可以同时对不同的块进行取指或读数操作。复位时，中断向量映射到程序空间的 FF80H 上。复位后，这些向量可被重新定位到程序空间的任何一个 512KW 的起始点处。根据型号不同，配置不同，TMS320C54x 的内部 ROM 的容量范围为 4～48KW，容量大的 ROM 可以写入用户程序。TMS320C5402 有 4KW 内部 ROM。地址范围为 F800H～FF80H，其内容由 TI 公司定义，如图 2-13 所示。用户程序不能占用其内部 ROM 空间。

如果 MP/MC=0，这 4KW 内容将被自动映射到内部 ROM 的 F800H～FFFFH 之间。有些

TMS320C54x 芯片的 ROM 中只有中断向量表，用户程序需提交给 TI 公司，由 TI 公司将其固化在 ROM 中。

3．数据空间

TMS320C54x 的内部数据空间根据型号的不同大小有所不同，其范围为 10～200KW，包括内部 ROM、DARAM、SARAM。当 CPU 产生的数据地址在内部数据空间范围内时，便直接对内部数据空间寻址；当 CPU 产生的数据地址不在内部数据空间范围内时，CPU 自动对外部数据空间寻址。

为了提高 CPU 的并行处理能力，将内部 DARAM 和数据 ROM 细分为 80H 个存储单元构成若干数据块。用户可在一个指令周期内从同一个 DARAM 或 ROM 中取出两个操作数，且将数据写入另一个 DARAM 或 ROM 中。图 2-14 为 DARAM 前 1KW 的数据空间配置图。0000H～001FH 中的 26 个存储单元映射为 CPU 的特殊功能寄存器。0020H～005FH 中的存储单元映射为内部外设寄存器。0060H～007FH 为 32W 的暂存器。从 0080H 开始将 DARAM 分成每 80H（128）个存储单元为一个数据块，以便于 CPU 的并行操作，提高芯片的高速处理能力。寻址存储器映射 CPU 寄存器无须等待周期，寻址存储器映射内部外设寄存器至少需要两个机器周期，由内部外设电路决定。

F800H	自动加载代码（boot loader code）
F900H	
FA00H	
FB00H	
FC00H	μ律扩展表
FD00H	A律扩展表
FE00H	sin 函数表
FF00H	保留
FF80H	中断向量表

图 2-13　TMS320C5402 的内部 ROM 内容

0000H	存储器映射CPU寄存器
0020H	存储器映射内部外设寄存器
0040H	
0060H	暂存器（DP=0）
0080H	DARAM（DP=1）
0100H	DARAM（DP=2）
0180H	DARAM（DP=3）
0200H	DARAM（DP=4）
0280H	DARAM（DP=5）
0300H	DARAM（DP=6）
0380H	DARAM（DP=7）

图 2-14　DARAM 前 1KW 的数据空间配置图

4．特殊功能寄存器

特殊功能寄存器是非常重要的。对于 DSP 芯片的使用者来说，掌握了这些寄存器的用法，就基本上掌握了 DSP 芯片的应用要点。

（1）第一类特殊功能寄存器

TMS320C54x 的第一类特殊功能寄存器有 26 个，连续分布在数据空间的 000H～001FH 地址范围内，其地址、符号及说明见表 2-4。

这一类寄存器主要用于程序的运算处理和寻址方式的选择及设定。对于这些寄存器的了解程度，将直接影响所设计程序的运行速度、可靠性、代码效率等关键技术指标。尤其对 DSP 芯片的合理应用及高效算法的设计，均来自对硬件结构的深入了解。

累加器 A 和 B 均为 40 位寄存器，它们分别由低 16 位、高 16 位及 8 位保护位构成。保护位作为计算时的数据位余量，防止迭代运算产生溢出。它们可以配置成乘法器、加法器或目的寄存器。尤其在某些特殊运算指令中，如 MIN（求最小值）、MAX（求最大值）及并行运算指令，都要用到它们。此时，一个累加器加载数据，另一个累加器完成运算。两个累加器的差别在于，累加器 A 的高 16 位可以用作乘法器的输入。

表 2-4　第一类特殊功能寄存器的地址、符号及说明

地址（Hex）	寄存器符号	说　明	地址（Hex）	寄存器符号	说　明
0	IMR	中断屏蔽寄存器	11	AR1	辅助寄存器 1
1	IFR	中断标志寄存器	12	AR2	辅助寄存器 2
2～5		保留（用于测试）	13	AR3	辅助寄存器 3
6	ST0	状态寄存器 0	14	AR4	辅助寄存器 4
7	ST1	状态寄存器 1	15	AR5	辅助寄存器 5
8	AL	累加器 A 低阶位（15～0）	16	AR6	辅助寄存器 6
9	AH	累加器 A 高阶位（31～16）	17	AR7	辅助寄存器 7
A	AG	累加器 A 保护位（39～32）	18	SP	堆栈指针
B	BL	累加器 B 低阶位（15～0）	19	BK	循环缓冲区长度寄存器
C	BH	累加器 B 高阶位（31～16）	1A	BRC	块循环计数器
D	BG	累加器 B 保护位（39～32）	1B	RSA	块循环起始地址
E	T	暂存器	1C	REA	块循环结束地址
F	TRN	状态转移寄存器	1D	PMST	处理器工作方式状态
10	AR0	辅助寄存器 0	1E	XPC	程序计数器扩展寄存器
			1F		保留

　　堆栈指针 SP 是一个 16 位专用寄存器，它指示出堆栈顶部在数据空间的位置。系统复位后，SP 初始化为 0H，使得堆栈由 0000H 开始。程序设计中可以重新设置堆栈位置。TMS320C54x 的堆栈是向下生长的。

　　【例 2-4】假设 SP=3FFH，CPU 执行一条程序调用指令或响应中断后，程序计数器 PC 进栈，其低位 PCL=3FCH，高位 PCH=3FEH。

　　（2）第二类特殊功能寄存器

　　TMS320C54x 的第二类特殊功能寄存器连续分布在 0020H～005FH 的数据空间内，主要用于控制内部外设，包括串口通信控制寄存器组、定时/计数器控制寄存器组、机器周期设定寄存器组等。其地址、符号及说明分别列于表 2-5 中。这些寄存器的具体功能将在第 7 章中详细介绍。

表 2-5　第二类特殊功能寄存器的地址、符号及说明

地址（Hex）	寄存器符号	说　明	地址（Hex）	寄存器符号	说　明
20	BDRR0	缓冲数据接收寄存器	30	DRR1	串口数据接收寄存器
21	BDXR0	缓冲数据发送寄存器	31	DXR1	串口数据发送寄存器
22	BSPC0	缓冲串口控制寄存器	32	SPC1	串口控制寄存器
23	BSPCE0	缓冲串口控制扩展寄存器	33～37		保留
24	TIM	主计数器	38	AXR0	ABU 地址发送寄存器
25	PRD	定时周期寄存器	39	BKX0	ABU 循环缓冲区长度发送寄存器
26	TCR	定时控制寄存器	3A	ARR0	ABU 地址接收寄存器
27		保留	3B	BKR0	ABU 循环缓冲区长度接收寄存器
28	SWWSR	软件等待状态寄存器	3C～57		保留
29	BSCR	块切换控制寄存器	58	CLKMD	时钟模式寄存器
2A～2F		保留	59～5F		保留

2.5　内部外设

TMS320C54x 所有芯片的 CPU 结构和功能完全相同，但它们的 CPU 对应不同的内部外设。TMS320C54x 有以下内部外设。

1．通用 I/O 引脚

TMS320C54x 都有 $\overline{\text{BIO}}$ 和 XF 两个通用 I/O 引脚。

$\overline{\text{BIO}}$ 用来监测外设状态。当编写循环时间要求严格的程序时，实时控制系统中不允许有中断干扰，此时可以通过查询此引脚的方式控制程序的流向，以避免出现中断引起的失控现象。

XF 用于发信号给外设，通过软件将此引脚置位（1）或清零（0），可以控制外设的工作。

2．软件等待状态发生器

软件等待状态发生器能把外部总线周期扩展到最多 14 个机器周期，以适应较慢的外部存储器和 I/O 设备。它不需要任何外部硬件，只由软件完成。在访问外部存储器时，软件等待状态寄存器（SWWSR）可为每 32KW 的程序、数据存储单元块和 64KW 的 I/O 空间确定 0～14 个等待状态。

3．可编程块切换逻辑

可编程块切换逻辑在访问溢出存储器块边界时，或者从程序空间溢出到数据空间时，能自动插入一个机器周期。这个额外的机器周期允许存储器器件在其他器件开始驱动总线之前释放总线，以此防止总线竞争。存储器块切换的块大小由块切换控制寄存器（BSCR）确定，BSCR 是地址为 0029H 的存储器映射寄存器。

4．主机接口

主机接口（HPI）是一个 8 位或 16 位的并行口，提供 TMS320C54x 与主处理器的接口。TMS320C54x 和主处理器都可访问 TMS320C54x 的内部存储器，并且通过它进行信息交换。

5．定时/计数器

TMS320C54x 有一个带有 4 位预定标器的 16 位定时电路。这个定时/计数器在每个时钟周期结束后减 1，每当计数器清 0 时，就会产生一个定时中断。可以通过设置特定的状态位，使定时/计数器停止、恢复运行、复位或禁止。

6．时钟发生器

时钟发生器由一个内部振荡器和一个锁相环电路组成。它可以由内部的晶振或外部的时钟源驱动。锁相环电路能使时钟源乘以一个特定的系数，得到一个比内部 CPU 时钟频率低的时钟源。

7．串口

各种 TMS320C54x 芯片配有不同的串口，可分为同步、缓冲和时分多路（TDM）三种类型。

（1）同步串口

同步串口是高速、全双工串口，提供与编码器、A/D 转换器等串行设备之间的通信。当一个 TMS320C54x 芯片中有多个同步串口时，它们是相同的，但又是独立的，每个同步串口都能以 1/4 个机器周期频率工作。同步串口发送寄存器和接收寄存器是双向缓冲的，由可屏蔽的外部中断信号单独控制。数据可按字节或字传送。

（2）缓冲串口

缓冲串口（BSP）在同步串口的基础上增加了一个自动缓冲单元（ABU），且以机器周期频率计时。它是全双工和双向缓冲的，以提供灵活的数据串长度。自动缓冲单元支持调整、传送，并且能够降低服务中断的开销。

（3）时分多路串口

时分多路串口允许数据时分多路。它既能工作在同步方式下，也能工作在 TDM 方式下，在多处理器中得到广泛使用。

2.6 复位电路

复位输入引脚 $\overline{\text{RS}}$ 为 TMS320C54x 提供了硬件初始化的方法。这个引脚上电平的变化可使程序从指定的存储地址 FF80H 开始运行。当时钟电路开始工作后，只要在 $\overline{\text{RS}}$ 引脚上出现两个外部时钟周期以上的低电平，则芯片内部所有电路寄存器都被初始化复位。只要 $\overline{\text{RS}}$ 引脚保持低电平，则芯片始终处于复位状态。只有此引脚变为高电平后，芯片内的程序才可以从 0FF80H 地址开始执行。

1．复位状态

TMS320C54x 复位时，CPU 中的主要寄存器 ST0、ST1 和 PMST 的状态分别为 ST0=1800H，ST1=2900H，PMST=FF80H。由于芯片内部工作在程序计数器控制的节奏下，由各寄存器控制各种内部功能，因此复位状态决定了芯片的最初情况。同时，在复位状态下，各引脚状态不同，了解初始状态有助于外设控制设计。

2．复位电路

TMS320C54x 复位有 3 种方式，即上电复位、手动复位和软件复位。前两种是通过硬件电路实现的复位，后一种则是通过指令方式实现的复位。下面主要介绍硬件复位电路。

图 2-15（a）所示为简单的上电复位电路，利用 RC 电路的延迟特性给出复位需要的低电平时间。上电瞬间，由于电容 C 上的电压不能突变，所以通过电阻 R 进行充电，充电时间由 R、C 的乘积决定，一般要求大于 5 个外部时钟周期，可以根据具体情况进行选择。为防止复位不完全，参数可选择大一些。

图 2-15（b）所示为可以分别通过上电或按钮两种方式复位的电路，其参数选择与上电复位电路相同。按钮的作用是：当按钮按下时，将电容 C 上的电荷通过按钮串接的电阻 R_1 放掉，使 C 上的电压降为 0；当按钮松开时，C 的充电过程与上电复位相同，从而实现手动按钮复位。

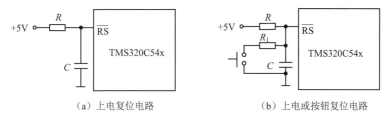

（a）上电复位电路　　　　　　　　　　（b）上电或按钮复位电路

图 2-15　TMS320C54x 复位电路

在应用系统设计中，若有外部扩展的 I/O 接口电路复位端与 DSP 芯片的复位端相连，RC 参数会受到影响，可能由于同时提供多路复位致使充电电流增大，相当于 RC 值减小，充电时间缩短，影响芯片的复位效果。因此，在这种情况下，复位电路的参数选择应增大。为保证可靠复位，一般都在初始化程序中安排一定的延迟时间。

习题 2

1. TMS320C54x 的基本结构包括哪些部分？有何特点？
2. TMS320C54x 的 CPU 主要由哪几部分构成？它们的功能是什么？
3. TMS320C54x 的总线有哪些？它们各自的作用和区别是什么？
4. DSP 采用多处理单元结构有何好处？
5. 累加器 A 和 B 的作用是什么？它们有何区别？
6. ST0、ST1 和 PMST 寄存器的作用是什么？它们是如何影响 DSP 芯片工作过程的？
7. 数据页 0（0H～7FH）能否被映射到程序空间？
8. TMS320C54x 的总存储空间为多少？可分为哪几类？它们的大小各是多少？
9. TMS320C54x 内部随机存储器有哪几种？内部与外部 RAM 的区别是什么？
10. 试述三种存储空间的各自作用是什么？
11. 试述 RAM、ROM 的分配和使用方法。
12. 内部 DARAM 可否用作程序空间？对哪些情况要用两个机器周期才能访问到存储器？
13. 寻址存储器映射内部外设时，要用多少个机器周期？

第 3 章　TMS320C54x 的指令系统

TMS320C54x 的指令由操作码和操作数两部分组成。在汇编前，操作码和操作数都是用助记符表示的。例如：

　　　　LD　#0FFH,A

的执行结果是将立即数 0FFH 传送至累加器 A 中。

3.1　寻址方式

TMS320C54x 提供了 7 种基本的数据寻址方式。

3.1.1　立即数寻址

立即数寻址指令中有一个固定的立即数。在一条指令中可有两种立即数：一种是短立即数（3、5、8 或 9 位），另一种是 16 位的长立即数。立即数可以包含在单字或双字指令中，3、5、8 或 9 位的短立即数包含在单字指令中，16 位的立即数包含在双字指令中。在一条指令中，立即数的长度是由所使用的指令的类型决定的。表 3-1 中列出了可以包含立即数的各条指令，并且指出了该指令中立即数的位数。

表 3-1　支持立即数寻址的指令

3 或 5 位立即数	8 位立即数	9 位立即数	16 位立即数
LD	FRAME，LD，RPT	LD	ADD, ORM, ADDM, RPT, AND, RPTZ, ANDM, ST, BITF, TM, CMPM, SUB, LD, XOR, MAC, XORM, OR

立即数寻址指令的语法中有一点需要注意，应在数值或符号前面加一个"#"号，表示这是一个立即数，否则会被认为是一个地址。例如，把立即数 0F0H 装入累加器 A，其正确的指令为：

　　　　LD　#0F0H,A

如果漏掉了"#"号，指令"LD　0F0H,A"就变成了把地址为 0F0H 的单元中的数据装入累加器 A 中。另外，如果在#0F0H 中不加第一个 0，编译器将提示错误信息。对于 9FFFH 以内的十六进制数，其前面必须加 0，以表明是立即数。

下面两个例子用 RPT 指令来说明立即数寻址。

【例 3-1】

　　　　RPT　#99　　　　　　　　;将紧跟 RPT 的下一条指令循环执行 100 次

在这个例子中，操作数是短立即数，与操作码在同一个字中。

【例 3-2】

　　　　RPT　#0FFFFH　　　　　　;将紧跟 RPT 的下一条指令循环执行 10000H 次

操作数是 16 位长立即数的双字指令，操作码占一个字，操作数紧跟其后也占一个字。

3.1.2 绝对地址寻址

绝对地址寻址指令中有一个固定的地址,指令按照此地址进行数据寻址。绝对地址的代码为16位,所以包含绝对地址寻址的指令至少两个字长。绝对地址寻址有以下4种类型。

1. 数据存储器地址寻址

数据存储器地址(dmad)寻址就是用程序标号或数据来确定指令所需的数据存储器的地址。例如,把DATA1标注的数据存储器地址里的数据复制到由AR2指向的数据单元中:

  MVKD DATA1,*AR2

DATA1标注的地址就是一个dmad值。执行此指令的作用是将数据单元中的内容两两移动。应当注意的是,DATA1必须是程序中的标号,或者是一些DSP芯片内部已经定义的单元。例如,将串口的接收数据送到指定单元中:

  MVDD DRR20,*AR2

这里,DRR20是内部已经定义的单元,其地址已经固定在存储器中。

2. 程序存储器地址寻址

程序存储器地址(pmad)寻址就是用一个符号或一个具体的数来确定程序存储器的地址。例如,把TABLE1标注的程序单元中的一个字复制到AR2所指向的数据单元中:

  MVPD TABLE1,*AR2

TABLE1所标注的地址就是一个pmad值。程序存储器地址寻址基本上和数据存储器地址寻址一样,区别仅在于空间不同。

3. 端口寻址

端口(PA)寻址就是用一个符号或一个常数来确定外部I/O口地址。例如,把一个数从端口地址为F2F0的I/O口复制到AR5指向的数据单元中:

  PORTR F2F0,*AR5

F2F0指的是端口地址。实际上,端口地址寻址只涉及两条指令,即端口读(PORTR)指令和端口写(PORTW)指令。

对于DSP外部的存储空间,也只有两条特定的指令WRITA和READA可以用于对其进行读或写,具体用法参见累加器寻址方式。

4. *(lk)寻址

*(lk)寻址就是用一个符号或一个常数来确定数据存储器的地址。例如,把地址为BUFFER的数据单元中的数据装载到累加器A中:

  LD *(BUFFER),A

(lk)寻址的语法允许所有使用单数据存储器操作数(Smem)寻址的指令访问数据存储器中的任意单元而不改变数据页指针(DP)的值,也不用对AR进行初始化。当采用绝对地址寻址方式时,指令长度将在原来的基础上增加一个字。值得注意的是,使用(lk)寻址方式的指令不能与循环指令(RPT,RPTZ)一起使用。

3.1.3 累加器寻址

累加器寻址方式将累加器内的当前值作为地址去访问该程序单元。累加器寻址用累加器中的数作为一个地址,这种寻址方式可用来对存放数据的程序存储器寻址。只有两条指令(READA 和

WRITA）可以采用累加器寻址方式。

READA 指令把累加器 A 所确定的程序单元中的一个字，传送到操作数 Smem 所确定的数据单元中。WRITA 指令把操作数 Smem 所确定的数据单元中的一个字，传送到累加器 A 所确定的程序单元中。

3.1.4 直接寻址

在直接寻址中，指令包含数据存储器地址的低 7 位。这 7 位作为偏移地址与 DP 或 SP 相结合，共同形成 16 位的数据存储器实际地址。虽然直接寻址不是偏移寻址的唯一方式，但这种方式的优点是每条指令只有一个字。直接寻址的语法格式中，用一个符号或一个常数来确定偏移值。例如：

        ADD   SAMPLE,A   ;把数据单元 SAMPLE 中的内容加到 A 中

或   ADD   @x,A   ;将符号@加在变量 x 的前面

地址 SAMPLE 的低 7 位放在指令中。图 3-1 所示为直接寻址指令的格式。表 3-2 中给出了直接寻址指令各位的说明。

15～8	7	6～0
操作码	I=0	数据存储器地址

图 3-1　直接寻址指令的格式

表 3-2　直接寻址指令各位的说明

位	名　称	功　能
15～8	操作码	这 8 位包含指令的操作码
7	I=0	I=0，表示指令的寻址方式为直接寻址方式
6～0	数据存储器地址	这 7 位包含指令的数据存储器地址偏移

图 3-2 所示为直接寻址的方框图，DP 和 SP 都可以与 dmad（图中指令寄存器 IR 的低 7 位）相结合产生实际地址，位于 ST1 寄存器中的 CPL 位决定了选择哪种指针来产生实际地址。

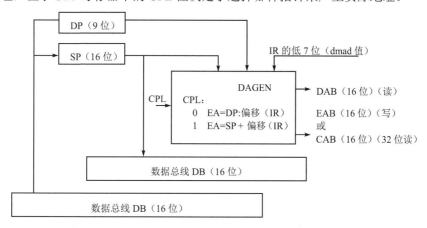

图 3-2　直接寻址的方框图

CPL=0，表示选择以 DP 为基准的直接寻址编译方式，将 dmad 值与 9 位的 DP 值相结合，形成 16 位的数据存储器地址。

IR 中的低 7 位（dmad 值）与 9 位的 DP 值连接在一起形成实际地址，如图 3-3 所示。

15～7	6～0
DP 值	IR 的低 7 位（dmad 值）

图 3-3　以 DP 为基准的直接寻址编译方式

因为 DP 值的范围为 $0\sim511(1\sim2^9)$，所以以 DP 为基准的直接寻址编译方式把存储器分成 512 页。7 位 dmad 值的变化范围为 $0\sim127$，每页有 128 个可访问的单元。换言之，DP 指向 512 页中的一页，dmad 就指向了该页中的特定单元。访问第 1 页的单元 0 和访问第 2 页的单元 0 的唯一区别是 DP 值的变化。DP 值可由 LD 指令装入。RESET 指令将 DP 值赋为 0。注意：DP 值不能用上电进行初始化，在上电后它处于不定状态。所以，没有初始化 DP 值的程序可能工作不正常，所有的程序都必须对 DP 值进行初始化。

【例 3-3】 LD　　#x,DP　　　　;立即数 x 送 ST0 的 DP 位

　　　　　 LD　　@u,A　　　　 ;x 页 u 单元中的内容装送入 A

　　　　　 ADD　 @v,A　　　　 ;x 页 v 单元中的内容与 A 相加

CPL=1，表示选择以 SP 为基准的直接寻址编译方式，将 dmad 值加上（正偏移）SP 值，形成 16 位的数据存储器地址。

IR 的低 7 位（dmad 值）作为一个正偏移与 SP 值相加得到实际地址，如图 3-4 所示。

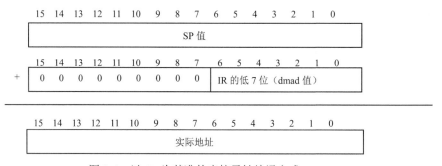

图 3-4　以 SP 为基准的直接寻址编译方式

SP 可以指向存储器中的任意一个地址。dmad 可以指向当前页中一个确定的单元，从而允许访问存储器任意基地址中连续的 128 个字。

【例 3-4】 SSBX　 CPL　　　　 ;对 ST1 寄存器的 CPL 置位，CPL=1

　　　　　 LD　　@X1, A　　　 ;SP 值加 X1 所形成的地址中的内容送入 A

　　　　　 ADD　 @Y2, A　　　 ;SP 值加 Y2 所形成的地址中的内容与 A 相加

由于 DP 与 SP 两种直接寻址编译方式是互相排斥的，当采用 SP 直接寻址编译方式后再用 DP 直接寻址编译方式之前，必须使用 RSBX 指令对 CPL 清 0。

3.1.5　间接寻址

间接寻址方式按照辅助寄存器中的地址访问存储器。在间接寻址中，64KW×16bit 数据存储器任意单元都可通过一个辅助寄存器中的 16 位地址进行访问。TMS320C54x 有 8 个 16 位辅助寄存器（AR0～AR7），两个辅助寄存器运算单元（ARAU0 和 ARAU1），可以根据辅助寄存器的内容进行操作，完成无符号的 16 位算术运算。

间接寻址方式很灵活，不仅能从存储器中读或写一个 16 位单数据存储器操作数，而且能在一条指令中访问两个数据单元（从两个独立的单元中读数据，或在读一个单元的同时写另一个单元，或读/写两个连续的单元）。

1. 单数据存储器操作数间接寻址

单数据存储器操作数间接寻址指令的格式如图 3-5 所示，其各位说明如表 3-3 所示。

15～8	7	6～3	2～0
操作码	I=1	MOD	ARF

图 3-5　单数据存储器操作数间接寻址指令的格式

表 3-3　单数据存储器操作数间接寻址指令的各位说明

位	名　称	功　　　能
15～8	操作码	8 位域，包含指令的操作码
7	I=1	I=1，表示指令的寻址方式为间接寻址方式
6～3	MOD	4 位的方式域，定义间接寻址的类型。表 3-4 将详细说明 MOD 域定义的各种类型
2～0	ARF	3 位辅助寄存器定义寻址所使用的辅助寄存器，ARF 由 ST1 寄存器中的 CMPT 决定： CMPT=0，标准方式。若 ARF=0，则确定辅助寄存器，而不管 ARP 的值。在这种方式下，ARP 不能被修改，必须一直设为 0。 CMPT=1，兼容方式。若 ARF=0，则用 ARP 来选择辅助寄存器；否则，用 ARF 来选择，且当访问完成后，会把 ARF 装入 ARP。汇编指令中的 *AR0 表示 ARP 所选择的辅助寄存器

下面介绍表 3-4 中所用到的循环寻址和位倒序寻址。

表 3-4　单数据存储器操作数的间接寻址类型

MOD 域	操作码语法	功　　　能	说　　　明
0000	*ARx	addr=ARx	ARx 包含数据存储器地址
0001	*ARx−	addr=ARx，ARx=ARx−1	访问后，ARx 中的地址减 1
0010	*ARx+	addr=ARx，ARx=ARx+1	访问后，ARx 中的地址加 1
0011	*+ARx	addr=ARx+1，ARx=ARx+1	在寻址之前，ARx 中的地址加 1
0100	*AR−0B	addr=ARx，ARx=B(ARx−AR0)	访问后，从 ARx 中以位倒序进位的方式减去 AR0
0101	*ARx−0	addr=ARx，ARx=ARx−AR0	访问后，从 ARx 中减去 AR0
0110	*ARx+0	addr=ARx，ARx=ARx+AR0	访问后，把 AR0 加到 ARx 中
0111	*ARx+0B	addr=ARx，ARx=B(ARx+AR0)	访问后，把 AR0 以位倒序进位的方式加到 ARx 中
1000	*ARx−%	addr=ARx，ARx=circ(ARx−1)	访问后，ARx 中的地址以循环寻址的方式减 1
1001	*ARx−0%	addr=ARx，ARx=circ(ARx−AR0)	访问后，ARx 中的地址以循环寻址的方式减 AR0
1010	*ARx+%	addr=ARx，ARx=circ(ARx+1)	访问后，ARx 中的地址以循环寻址的方式加 1
1011	*ARx+0%	addr=ARx，ARx=circ(ARx+AR0)	访问后，把 AR0 以循环寻址的方式加到 ARx 中
1100	*ARx+(lk)	addr=ARx+lk，ARx=ARx	ARx 加上 16 位的长偏移（lk）的和作为数据存储器的地址，ARx 本身不被修改
1101	*+ARx(lk)	addr=ARx+lk，ARx=ARx+lk	在寻址之前，把一个带符号的 16 位的长偏移加到 ARx 中，再用新的 ARx 值作为数据存储器的地址
1110	*+ARx(lk)%	addr=circ(ARx+lk) ARx=circ(ARx+lk)	在寻址之前，把一个带符号的 16 位的长偏移以循环寻址的方式加到 ARx 中，再用新的 ARx 值作为数据存储器的地址
1111	*(lk)	addr=lk	一个无符号的 16 位的长偏移作为数据存储器的绝对地址（也属于绝对地址）

2．循环寻址

在卷积、相关和 FIR 滤波等许多算法中，都需要在存储器中实现一个循环缓冲区。一个循环缓冲区就是一个包含最近数据的滑动窗口。当新的数据到来时，就会覆盖最早的数据。循环缓冲区实现的关键是循环寻址的实现。长度为 R 的循环缓冲区必须从一个 N 位（N 是满足 $2^N > R$ 的最小整数）边界开始，也就是说，循环缓冲区基地址的最低 N 位必须为 0。R 的值必须装入循环缓冲区长度寄存器（BK）中。例如，含有 31 个字的循环缓冲区必须从最低 5 位为 0 的地址开始（xxxx xxxx xxx0 0000$_2$），且 31 这个值必须装入 BK 中。又如，含有 32 个字的循环缓冲区必须从最低 6 位为 0 的地址开始（即 xxxx xxxx xx00 0000$_2$）。

循环缓冲区的有效基地址（EFB）就是用户选定的辅助寄存器（ARx）的低 N 位清 0 后所得到的值。循环缓冲区的尾地址（EOB）是通过用 BK 的低 N 位代替 ARx 的低 N 位得到的。循环缓冲区的 INDEX 就是 ARx 的低 N 位，step 就是加到辅助寄存器中的值或从辅助寄存器中减去的值。循环寻址的算法描述为：

if 0≤index+step<BK:

    index=index+step

        else if index+step≥BK:

            index=index+step−BK

        else if index+step<0

            index=index+step+BK

图 3-6 所示为循环寻址的方框图，其中给出了 BK、ARx，以及循环缓冲区的 EOB、EFB 和 INDEX。对于一个需要 8 个循环缓冲单元的运算，循环指针在第一次的移动顺序是 1，2，3，4，5，6，7→8，第二次的移动顺序是 2，3，4，5，6，7→8→1，第三次的移动顺序是 3，4，5，6，7→8→1→2，依次循环，直到完成规定的循环次数。

3．位倒序寻址

位倒序寻址提高了指令执行速度和在 FFT 算法的程序中使用存储器的效率。在这种寻址方式中，AR0 存放的整数 N 是 FFT 点数的一半，一个辅助寄存器指向一个数据存放的物理单元。当使用位倒序寻址方式把 AR0 加到辅助寄存器中时，地址以位倒序的方式产生，即进位是从左向右的，而不是从右向左的。例如，以下为 0110 与 1100 以位倒序的方式相加：

```
    0  1  1  0
+   1  1  0  0
―――――――――――――
    1  0  0  1
```

假设辅助寄存器是 8 位的，AR2 表示存储器中数据的基地址 0110 0000，AR0 的值为 0000 1000，下面给出在位倒序寻址方式中，AR2 值的修改顺序和修改后的值：

        *AR2+0B   ;AR2=01100000（第 0 值）

        *AR2+0B   ;AR2=01101000（第 1 值）

        *AR2+0B   ;AR2=01100100（第 2 值）

        *AR2+0B   ;AR2=01101100（第 3 值）

        *AR2+0B   ;AR2=01100010（第 4 值）

        *AR2+0B   ;AR2=01101010（第 5 值）

        *AR2+0B   ;AR2=01100110（第 6 值）

        *AR2+0B   ;AR2=01101110（第 7 值）

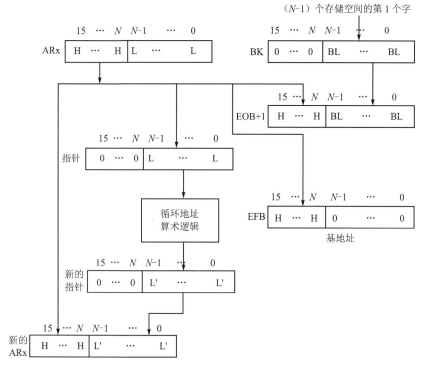

图 3-6 循环寻址的方框图

开始时，AR2 的值是 0110 0000，第一次寻址在正常方式下应该是 0110 0001，即在 0110 0000 的基础上加 1，但位倒序方式不是加 1，而是加上 AR0 的值，也就是：

(0110 0000) + (0000 1000)

所以结果就是 0110 1000。第二次寻址就是计算：

(0110 1000) + (0000 1000)

结果就是 0110 0100。依次计算其他位。应当注意的是，这些计算都采用从左到右的顺序。

表 3-5 给出了位倒序结果。

表 3-5   位倒序结果

原　　序	索引步长的位模式	AR2 低 4 位	位倒序结果
0	0000	0000	0
1	0001	1000	8
2	0010	0100	4
3	0011	1100	12
4	0100	0010	2
5	0101	1010	10
6	0110	0110	6
7	0111	1110	14
8	1000	0001	1
9	1001	1001	9
10	1010	0101	5
11	1011	1101	13

原　序	索引步长的位模式	AR2 低 4 位	位倒序结果
12	1100	0011	3
13	1101	1011	11
14	1110	0111	7
15	1111	1111	15

4．双数据存储器操作数寻址

双数据存储器操作数寻址方式用在完成两个读，或一个读同时并行一个写存储的指令中。这些指令只有一个字长，且只能以间接寻址方式工作。用 Xmem 和 Ymem 代表这两个数据存储器操作数，Xmem 表示读操作数，Ymem 在读两个操作数时表示另一个读操作数，而在一个读同时并行一个写的指令中表示写操作数。如果源操作数和目的操作数指向同一个单元，则在并行存储指令中（如 ST‖LD），读在写之前。如果一个双操作数指令（如 ADD）指向同一个辅助寄存器，且这两个操作数的寻址方式不同，就用 Xmod 所确定的方式来寻址。双数据存储器操作数间接寻址指令的格式如图 3-7 所示，其各位说明见表 3-6。

15～8	7～6	5～4	3～2	1～0
操作码	Xmod	Xar	Ymod	Yar

图 3-7　双数据存储器操作数间接寻址指令的格式

表 3-6　双数据存储器操作数间接寻址指令的各位说明

位	名称	功　　能
15～8	操作码	这 8 位包含指令的操作码
7～6	Xmod	定义用于访问 Xmem 的间接寻址方式的类型
5～4	Xar	这两位确定用于访问 Xmem 地址的辅助寄存器
3～2	Ymod	定义用于访问 Ymem 的间接寻址方式的类型
1～0	Yar	这两位确定包含 Ymem 的辅助寄存器

表 3-7 中列出了由指令的 Xar 和 Yar 域选择的辅助寄存器。

表 3-7　由指令的 Xar 和 Yar 域选择的辅助寄存器

Xar,Yar	辅助寄存器
00	AR2
01	AR3
10	AR4
11	AR5

表 3-8 中列出了双数据存储器操作数间接寻址的类型。

表 3-8　双数据存储器操作数间接寻址的类型

Xmod,Ymod	操作码语法	功　　能	说　　明
00	*ARx	addr=ARx	ARx 是数据存储器地址
01	*ARx−	addr=ARx，ARx=ARx−1	访问后，ARx 中的地址减 1
10	*ARx+	addr=ARx，ARx=ARx+1	访问后，ARx 中的地址加 1
11	*ARx+0%	addr=ARx，ARx=circ(ARx+AR0)	访问后，AR0 以循环寻址的方式加到 ARx 中

3.1.6 存储器映射寄存器寻址

存储器映射寄存器寻址方式用来修改存储器映射寄存器而不影响当前 DP 或 SP 的值，以存储器映射寄存器中的修改值去寻址。因为 DP 和 SP 的值不需要改变，因此写一个寄存器的开销是最小的。存储器映射寄存器寻址既可以在直接寻址中使用，又可以在间接寻址中使用。在直接寻址方式下，让数据存储器地址的高 9 位清 0，而不管 DP 或 SP 的值；在间接寻址方式下，只用当前辅助寄存器的低 7 位。例如，AR1 用来指向一个存储器映射寄存器，包含的值为 FF25H。既然 AR1 的低 7 位是 25H，且 PRD 的地址为 0025H，那么 AR1 指向定时周期寄存器。执行后，存放在 AR1 中的值为 0025H。存储器映射寄存器寻址如图 3-8 所示。

只有以下 8 条指令可以使用存储器映射寄存器寻址：

LDM	MMR, dst
MVDM	dmad, MMR
MVMD	MMR, dmad
MVMM	MMRx, MMRy
POPM	MMR
PSHM	MMR
STLM	src, MMR
STM	#lk, MMR

图 3-8　存储器映射寄存器寻址

但是，对于*ARx(lk)，*+ARx(lk)，*+ARx(lk)%，*(lk)等所表示的存储器映射寄存器不能使用该寻址方式，否则，编译时汇编器会给出警告性错误。

3.1.7 堆栈寻址

堆栈寻址方式把数据压入和弹出堆栈，按照后进先出的原则进行寻址。系统堆栈用来在中断和调用子程序期间自动存放程序计数器（PC）值，也能存放额外的数据项或传递数据值。处理器使用一个 16 位的存储器映射寄存器的一个 SP 对堆栈寻址，它总是指向存放在堆栈中的最后一个元素。

以下 4 条指令可以使用堆栈寻址方式访问堆栈。

PSHD——把数据存储器的一个值压入堆栈。

PSHM——把存储器映射寄存器中的一个值压入堆栈。

POPD——把数据存储器的一个值弹出堆栈。

POPM——把存储器映射寄存器中的一个值弹出堆栈。

图 3-9 说明了堆栈操作对 SP 的影响。

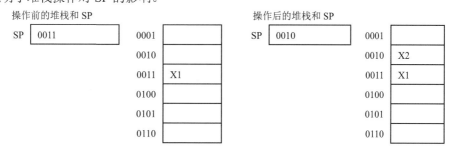

图 3-9　堆栈操作对 SP 的影响

有很多操作或指令都会影响堆栈里的内容，在中断和调用子程序时，堆栈保存当前的 PC 值。

影响堆栈的指令包括 CALA[D]，CALL[D]，CC[D]，INTR，TRAP，RET[D]，RETE[D]，RETEF[D]，RC[D]，FRAME 等。

3.2 指令系统

TMS320C54x 可以使用助记符方式和代数指令（表达式）方式两套指令系统。

3.2.1 符号与意义

表 3-9 中列出了 TMS320C54x 指令系统的符号和意义。

表 3-9　TMS320C54x 指令系统的符号与意义

符　　号	意　　义	符　　号	意　　义
A	累加器 A	n	紧跟 XC 指令的字数，n=1 或 2
ACC	累加器	N	指定在 RSBX、SSBX 和 XC 指令中修改的状态寄存器：N=0，修改 ST0；N=1，修改 ST1
ACCA	累加器 A	OVA	ST0 中的累加器 A 的溢出标志位
ACCB	累加器 B	OVB	ST0 中的累加器 B 的溢出标志位
ALU	算术逻辑单元	OVdst	目的累加器（A 或 B）的溢出标志位
ARx	特指某个辅助寄存器（AR0~AR7）	OVdst_	目的累加器反（A 或 B）的溢出标志位
ARP	ST0 中的辅助寄存器指针位，这 3 位指向当前辅助寄存器（AR）	OVsrc	源累加器（A 或 B）的溢出标志位
ASM	ST1 中的 5 位累加器移位方式位（−16≤ASM≤15）	OVM	ST1 中的溢出方式位
B	累加器 B	PA	用 16 位立即数表示的端口地址（0≤PA≤65535）
BRAF	ST1 中的块循环有效标志位	PAR	程序地址寄存器
BRC	块循环计数器	PC	程序计数器
BITC	指定测试位	pmad	用 16 位立即数表示的程序存储器地址（0≤pmad≤65535）
C16	ST1 中的双 16 位/双精度算术运算方式位	Pmem	程序存储器操作数
C	ST0 中的进位标志位	PMST	处理器工作方式状态
CC	两位条件代码（0≤CC≤3）	prog	程序存储器操作数
CMPT	ST1 中的间接寻址辅助寄存器修正方式位	[R]	凑整选项
CPL	ST1 中的直接寻址编译方式位	md	凑整
cond	用操作数表示条件执行指令使用的条件	RC	循环计数器
[d],[D]	延迟方式	RTN	在指令 RETF[D] 中使用的快速返回寄存器
DAB	D 地址总线	REA	块循环结束地址
DAR	DAB 地址寄存器	RSA	块循环起始地址
dmad	用 16 位立即数表示的数据存储器地址（0≤dmad≤65535）	SBIT	用 4 位数指明在指令 RSBX、SSBX 和 XC 中修改的状态寄存器位数（0≤SBIT≤15）
Dmem	数据存储器操作数	SHFT	4 位移位数（0≤SHFT≤15）
DP	ST0 中的 9 位数据页指针（0≤DP≤511）	SHIFT	5 位移位数（−16≤SHIFT≤15）

符　　号	意　　义	符　　号	意　　义
dst	目的累加器（A 或 B）	Sind	使用间接寻址的单数据存储器操作数
dst_	另一个目的累加器 　　if dst=A,then dst_=B 　　if dst=B,then dst_=A	Smem	16 位单数据存储器操作数
EAB	E 地址总线	SP	堆栈指针
EAR	EAB 地址寄存器	src	源累加器（A 或 B）
extpmad	用 23 位立即数表示的程序存储器地址	ST0 ST1	状态寄存器 0 状态寄存器 1
FRCT	ST1 中的小数方式位	SXM	ST1 中的符号位扩展方式位
Hi(A)	累加器 A 的高阶位（31～16 位）	T	暂存器
HM	ST1 中的保持方式	TC	ST0 中的测试/控制标志位
IFR	中断标志寄存器	TOS	堆栈栈顶
INTM	ST1 中的中断方式位	TRN	状态转移寄存器
K	少于 9 位的短立即数	TS	由 T 中 0～15 位确定的移位数（−16≤TS≤31）
K3	3 位立即数（0≤K3≤7）	uns	无符号的数
K5	5 位立即数（−16≤K5≤15）	XF	ST1 中的外部标志状态位
K9	9 位立即数（0≤K9≤511）	XPC	程序计数器扩展寄存器
lk	16 位长立即数	Xmem	在双操作数指令和一些单操作数指令中，使用的 16 位双数据存储器操作数
Lmem	长字寻址的 32 位单数据存储器操作数	Ymem	在双操作数指令中使用的 16 位双数据存储器操作数
mmr MMR	存储器映射寄存器		
MMRx MMRy	存储器映射寄存器，AR0～AR7 或 SP		

3.2.2　TMS320C54x 指令

TMS320C54x 指令一共有 129 条，按功能分为算术运算指令、逻辑指令、程序控制指令、装入和存储指令、单个循环指令 5 类。

1．算术运算指令

算术运算指令包括加法指令、减法指令、乘法指令、乘加指令、乘减指令、双操作数指令和特殊操作指令。其中大部分指令只需要一个指令周期，只有个别指令需要 2～3 个指令周期。

（1）加法指令

加法指令共有 13 条，见表 3-10。

表 3-10　加法指令

助记符指令	代数指令	注　　释
ADD　Smem,src	src=src+Smem	操作数 Smem 加到 ACC 中
ADD　Smem,TS,src	src=src+Smem<<TS	操作数 Smem 移位后，加到 ACC 中
ADD　Smem,16,src[,dst]	dst=src+Smem<<16	操作数 Smem 左移 16 位后，加到 ACC 中
ADD　Smem,[,SHIFT],src [,dst]	dst=src+Smem<<SHIFT	操作数 Smem 移位后，加到 ACC 中

助记符指令	代数指令	注　释
ADD　Xmem,SHFT,src	dst=src+Xmem<<SHFT	操作数 Xmem 移位后，加到 ACC 中
ADD　Xmem,Ymem,dst	dst=Xmem<<16+Ymem <<16	操作数 Xmem 和 Ymem 分别左移 16 位后，加到 ACC 中
ADD　#lk[,SHFT],src[,dst]	dst=src+ #lk<<SHFT	长立即数移位后，加到 ACC 中
ADD　#lk,16,src[,dst]	dst=src+ #lk<<16	长立即数左移 16 位后，加到 ACC 中
ADD　src,[,SHIFT][,dst]	dst=dst+src<<SHIFT	ACC 移位后，相加
ADD　src,ASM[,dst]	dst=dst+src<<ASM	ACC 按 ASM 移位后，相加
ADDC　Smem,src	src=src+Smem+C	操作数 Smem 带进位加到 ACC 中
ADDM　#lk,Smem	Smem=Smem+#lk	长立即数加到数据存储器中
ADDS　Smem,src	src=src+uns(Smem)	符号位不扩展的加法

DSP 表示整数时，包括有符号数和无符号数两种格式。作为有符号数表示时，其最高位表示符号，最高位为 0 表示其为正数，为 1 表示其为负数，最低位表示 1，次低位表示 2 的 1 次方，次高位表示 2 的 14 次方。作为无符号数表示时，最高位仍然作为数值位计算。例如，有符号数所能够表示的最大的正数为 07FFFH，等于十进制数 32767，而 0FFFFH 表示最大的负数−1。无符号数不能表示负数，它能够表示的最大的数为 0FFFFH，等于十进制数的 65535。

DSP 表示小数时，其符号和上面整数的表示一样，但是必须注意如何安排小数点的位置。原则上，小数点的位置可以根据程序员的爱好进行安排。为了便于数据处理，一般安排在最高位后（以下仅以小数点在最高位后的情况进行讨论），最高位表示符号位，次高位表示 0.5，然后是 0.25，依次减小一半。例如，4000H 表示小数 0.5，1000H 表示小数 0.25，而 0001H 表示 16 位定点 DSP 表示的最小的小数（有符号）0.000 030 517 578 125。

TMS320C54x 中提供了多条用于加法的指令，如 ADD、ADDC、ADDM 和 ADDS。其中，ADDS 用于无符号数的加法，ADDC 用于带进位的加法（如 32 位扩展精度加法），而 ADDM 专用于立即数的加法。

使用 ADD 指令完成加法：

```
LD    TEMP1, A      ;将变量 TEMP1 装入 A
ADD   TEMP2, A      ;将变量 TEMP2 与 A 相加，结果放入 A 中
STL   A, TEMP3      ;将结果(低 16 位)存入变量 TEMP3
```

注意，这里完成计算 TEMP3=TEMP1+TEMP2，没有特意考虑 TEMP1 和 TEMP2 是整数还是小数。在加法和下面的减法中，整数运算和定点的小数运算都是一样的。

利用 ADDS 指令实现 32 位数据装入：

```
LD     #0, DP       ;设置数据页指针
LD     60H, 16, A   ;将 60H 的内容装入 A 的高 16 位
ADDS   61H, A       ;将 61H 的内容加到 A 的低 16 位中
DLD    60H, B       ;直接装入 32 位到 B 中
```

（2）减法指令

减法指令共有 13 条，见表 3-11。

TMS320C54x 中提供了多条用于减法的指令，如 SUB、SUBB、SUBC 和 SUBS。其中，SUBS 用于无符号数的减法，SUBB 用于带借位的减法（如 32 位扩展精度的减法），而 SUBC 为移位减，

DSP 中的除法就是用该指令来实现的。SUB 指令与 ADD 指令一样，有多种寻址方式。例如：

STM #60H, AR3 ;将变量 TEMP1 的地址装入 AR3

STM #61H, AR2 ;将变量 TEMP3 的地址装入 AR2

SUB *AR2+, *AR3, B ;将变量 TEMP3 左移 16 位，同时变量 TEMP2 也左移 16 位

;然后相减，结果放入 B(高 16 位)，同时 AR2 加 1

STH B, 63H ;将相减的结果(高 16 位)存入变量 63H

表 3-11 减法指令

助记符指令	代数指令	注 释
SUB Smem,src	src=src−Smem	从 ACC 中减去操作数 Smem
SUB Smem,TS,src	src=src−Smem<<TS	从 ACC 中减去移位后的操作数 Smem
SUB Smem,16,src[,dst]	dst=src−Smem<<16	从 ACC 中减去左移 16 位后的操作数 Smem
SUB Smem[,SHIFT],src[,dst]	dst=src−Smem<<SHIFT	操作数 Smem 移位后，与 ACC 相减
SUB Smem,SHFT,src	dst=src−Smem<<SHFT	操作数 Smem 移位后，与 ACC 相减
SUB Xmem,Ymem,dst	dst=Xmem<<16−Ymem<<16	操作数 Xmem 和 Ymem 分别左移 16 位后，相减
SUB #lk[,SHFT],src[,dst]	dst=src− #lk <<SHFT	长立即数移位后，与 ACC 相减
SUB #lk,16,src[,dst]	dst=src− #lk <<16	长立即数左移 16 位后，与 ACC 相减
SUB src[,SHIFT][,dst]	dst=dst−src <<SHIFT	源 ACC 移位后，与目的 ACC 相减
SUB src,ASM[,dst]	dst=dst−src <<ASM	源 ACC 按 ASM 移位后，与目的 ACC 相减
SUBB Smem,src	src=src−Smem−C	从 ACC 中带借位减操作数 Smem
SUBC Smem,src	if (src−Smem<<15)→0 src=(src−Smem<<15)<<1+1 else src=src<<1	有条件减法
SUBS Smem,src	src=src−uns(Smem)	符号位不扩展的减法

在 TMS320C54x 中没有提供专门的除法指令。一般有两种方法可以完成除法。一种是用乘法来代替，除以某个数相当于乘以其倒数，所以先求出其倒数，然后相乘。这种方法对于除以常数特别适用。另一种方法是使用 SUBC 指令，重复若干次减法完成除法。

下面这几条指令就是利用 SUBC 来完成整数除法（TEMP1/TEMP2）的：

LD TEMP1, B ;将被除数 TEMP1 装入 B 的低 16 位

RPT #15 ;重复 SUBC 指令 16 次

SUBC TEMP, B ;使用 SUBC 指令完成除法

STL B, TEMP3 ;将商(B 的低 16 位)存入变量 TEMP3

STH B, TEMP4 ;将余数(B 的高 16 位)存入变量 TEMP4

在 TMS320C54x 中实现 16 位的小数除法与前面的整数除法基本一样，也是使用 SUBC 指令来完成的。但有两点需要注意：第一，小数除法的结果一定是小数（小于 1），所以被除数一定小于除数，在执行 SUBC 指令前，应将被除数装入累加器 A 或 B 的高 16 位，而不是低 16 位，其结果的格式与整数除法一样。第二，应当考虑符号位对结果小数点的影响，所以应将商右移一位，得到正确的有符号数。

（3）乘法指令

乘法指令共有 10 条，见表 3-12。

在 TMS320C54x 中提供大量的乘法指令，其结果都是 32 位的，放在累加器 A 或 B 中。乘数在 TMS320C54x 的乘法指令中很灵活，可以是暂存器 T、立即数、存储单元和累加器 A 或 B 的高 16 位。若是无符号数乘法，则使用 MPYU 指令。这是一条专用于无符号数乘法的指令，而其他指令都是有符号数的乘法。

表 3-12 乘法指令

助记符指令	代数指令	注　释
MPY　Smem,dst	dst=T*Smem	T 与操作数 Smem 相乘
MPYR　Smem,dst	dst=rnd(T*Smem)	T 与操作数 Smem 相乘（凑整）
MPY　Xmem,Ymem,dst	dst=Xmem*Ymem,T=Xmem	操作数 Xmem 和 Ymem 相乘
MPY　Smem,#lk,dst	dst=Smem* #lk,T=Smem	长立即数与操作数 Smem 相乘
MPY　#lk,dst	dst=T* #lk	长立即数与 T 相乘
MPYA　dst	dst=T*A(32～16)	ACCA 的高阶位与 T 相乘
MPYA　Smem	B=Smem*A(32～16) T=Smem	操作数与 ACCA 的高阶位相乘
MPYU　Smem,dst	dst=uns(T)*uns(Smem)	T 与无符号操作数 Smem 相乘
SQUR　Smem,dst	dst=Smem*Smem,T=Smem	操作数 Smem 的平方
SQUR　A,dst	dst=A(32～16)*A(32～16)	ACCA 的高阶位的平方

整数乘法举例：

```
SSBX    FRCT        ;清 FRCT 位, 准备整数乘法
LD      TEMP1, T    ;将变量 TEMP1 装入 T
MPY     TEMP2, A    ;完成 TEMP2*TEMP1, 结果放入 A(32 位)
```

小数乘法举例：

```
SSBX    FRCT        ;FRCT=1, 准备小数乘法
LD      TEMP1, 16, A ;将变量 TEMP1 装入 A 的高 16 位
MPYA    TEMP2       ;完成 TEMP2 乘 A 的高 16 位, 结果在 B 中
                    ;同时将 TEMP2 装入 T
STH     B, TEMP3    ;将乘积结果的高 16 位存入变量 TEMP3
```

在 TMS320C54x 中，小数乘法与整数乘法基本相同，只是当两个有符号的小数相乘时，其结果的小数点的位置在次高位的后面，所以必须左移一位，才能得到正确的结果。TMS320C54x 中提供一个小数方式 FRCT 位，将其设置为 1，系统自动将乘积结果左移 1 位。两个小数（16 位）相乘后的结果为 32 位，如果精度允许，可以只存高 16 位，将低 16 位丢弃，这样仍可得到 16 位的结果。

（4）乘加与乘减指令

乘加与乘减指令共有 22 条，见表 3-13。

（5）双操作数指令

双操作数指令共有 6 条，见表 3-14。

（6）特殊操作指令

特殊操作指令共有 15 条，见表 3-15。

表 3-13　乘加与乘减指令

助记符指令	代数指令	注　释
MAC　Smem,src	src=src+T*Smem	操作数 Smem 与 T 相乘后，加到 ACC 中
MAC　Xmem,Ymem src[,dst]	dst=src+Xmem*Ymem T=Xmem	操作数 Xmem 和 Ymem 相乘后，加到 ACC 中
MAC　#lk,src[,dst]	dst=src+T* #lk	T 与长立即数相乘后，加到 ACC 中

MAC　Smem,#lk,src[,dst]	dst=src+Smem* #lk
	T=Smem
		操作数 Smem 与长立即数相乘后，加到 ACC 中

MACR　Smem,src	src=rnd(src+T*Smem)	操作数 Smem 与 T 相乘后，加到 ACC 中（凑整）
MACR　Xmem,Ymem,src[,dst]	dst=rnd(src+Xmem*Ymem) T=Xmem	操作数 Xmem 和 Ymem 相乘后，加到 ACC 中（凑整）
MACA　Smem,[,B]	B=B+Smem*A(32～16) T=Smem	操作数 Smem 与 ACCA 的高阶位相乘后，加到 ACCB 中
MACA　T,src[,dst]	dst=src+T*A(32～16)	T 与 ACCA 的高阶位相乘后，加到 ACC 中
MACAR　Smem,[,B]	B=rnd(B+Smem*A(32～16)) T=Smem	操作数 Smem 与 ACCA 的高阶位相乘后，加到 ACCB 中（凑整）
MACAR　T,src[,dst]	dst=rnd(src+T*A(32～16))	T 与 ACCA 高阶位相乘后，加到 ACC 中（凑整）
MACD　Smem,pmad,src	src=src+Smem*pmad, T=Smem, (Smem+1)=Smem	带延时，操作数 Smem 与程序存储器地址的值相乘后，累加
MACP　Smem,pmad,src	src=src+Smem*pmad, T=Smem	操作数 Smem 与程序存储器地址的值相乘后，累加
MACSU　Xmem,Ymem,src	src=src+uns(Xmem)*Ymem T=Xmem	无符号操作数 Xmem 与有符号操作数 Ymem 相乘后，累加
MAS　Smem,src	src=src−T*Smem	操作数 Smem 与 T 相乘后，与 ACC 相减
MASR　Smem,src	src=rnd(src−T*Smem)	操作数 Smem 与 T 相乘后，与 ACC 相减（凑整）
MAS　Xmem,Ymem,src[,dst]	dst=src−Xmem*Ymem, T=Xmem	操作数 Xmem 和 Ymem 相乘后，与 ACC 相减
MASR　Xmem,Ymem,src[,dst]	dst=rnd(src−Xmem*Ymem) T=Xmem	操作数 Xmem 和 Ymem 相乘后，与 ACC 相减（凑整）
MASA　Smem [,B]	B=B−Smem*A(32～16) T=Smem	从 ACCB 中减去操作数与 ACCA 的乘积
MASA　T,src[,dst]	dst=src−T*A(32～16)	从 src 中减去 ACCA 的高阶位与 T 的乘积
MASAR　T,src[,dst]	dst=rnd(src−T*A(32～16))	从 src 中减去 ACCA 的高阶位与 T 的乘积（凑整）
SQURA　Smem,src	src=src+Smem*Smem, T=Smem	操作数 Smem 平方后累加
SQURS　Smem,src	src=src−Smem*Smem, T=Smem	操作数 Smem 平方后做减法

表 3-14　双操作数指令

助记符指令	代数指令	注　释
DADD　Lmem,src[,dst]	if C16=0 dst=Lmem+src if C16=1 　dst(39～16)=Lmem(31～16)+src(31～16) 　dst(15～0)=Lmem(15～0)+src(15～0)	若 C16=0，完成双精度加法；若 C16=1，完成双 16 位加法

助记符指令	代数指令	注　释
DADST　Lmem,dst	if C16=0 dst=Lmem+(T<<16+T) if C16=1 dst(39～16)=Lmem(31～16)+T dst(15～0)=Lmem(15～0)−T	若 C16=0，完成双精度加法；若 C16=1，完成双 16 位加/减法
DRSUB　Lmem,src	if C16=0 src=Lmem−src if C16=1 src(39～16)=Lmem(31～16)−src(31～16) src(15～0)=Lmem(15～0)−src(15～0)	若 C16=0，完成双精度减法；若 C16=1，完成双 16 位减法
DSADT　Lmem,dst	if C16=0 dst=Lmem−(T<<16+T) if C16=1 dst(39～16)=Lmem(31～16)−T dst(15～0)=Lmem(15～0)+T	若 C16=0，完成双精度减法；若 C16=1，完成双 16 位加/减法
DSUB　Lmem,src	if C16=0 src=src−Lmem if C16=1 src(39～16)=src(31～16)−Lmem(31～16) src(15～0)=src(15～0)−Lmem(15～0)	若 C16=0，ACC 减双精度操作数 Lmem；若 C16=1，完成双 16 位减法
DSUBT　Lmem,dst	if C16=0 dst=Lmem−(T<<16+T) if C16=1 dst(39～16)=Lmem(31～16)−T dst(15～0)=Lmem(15～0)−T	若 C16=0，双精度操作数 Lmem 减 T；若 C16=1，双 16 位操作数 Lmem 减 T

表 3-15　特殊操作指令

助记符指令	代数指令	注　释
ABDST　Xmem,Ymem	B=B+|A(32～16)| A=(Xmem−Ymem)<<16	求绝对值
ABS　src[,dst]	dst=|src|	ACC 取绝对值
CMPL　src[,dst]	dst=$\overline{\text{src}}$	ACC 取反
DELAY　Smem	(Smem+1)=Smem	存储器延迟
EXP　src	T=符号所在的位数(src)	求 ACC 的指数
FIRS　Xmem,Ymem,pmad	B=B+A*pmad A=(Xmem+Ymem)<<16	对称有限冲激响应滤波器
LMS　Xmem,Ymem	B=B+Xmem*Ymem A=A+Xmem<<16+2^15	求最小均方值
MAX　dst	dst=max(A,B)	求 ACC 的最大值
MIN　dst	dst=min(A,B)	求 ACC 的最小值
NEG　src[,dst]	dst=−src	求 ACC 的反值
NORM　src[,dst]	dst=src<<TS dst=norm(src,TS)	归一化处理
POLY　Smem	B=Smem<<16 A=rnd(A(32～16)*T+B)	求多项式的值（凑整）
RND　src[,dst]	dst=src+2^15	对 ACC 进行四舍五入
SAT　src	饱和计算(src)	对 ACC 进行饱和计算
SQDST　Xmem,Ymem	B=B+A(32～16)*A(32～16) A=(Xmem−Ymem)<<16	求两点之间距离的平方

2. 逻辑指令

逻辑指令包括与指令、或指令、异或指令、移位指令和测试指令。根据操作数的不同，这些指令需要1～2个指令周期。

（1）与指令

与指令共有5条，见表3-16。

表3-16　与指令

助记符指令	代数指令	注　释
AND　Smem,src	src=src & Smem	操作数 Smem 和 ACC 相与
AND　#lk[,SHFT],src[,dst]	dst=src & #lk<<SHFT	长立即数移位后，和 ACC 相与
AND　#lk,16,src[,dst]	dst=src & #lk<<16	长立即数左移 16 位后，和 ACC 相与
AND　src[,SHIFT] [,dst]	dst=dst & src<<SHIFT	ACC 移位后，相与
ANDM　#lk,Smem	Smem=Smem & #lk	操作数 Smem 和长立即数相与

（2）或指令

或指令共有5条，见表3-17。

表3-17　或指令

助记符指令	代数指令	注　释
OR　Smem,src	src=src | Smem	操作数 Smem 和 ACC 相或
OR　#lk[,SHFT],src[,dst]	dst=src | #lk<<SHFT	长立即数移位后，和 ACC 相或
OR　#lk,16,src[,dst]	dst=src | #lk<<16	长立即数左移 16 位后，和 ACC 相或
OR　src[,SHIFT] [,dst]	dst=dst | src<<SHIFT	ACC 移位后，相或
ORM　#lk,Smem	Smem=Smem | #lk	操作数 Smem 和长立即数相或

（3）异或指令

异或指令共有5条，见表3-18。

表3-18　异或指令

助记符指令	代数指令	注　释
XOR　Smem,src	src=src ∧ Smem	操作数和 ACC 相异或
XOR　#lk[,SHFT],src [,dst]	dst=src ∧ #lk<<SHFT	长立即数移位后，和 ACC 相异或
XOR　#lk,16,src [,dst]	dst=src ∧ #lk<<16	长立即数左移 16 位后，和 ACC 相异或
XOR　src[,SHIFT] [,dst]	dst=dst ∧ src<<SHIFT	ACC 移位后，相异或
XORM　#lk,Smem	Smem=Smem ∧ #lk	操作数和长立即数相异或

（4）移位指令

移位指令共有6条，见表3-19。

表3-19　移位指令

助记符指令	代数指令	注　释
ROL　src	带进位标志位循环左移	ACC 循环左移
ROL　TC　src	带 TC 位循环左移	ACC 带 TC 位循环左移
ROR　src	带进位标志位循环右移	ACC 循环右移
SFTA　src,SHIFT [,dst]	dst=src<<SHIFT(算术移位)	ACC 算术移位
SFTC　src	if src(31)=src(30) then src=src<<1	ACC 条件移位
SFTL　src,SHIFT [,dst]	dst=dst<<SHIFT(逻辑移位)	ACC 逻辑移位

（5）测试指令

测试指令共有 5 条，见表 3-20。

表 3-20　测试指令

助记符指令	代数指令	注　释
BIT　Xmem,BITC	TC=Xmem(15−BITC)	测试指定位
BITF　Smem,#lk	TC=(Smem & #lk)	测试由立即数指定的位
BITF　Smem	TC=Smem(15−T(3-0))	测试由 T 指定的位
CMPM　Smem,#lk	TC=(Smem==#lk)	比较操作数和立即数
CMPR　CC,ARx	Compare　ARx　with AR0	比较辅助寄存器 ARx 和 AR0

3. 程序控制指令

程序控制指令包括分支指令、调用指令、中断指令、返回指令、重复指令、堆栈操作指令和其他程序控制指令，这些指令根据不同情况分别需要 1～6 个指令周期。

（1）分支指令

分支指令共有 6 条，见表 3-21。

表 3-21　分支指令

助记符指令	代数指令	注　释
B[D]　pmad	PC=pmad(15～0)	可以选择延时的无条件转移
BACC[D]　src	PC=src(15～0)	可以选择延时的指针指向的地址
BANZ[D]　pmad,Sind	if(Sind≠0) then PC=pmad(15～0)	当 AR 不为 0 时，转移
BC[D]　pmad,cond [,cond[,cond]]	if(cond(s)) then PC=pmad(15～0)	可以选择延时的条件转移
FB[D]　extpmad	PC=pmad(15～0) XPC=pmad(22～16)	可以选择延时的远程无条件转移
FBACC[D]　src	PC=src(15～0) XPC=src(22～16)	远程转移到 ACC 所指向的地址

（2）调用指令

调用指令共有 5 条，见表 3-22。

表 3-22　调用指令

助记符指令	代数指令	注　释
CALA[D]　src	−−SP,PC+1[3]=TOS PC=src(15～0)	可选择延时的调用 ACC 所指向的子程序
CALL[D]　pmad	−−SP,PC+2[4]=TOS PC=pmad(15～0)	可以选择延时的无条件调用
CC[D]　pmad,cond[,cond[,cond]]	if(cond(s)) then　−−SP PC+2[4]=TOS PC=pmad(15～0)	可以选择延时的条件调用
FCALA[D]　src	−−SP,PC+1[3]=TOS PC=src(15～0) XPC=src(22～16)	可以选择延时的远程无条件调用

助记符指令	代数指令	注　释
FCALL[D]　extpmad	--SP,PC+2[4]=TOS PC=pmad(15～0) XPC=pmad(22～16)	可以选择延时的远程条件调用

（3）中断指令

中断指令共有两条，见表 3-23。

表 3-23　中断指令

助记符指令	代数指令	注　释
INTRK	--SP,++PC=TOS PC=IPTR(15～7)+K<<2 INTM=1	软件中断
TRAPK	--SP,++PC=TOS PC=IPTR(15～7)+K<<2	软件中断

（4）返回指令

返回指令共有 6 条，见表 3-24。

表 3-24　返回指令

助记符指令	代数指令	注　释
FRET[D]	XPC=TOS,++SP PC=TOS,++SP	可以选择延时远程返回
FRETE[D]	XPC=TOS,++SP PC=TOS,++SP,　INTM=0	可以选择延时远程返回，且允许中断
RC[D]　cond[,cond[,cond]]	if(cond(s)) then PC=TOS,++SP	可以选择延时的条件返回
RET[D]	PC=TOS,++SP	可以选择延时的条件返回
RETE[D]	PC=TOS,++SP,INTM=0	可以选择延时的条件返回，且允许中断
RETF[D]	PC=RTN,++SP,INTM=0	可以选择延时的快速条件返回，且允许中断

（5）重复指令

重复指令共有 5 条，见表 3-25。

表 3-25　重复指令

助记符指令	代数指令	注　释
RPT　Smem	循环执行一条指令，RC=Smem	循环执行下一条指令，RC 为操作数
RPT　#K	循环执行一条指令，RC=#K	循环执行下一条指令，RC 为短立即数
RPT　#lk	循环执行一条指令，RC=#lk	循环执行下一条指令，RC 为长立即数
RPTB[D]　pmad	循环执行一段指令，RSA=PC+2[4], REA=pmad, BRAF=1	可以选择延迟的块循环
RPTZ　dst,#lk	循环执行一条指令，RC=#lk, dst=0	循环执行下一条指令，且对 ACC 清 0

（6）堆栈操作指令

堆栈操作指令共有 5 条，见表 3-26。

表 3-26 堆栈操作指令

助记符指令	代数指令	注　释
FRAME K	SP=SP+K	堆栈指针立即数
POPD Smem	Smem=TOS,++SP	把一个值从栈顶弹出，存放到数据存储器中
POPM MMR	MMR=TOS,++SP	把一个值从栈顶弹出，存放到存储器映射寄存器中
PSHD Smem	--SP,Smem=TOS	把数据存储器的一个值压入堆栈
PSHM MMR	--SP,MMR=TOS	把存储器映射寄存器的一个值压入堆栈

（7）其他程序控制指令

其他程序控制指令共有 7 条，见表 3-27。

表 3-27 其他程序控制指令

助记符指令	代数指令	注　释
IDLE　K	IDLE(K)	保持空闲状态，直到有中断产生
MAR　Smem	if CMPT=0,then modify ARx if CMPT=1 and ARx≠AR0, 　　then modify ARx,ARP=x if CMPT=1 and ARx=AR0, 　　then modify AR(ARP)	修改辅助寄存器
NOP	无	无任何操作
RESET	软件复位	软件复位
RSBX　N,S 位	S 位=0 ST(N,S 位)=0	状态寄存器复位（清 0）
SSBX　N,S 位	S 位=1 ST(N,S 位)=1	状态寄存器置位
XC　n,cond[,cond [,cond]]	如果满足条件，则执行下面的 n 条指令，n=1 或 2	条件执行

4．装入和存储指令

装入和存储指令包括一般存储指令、一般装入指令、条件存储指令、并行装入和存储指令、并行装入和乘法指令、并行存储和加减指令、并行存储和乘法指令以及其他装入和存储指令。这些指令根据不同情况分别需要 1~5 个指令周期。

（1）一般存储指令

一般存储指令共有 14 条，见表 3-28。

表 3-28 一般存储指令

助记符指令	代数指令	注　释
DST　src,Lmem	Lmem=src	ACC 存放到长字中
ST　T,Smem	Smem=T	存储 T 的值
ST　TRN,Smem	Smem=TRN	存储 TRN 的值
ST　#lk,Smem	Smem=#lk	存储长立即数
STH　src,Smem	Smem=src(31~16)	ACC 的高阶位存放到数据存储器中
STH　src,ASM,Smem	Smem=src(31~16)<<(ASM)	ACC 的高阶位移动 ASM 位后，存放到数据存储器中
STH　src,SHFT,Xmem	Xmem=src(31~16)<<(SHFT)	ACC 的高阶位移位后，存放到数据存储器中
STH　src[,SHIFT],Smem	Smem=src(31~16)<<(SHIFT)	ACC 的高阶位移位后，存放到数据存储器中

助记符指令	代数指令	注　　释
STL　src,Smem	Smem=src(15～0)	ACC 的低阶位存放到数据存储器中
STL　src,ASM,Smem	Smem=src(15～0)<<ASM	ACC 的低阶位移动 ASM 位，存放到数据存储器中
STL　src,SHFT,Xmem	Xmem=src(15～0)<<SHFT	ACC 的低阶位移位后，存放到数据存储器中
STL　src[,SHIFT],Smem	Smem=src(15～0)<<SHIFT	ACC 的低阶位移位后，存放到数据存储器中
STL　M src,MMR	MMR=src(15～0)	ACC 的低阶位存放到存储器中
STM　#lk,MMR	MMR=#lk	ACC 的低阶位存放到存储器映射寄存器中

（2）一般装入指令

一般装入指令共有 21 条，见表 3-29。

表 3-29　一般装入指令

助记符指令	代数指令	注　　释
DLD　Lmem,dst	dst=Lmem	把长字装入 ACC
LD　Smem,dst	dst=Smem	把操作数 Smem 装入 ACC
LD　Smem,TS,dst	dst=Smem<<TS	操作数 Smem 移动由 TREG（5～0）决定的位数后，装入 ACC
LD　Smem,16,dst	dst=Smem<<16	操作数 Smem 左移 16 位后，装入 ACC
LD　Smem[,SHIFT],dst	dst=Smem<<SHIFT	操作数 Smem 移位后，装入 ACC
LD　Xmem,SHFT,dst	dst=Xmem<<SHFT	操作数 Xmem 移位后，装入 ACC
LD　#K,dst	dst=#K	把短立即数装入 ACC
LD　#lk[,SHFT],dst	dst=#lk<<SHFT	长立即数移位后，装入 ACC
LD　#lk,16,dst	dst=#lk<<16	长立即数左移 16 位后，装入 ACC
LD　src,ASM[,dst]	dst=src<<ASM	ACC 移动 ASM 位
LD　src[,SHIFT],dst	dst=src<<SHIFT	ACC 移位
LD　Smem,T	T=Smem	把操作数 Smem 装入 T
LD　Smem,DP	DP=Smem(8～0)	把操作数 Smem 装入 DP
LD　#k9,DP	DP=#k9	把 9 位操作数装入 DP
LD　#k5,ASM	ASM=#k5	把 5 位操作数装入 ASM
LD　#k3,ARP	ARP=#k3	把 3 位操作数装入 ARP
LD　Smem,ASM	ASM=Smem(4～0)	把操作数 Smem 的 4～0 位装入 ASM
LDM　MMR,dst	dst=MMR	把存储器映射寄存器的值装入 ACC
LDR　Smem,dst	dst=rnd(Smem)	把操作数 Smem 装入 ACC 的高阶位（凑整）
LDU　Smem,dst	dst=uns(Smem)	把无符号操作数 Smem 装入 ACC
LTD　Smem	T=Smem,(Smem+1)=Smem	把操作数 Smem 装入 T，并且插入延迟

（3）条件存储指令

条件存储指令共有 4 条，见表 3-30。

表 3-30　条件存储指令

助记符指令	代数指令	注　　释
CMPS　src,Smem	if src(31～16)>src(15～0) then Smem=src(31～16) if src(31～16)≤src(15～0) then Smem=src(15～0)	比较、选择并存储最大值

助记符指令	代数指令	注 释
SACCD　src,Xmem,cond	if (cond)　Xmem=src<<(ASM-16)	有条件存储 ACC
SRCCD　Xmem,cond	if (cond)　Xmem=BRC	有条件存储块循环计数器
STRCD　Xmem,cond	if (cond)　Xmem=T	有条件存储 T

（4）并行装入和存储指令

并行装入和存储指令共有 2 条，见表 3-31。

表 3-31　并行装入和存储指令

助记符指令	代数指令	注 释
ST　src,Ymem‖LD　Xmem,dst	Ymem=src<<(ASM-16) ‖ dst=Xmem<<16	存储和装入 ACC 并行执行
ST　src,Ymem‖LD　Xmem,T	Ymem=src<<(ASM-16) ‖ T=Xmem	存储 ACC 和装入 T 并行执行

（5）并行装入和乘法指令

并行装入和乘法指令共有 4 条，见表 3-32。

表 3-32　并行装入和乘法指令

助记符指令	代数指令	注 释
LD　Xmem,dst‖MAC　Ymem,dst_	dst=Xmem<<16 ‖ dst_=dst_+T*Ymem	装入和乘加并行执行
LD　Xmem,dst‖MACR　Ymem,dst_	dst=Xmem<<16 ‖ dst_=rnd(dst_+T*Ymem)	装入和乘加并行执行，可凑整
LD　Xmem,dst‖MAS　Ymem,dst_	dst=Xmem<<16 ‖ dst_=dst_-T*Ymem	装入和乘减并行执行
LD　Xmem,dst‖MASR　Ymem,dst_	dst=Xmem<<16 ‖ dst_=rnd(dst_-T*Ymem)	装入和乘减并行执行，可凑整

（6）并行存储和加减指令

并行存储和加减指令共有 2 条，见表 3-33。

表 3-33　并行存储和加减指令

助记符指令	代数指令	注 释
ST　src,Ymem‖ADD　Xmem,dst	Ymem=src<<(ASM-16)‖ dst=dst_+Xmem<<16	存储 ACC 和加法并行执行
ST　src,Ymem‖SUB　Xmem,dst	Ymem=src<<(ASM-16)‖ dst=(Xmem<<16)-dst_	存储 ACC 和减法并行执行

（7）并行存储和乘法指令

并行存储和乘法指令共有 5 条，见表 3-34。

表 3-34　并行存储和乘法指令

助记符指令	代数指令	注 释
ST　src,Ymem‖MAC　Xmem,dst	Ymem=src<<(ASM-16)‖ dst=dst+T*Xmem	存储 ACC 和乘加并行执行
ST　src,Ymem‖MACR　Xmem,dst	Ymem=src<<(ASM-16)‖ dst=rnd(dst+T*Xmem)	存储 ACC 和乘加并行执行
ST　src,Ymem‖MAS　Xmem,dst	Ymem=src<<(ASM-16)‖ dst=dst-T*Xmem	存储 ACC 和乘减并行执行
ST　src,Ymem‖MASR　Xmem,dst	Ymem=src<<(ASM-16)‖ dst=rnd(dst-T*Xmem)	存储 ACC 和乘减并行执行
ST　src,Ymem‖MPY　Xmem,dst	Ymem=src<<(ASM-16)‖ dst=T*Xmem	存储 ACC 和乘法并行执行

（8）其他存储和装入指令

其他存储和装入指令共有 12 条，见表 3-35。

表 3-35　其他存储和装入指令

助记符指令	代数指令	注　释
MVDD　Xmem,Ymem	Ymem=Xmem	数据存储器内部转移
MVDK　Smem,dmad	dmad=Smem	目的地址寻址的数据存储器内部转移
MVDM　dmad,MMR	MMR=dmad	把数据存储器的值转移到存储器映射寄存器中
MVDP　Smem,pmad	pmad=Smem	把数据存储器的值转移到程序存储器中
MVKD　dmad,Smem	Smem=dmad	源地址寻址的数据存储器内部转移
MVMD　MMR,dmad	dmad=MMR	把存储器映射寄存器的值转移到数据存储器中
MVMM　MMRx,MMRy	MMRy=MMRx	在存储器映射寄存器之间转移数据
MVPD　pmad,Smem	Smem=pmad	把程序存储器的值转移到数据存储器中
PORTR　PA,Smem	Smem=PA	从端口把数据读到数据存储器中
PORTW　Smem,PA	PA=Smem	把数据存储器的值写到端口中
READA　Smem	Smem=A	把由 ACCA 寻址的程序存储器的值读到数据存储器中
WRITA　Smem	A=Smem	把数据存储器的值写到由 ACCA 寻址的程序存储器中

5. 单个循环指令

TMS320C54x 还提供了单个循环指令，它们引起下一指令被重复执行。重复执行的次数由单个循环指令中的一个操作数决定，并等于操作数加 1。该操作数的值被存储在一个 16 位的循环计数器（RC）中。RC 中的值只能由单个循环指令中的操作数决定，其最大值是 65536。当下一条指令被重复执行时，绝对程序或数据地址将自动加 1。当重复指令被解码时，所有中断（包括 NMI，不包括 RS）均被屏蔽，直到下一条指令被重复执行完毕。重复的功能体现在一些指令中，如乘加或块移动指令，这样就提高了指令的执行速度。下列指令是因为重复执行而由多重循环变成单重循环的。

（1）单个循环指令

对单个数据存储器操作数指令而言，若有一个长的偏移地址或绝对地址，则指令不可被循环执行。单个循环指令共有 11 条，见表 3-36。

表 3-36　单个循环指令

名　称	说　明	名　称	说　明
FIRS	有限冲激响应滤波器	MVKD	源地址寻址的数据存储器内部转移
MACD	乘和移动结果延时存于 ACC 中	MVMD	存储器映射寄存器到数据存储器移动
MACP	乘和移动结果存于 ACC 中	MVPD	程序存储器到数据存储器移动
MVDK	目的地址寻址的数据存储器内部转移	READA	把程序存储器的值读到数据存储器中
MVDM	数据存储器到存储器映射寄存器移动	WRITA	把数据存储器的值写到程序存储器中
MVDP	数据存储器到程序存储器的移动		

（2）不可使用 RPT 或 RPTZ 指令循环执行的指令

不可使用 RPT 或 RPTZ 指令循环执行的指令共有 36 条，见表 3-37。

表 3-37　不可使用 RPT 或 RPTZ 指令循环执行的指令

名　称	说　明	名　称	说　明
ADDM	长立即数加到数据存储器中	INTR	中断
ANDM	数据存储器的值和长立即数相与	LD ARP	调用辅助寄存器指针（ARP）
B[D]	无条件跳转	LD DP	调用数据页指针
BACC[D]	跳转到 ACC 地址	MVMM	存储器映射寄存器之间的移动
BANZ[D]	跳转到非 0 的辅助寄存器	ORM	数据存储器的值和长立即数相或
BC[D]	条件转移	RC[D]	条件返回
CALA[D]	调用 ACC 地址	RESET	软件复位
CALL[D]	无条件调用	RET[D]	无条件返回
CC[D]	条件调用	RETF[D]	从中断返回
CMPR	和辅助寄存器相比较	RND	凑整
DST	长字（32 位）存储	RPT	重复执行下一条指令
FB[D]	无条件远程跳转	RPTB[D]	块重复
FBACC[D]	远程跳转至 ACC 所指定的位置	RPTZ	重复下一条指令并清除 ACC
FCALA[D]	远程调用子循环，地址由 ACC 指定	RSBX	状态寄存器复位（清 0）
FCALL[D]	无条件远程调用	SSBX	状态寄存器置位
FRET[D]	远程返回	TRAP	软件中断
FRETE[D]	中断使能并从中断中远程返回	XC	条件执行
IDLE	IDLE 指令	XORM	长立即数和数据存储器相异或

在 TMS320C54x 系列中，有一些特殊的 DSP 指令，它们在一个指令周期内用一条指令就可以实现一般需要几条指令才可实现的功能。例如，MAC 指令可以在一个指令周期中完成一次乘法和一次加法。这样既节省了时间，又提高了编程的灵活性。

3.3　流水线技术

DSP 芯片广泛采用流水线技术以减少指令执行时间，从而增强处理器的处理能力。TMS320 系列处理器的流水线深度分为 2～6 级。2～6 级流水线处理器可以并行处理 2～6 条指令，每条指令处于流水线的不同级。在理想情况下，一条 k 段流水能在 $k+(n-1)$ 个机器周期内处理 n 条指令。其中前 k 个机器周期用于完成第 1 条指令的执行，其余 $n-1$ 条指令的执行需要 $n-1$ 个机器周期。而在非流水处理器上执行 n 条指令则需要 nk 个机器周期。当指令数 n 较大时，流水线的填充和排空时间可以忽略不计，可以认为每个机器周期内执行的最大指令数为 k。但是，由于程序中存在数据相关、程序分支、中断及一些其他因素，因此很难达到这种理想情况。

流水线操作，是指在执行多指令时，将每条指令的预取指、取指、译码、寻址、读数、执行等操作分级，相差一级重叠执行，即第 1 条指令还处于执行级，第 2 条指令的读数操作已在进行，第 3 条指令则已开始寻址，第 4 条指令则已开始译码，第 5 条指令则已开始取指，第 6 条指令则已开始预取指。

TMS320C54x 采用 6 级深度的流水线作业，它们之间彼此独立，即在任何一个机器周期内，可以有 1～6 条不同的指令同时工作，但每条指令工作在流水线的不同级上。这 6 级流水线的功能见表 3-38。

表 3-38　6 级流水线的功能

第 1 级	第 2 级	第 3 级	第 4 级	第 5 级	第 6 级
P（预取指）	F（取指）	D（译码）	A（寻址）	R（读数）	X（执行）

预取指级：在第 1 个机器周期，用 PC 中的内容加载 PAB。

取指级：在第 2 个机器周期，用读取到的指令字加载 PB。如果是多字指令，则需要几个机器周期才能将一条指令读出来。

译码级：在第 3 个机器周期，用 PB 的内容加载 IR，对 IR 内的指令进行译码，产生执行指令所需的一系列控制信号。

寻址级：如果需要，可用数据 1 读地址加载 DAB，或用数据 2 读地址加载 CAB，修正辅助寄存器和堆栈指针也在这一级进行。

读数级：读数据 1 加载 DB，或读数据 2 加载 CB，如果需要，用数据 3 写地址加载 EAB，以便在流水线的最后一级将数据送入数据存储器。

执行级：执行指令，或用写数据加载 EB。

3.3.1　延迟分支转移指令的流水线

在表 3-38 所示的流水线中，存储器的存取操作可分为两级：先用存储器的地址加载相应的地址总线，然后对存储器进行读/写操作。

【例 3-5】分支转移指令的流水线。

地址	指令	
a1,a2	B,b1	;这是一个 4 周期，2 字的分支指令
a3	I3	;这是任意的 1 周期，1 字的指令
a4	I4	;这是任意的 1 周期，1 字的指令
…	…	
b1	J1	;这是任意的 1 周期，1 字的指令

分支转移指令的流水线图如图 3-10 所示。

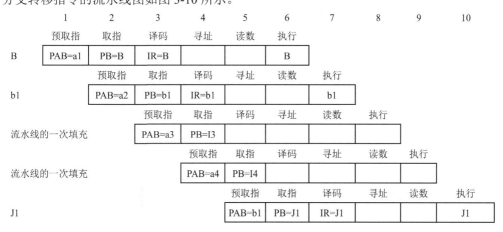

图 3-10　分支转移指令的流水线图

由图 3-10 可知：

周期 1：用分支转移指令的地址 a1 加载 PAB。

周期 2 和 3：取得双字分支转移指令（取指级）。

周期 4 和 5：I3 和 I4 指令取指。由于这两条指令处在分支转移指令之后，虽然已经取指，但不能进入译码级，且最终被丢弃。分支转移指令进入译码级，用新的值（b1）加载 PAB。

周期 6 和 7：双字分支转移指令进入流水线的执行级。在周期 6，J1 指令取指。

周期 8 和 9：由于 I3 和 I4 指令不允许执行，所以这两个周期均花在分支转移指令的执行上。

周期 10：执行 J1 指令。

由上可见，实际上，流水执行分支转移指令只需两个周期。但在周期 4 和周期 5，它还未被执行，不可能到 b1 地址去取指，只能无效地对 I3 和 I4 指令取指，这样一来，总共花了 4 个周期。为了把浪费掉的两个周期利用起来，可以采用延迟分支转移操作。

其方法是，允许跟在延迟分支转移指令后的两条单字、单周期指令 I3 和 I4 执行。这样，只有周期 6 和周期 7 花在延迟分支转移指令上，从而使延迟分支转移指令变成一条 2 周期指令。

【例 3-6】在完成 R=(x+y)*z 操作后转至 next。

可以分别编写出如下两段程序：

利用普通分支转移指令 B		利用延迟分支转移指令 BD	
LD	@x,A	LD	@x,A
ADD	@y,A	ADD	@y,A
STL	A, @s	STL	A, @s
LD	@s,T	LD	@s,T
MPY	@z,A	BD	next
STL	A,@r	MPY	@z,A
B	next	STL	A,@r
（共 8 个字，10 个 T）		（共 8 个字，8 个 T）	

可见，延迟分支转移指令可以节省两个周期。具有延迟操作功能的指令有：BD、BANZD、CALLD、FCALLD、RETED、FRETD、BACCD、FBD、CALAD、FCALAD、RETFD、FRETED、BCD、FBACCD、CCD、RETD 和 RCD。

3.3.2 条件执行指令的流水线

在 TMS320C54x 中，有一条条件执行指令 XC，其使用格式为：

XC n,cnd[,cnd[,cnd]]

如果条件满足，则执行下面 n（n=1 或 2）条指令；否则，下面 n 条指令改为执行 n 条 NOP 指令。

【例 3-7】条件执行指令的流水线。

地址	指令
a1	I1
a2	I2
a3	I3
a4	XC 2, cond
a5	I5
a6	I6

它的流水线图如图 3-11 所示。

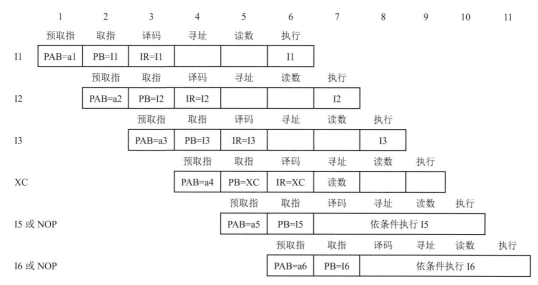

图 3-11 条件执行指令的流水线图

由图 3-11 可知:

周期 4: XC 指令地址 a4 加载 PAB。

周期 5: 取 XC 指令的操作码。

周期 7: 当 XC 指令在流水线中进行到寻址级时,求解 XC 指令所规定的条件。如果条件满足,则后面的两条指令 I5 和 I6 进入译码级并执行;如果条件不满足,则不对 I5 和 I6 指令进行译码。

条件执行指令是一条单字单周期指令,与条件跳转指令相比,具有快速选择其后一或两条指令是否执行的优点。XC 指令在执行前两个周期就已经求出条件,如果在这之后到执行前改变条件(如发生中断),将会造成无期望的结果。所以要尽力避免在 XC 指令执行前两个周期改变所规定的条件。

3.3.3 双寻址存储器的流水线冲突

TMS320C54x 内部双寻址存储器(DARAM)分成若干个独立的存储器块,允许 CPU 在单个周期内对其进行两次访问,包括下列三种情况:

① 在单周期内允许同时访问 DARAM 的不同存储器块,不会带来时序上的冲突。

② 当流水线中的一条指令访问某个存储器块时,允许流水线中处于同一级的另一条指令访问另一个存储器块,不会带来时序上的冲突。

③ 允许处于流水线不同级上的 2 条指令同时访问同一个存储器块,不会造成时序上的冲突。

CPU 之所以能够在单周期内对 DARAM 进行两次访问,是利用一次访问中对前、后半个周期分时进行访问的缘故:

对 PAB/PB 取指	利用前半个周期
对 DAB/DB 读取第 1 个数据	利用前半个周期
对 CAB/CB 读取第 2 个数据	利用后半个周期
对 EAB/EB 将数据写入寄存器	利用后半个周期

因此,如果 CPU 同时访问 DARAM 的同一个存储器块,就会发生时序上的冲突。例如,同时从同一个存储器块中取指和读数(都在前半个周期),或者同时对同一个存储器块进行写操作和读(第二个数)操作(都在后半个周期),都会造成时序上的冲突。此时,CPU 或者将写操作延迟一

个周期，或者插入一个空周期，自动地解决上述时序上的冲突。

【例3-8】CPU自动解决取指与读数冲突。

```
LD        *AR2+, A        ;AR2 指向装有代码的相同的存储器块
I2
I3
I4
```

图3-12给出了CPU自动解决取指与读数冲突的流水线图。这里，假定存储器块映射为程序存储器和数据存储器，当第一条指令读数时，就会与I4指令的取指发生冲突。TMS320C54x将I4指令的取指延迟一个周期，就自动地解决了矛盾。对于图3-12，还假定I2和I3指令不寻址存储器块中的数据。

对于单周期内访问两次内部DARAM的情况，CPU可以在单周期内对每个存储器块访问一次，条件是同时寻址的是不同的存储器块。或者说，在流水线的某一级，一条指令访问某个存储器块，另一条指令访问另一个存储器块，那么，即使同时访问单寻址存储器，也不会产生时序上的冲突。但若访问同一个存储器块，就会出现时序上的冲突。此时，CPU先在原来的周期上执行一次寻址操作，并将另一次寻址操作自动地延迟到下一个周期。这样，就会导致流水线等待一个周期。

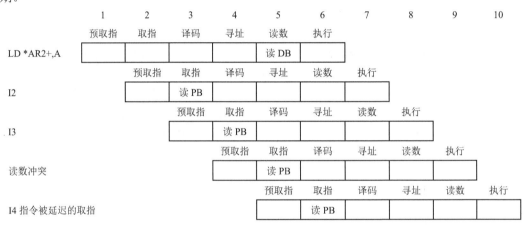

图3-12　CPU自动解决取指与读数冲突的流水线图

3.3.4　解决流水线冲突的方法

流水线操作允许多条指令同时寻址CPU资源。当一个CPU资源同时被一个以上流水线级访问时，可能导致时序上的冲突。其中，有些冲突可以由CPU通过延迟寻址的方法自动解决，但仍有一些冲突是不能预防的，需要重新安排指令或者插入空操作NOP指令来解决。

1．可能发生流水线冲突的情况

在流水线中，如果多条指令同时寻址存储器映射寄存器，就可能发生不能预防的冲突。存储器映射寄存器（MMR）包括：① 辅助寄存器（AR0～AR7）；② 循环缓冲区长度寄存器（BK）；③ 堆栈指针（SP）；④ 暂存器（T）；⑤ 处理器工作方式状态（PMST）寄存器；⑥ 状态寄存器（ST0和ST1）；⑦ 块循环计数器（BRC）；⑧ 存储器映射累加器（AG、AH、AL、BG、BH、BL）。

如图 3-13 所示为流水线冲突情况分析。可以看出，如果 TMS320C54x 系统的源程序是用 C 语言编写的，经过编译生成的代码是没有流水线冲突问题的。如果用汇编语言编写程序，则使用 CALU 操作，或者早在初始化期间就对 MMR 进行设置，也不会发生流水线冲突。利用保护性 MMR 写指令，自动插入等待周期，也可以避免发生冲突。利用等待周期表，通过插入 NOP 指令可以处理好对 MMR 的写操作。

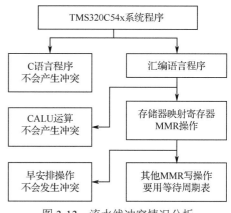

图 3-13　流水线冲突情况分析

流水线冲突是 TMS320C54x 中的一个重要问题，如果解决不好，发生了时序上的冲突，将会影响程序的执行结果。

例如，对辅助寄存器执行标准的写操作引起的时间等待，就是一种流水线冲突问题，如图 3-14 所示。

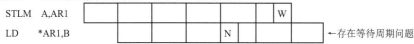

图 3-14　存在等待周期的流水线冲突

在图 3-14 中，W 表示写到 AR1 中，N 表示指令需要 AR1 中的值。STLM 这样的指令，是在流水线的执行级进行写操作的，而 LD 指令又在寻址级生成地址。这样，在第 2 条指令需要 AR1 进行间接寻址读数时，第 1 条指令还没有为 AR1 准备好数据。如果不采取措施，程序执行结果就会出错。

（1）用 STM 指令解决等待周期问题

把上述第 1 条指令改用 STM 指令，如图 3-15 所示，情况就会发生变化。

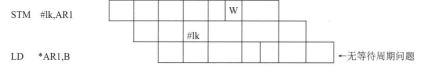

图 3-15　STM 指令解决等待周期问题

这里的 STM 指令是一种保护性操作，一旦常数译码后，马上就写到 AR1 中，接下来的 LD 指令就能顺利地形成正确的地址，并取得操作数后加载累加器 B。除 STM 外，还有一些指令，如 MVDK、MVMM 和 MVMD 等指令也有类似的问题。

（2）用 NOP 指令解决等待周期问题

在图 3-16 中，STLM 指令在执行级将累加器 A 中的内容写入 AR0，而 STM 原来是在读数级将常数 10 写入 AR1 的。第 2 条指令与第 1 条指令发生冲突。因为两者同时利用 E 总线进行写操作。此时，TMS320C54x 内部自动地将 STM 的写操作延迟一个周期，缓解了这一冲突。然而，在继续执行 LD 指令时，需要根据 AR1 间接寻址操作数，由于 AR1 还没准备好，因而发生新的时序上的冲突。

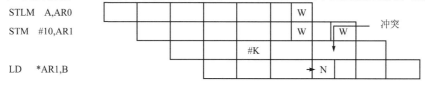

图 3-16　无 NOP 指令时序产生冲突

解决这一冲突最简单的方法是，在 STLM 指令后面插入 NOP 指令或者任何一条与程序无关的单字指令，如图 3-17 所示。

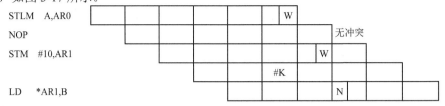

图 3-17　用 NOP 指令解决冲突

2．用等待周期表解决流水线冲突

在对存储器映射寄存器及 ST0、ST1、PMST 寄存器的控制字段进行写操作时，有可能与后续指令造成时序上的冲突。可以通过在这些写操作指令后插入若干条 NOP 指令来解决这些冲突。表3-39 至表 3-41 列出了等待周期表，这些表中给出了对存储器映射寄存器及控制字段进行写操作的各种指令所需插入的等待周期。

表 3-39　等待周期表 1

控制字段	不插入	插入 1 个	插入 2 个
T	STM　#lk,T MVDK Smem,T LD　　Smem,T LD　　Smem,T‖ST	所有其他存储指令，包括 EXP	
ASM	LD　　#k5,ASM LD　　Smem,ASM	所有其他存储指令	
DP CPL=0	LD　　#k9,DP LD　　Smem,DP		STM　　#lk,ST0 ST　　#lk,ST0 所有其他存储指令插入 3 个
SXM C16 FRCT OVM		所有存储指令，包括 SSXM 和 RSXM	
A 或 B		修改 ACC，然后读 MMR	
在 RPTB[D]中 前读 BRC	STM　　#lk,BRC ST　　#lk,BRC MVDK Smem,BRC MVMD MMR,BRC	所有其他存储指令	SRCCD （在循环中） 见说明 4

表 3-40　等待周期表 2

控制字段	插入 2 个	插入 3 个	插入 5 个	插入 6 个
DROM	STM,ST MVDK,MVMD	所有其他存储指令		
OVLY IPTR MP / $\overline{MC}$		所有其他存储指令	STM,ST MVDK,MVMD 见说明 5	所有其他存储指令 见说明 5
DBRAF				RSBX 见说明 3
CPL		RSBX，SSBX		

表 3-41　等待周期表 3

控制字段	不插入	插入 1 个	插入 2 个	插入 3 个
ARx	STM,ST,MVDK,MVMM, MVMD 见说明 2	POPM,POPD 其他 MV 指令 见说明 2	STLM,STL,STH 所有其他存储指令 见说明 1	
BK		STM,ST,MVDK, MVMM,MVMD 见说明 2	POPM 其他 MV 指令 见说明 2	STLM,STL,STH 所有其他存储指令 见说明 1
SP	if CPL=0 STM,MVDK, MVMM, MVMD 见说明 2	if CPL=1 STM, MVDK, MVMM, MVMD 见说明 2	if CPL=0 STLM,STH,STL 所有其他存储指令 见说明 1	if CPL=1 STLM,STH,STL 所有其他存储指令 见说明 1
当 CPL=1 时 暗含 SP 改变		FRAME POPM/POPD PSHM/PSHD		

表 3-39 至表 3-41 中的说明如下。

说明 1：下一条指令不能使用 STM、MVDK 或 MVMD 指令写入任何 ARx、BK 或 SP。

说明 2：在该指令前，不要在流水线的执行级用一条指令写入任何 ARx、BK 或 SP。

说明 3：随后的 6 条单字指令不能包含在 RPTB 循环的最后指令中。

说明 4：在 RPTB 循环的最后指令之前，SRCCD 必须是 2 字指令。

说明 5：所列插入等待要从新激活的存储空间中对第 1 条指令进行取指，如分支、调用或返回类型指令。

【例 3-9】利用表 3-39，插入 NOP 指令以解决流水线冲突。

　　　　SSBX　　　SXM

　　　　NOP

　　　　LD　　　　@a,B

由于 LD　@a,B 是一条单字指令,不提供隐含的等待周期,因此根据表 3-39,应当在 SSBX　SXM 指令之后插入一条 NOP 指令。而对于以下程序：

　　　　SSBX　　　SXM

　　　　LD　　　　*(x),B

由于 LD　*(x),B 是一条双字指令，它隐含一个等待周期，故 SSBX 指令后就不用再插入 NOP 指令了。

【例 3-10】利用隐含等待周期解决流水线冲突。

　　　　LD　　　　@GAIN, T

　　　　STM　　　#input, AR1

　　　　MPY　　　*AR1+, A

在 LD 中写 T 和在 STM 中写 AR1 要用 E 总线，由于 STM 是一条双字指令，隐含一个等待周期，因此对于 AR1 来说，等待周期为 0。

【例 3-11】利用表 3-41，插入 NOP 指令以解决流水线冲突。

　　　　STLM　　B,AR2

　　　　NOP

```
STM      #input, AR3
MPY      AR2+, *AR3+, A
```

在 STM 中写 AR3 要用 E 总线，而在 STLM 中写 AR2 要用 E 总线，发生冲突。查表 3-41 可得，控制字段为 AR3，STLM 指令后应插入两个 NOP 指令，但由于下一条指令 STM 隐含一个等待周期，故只需要插入一条 NOP 指令。

【例 3-12】利用表 3-39，插入 NOP 指令以解决流水线冲突。

```
MAC      @x, B
STLM     B,ST0
NOP
NOP
NOP
ADD      @table,A,B
```

最后一条指令 ADD   @table,A,B 是一条直接寻址指令。如果 CPL=0，则需要用到 ST0 寄存器中的 DP 值。由表 3-39 可查出，当控制字段 CPL=0 时，应在 STLM 指令后插入三条 NOP 指令；而当 CPL=1 时，不需要 DP 值，也就不需要插入 NOP 指令了。

【例 3-13】利用表 3-40 及说明，插入 NOP 指令以解决流水线冲突。

```
RPTB     endloop−1
…
RSBX     BRAF
NOP
NOP
NOP
NOP
NOP
NOP
…
endloop−1
```

查表 3-40 及说明 3，当控制字段为 BRAF 时，应在 RSBX 指令的后面插入 6 条 NOP 指令。也就是说，在 RSBX 指令后面应当有 6 个字，但不包含 RPTB 循环中的最后一条指令。

习题 3

1. TMS320C54x 有哪些寻址方式？它们是如何寻址的？
2. 当使用位倒序寻址方式时，应使用什么辅助寄存器？试述地址以位倒序方式产生的过程。
3. TMS320C54x 有哪些分支转移形式？它们是如何工作的？
4. 带延迟的分支转移指令与不带延迟的分支转移指令有何差异？
5. 可重复操作指令的特点是什么？其最多重复次数是多少？
6. RC 在执行减 1 操作时能否被访问？
7. 进行块重复操作要用到几个计数器或寄存器？块重复可否嵌套？重复次数如何设置？
8. 长度为 R 的循环缓冲区必须从一个 N 位地址的边界开始，N 与 R 应满足何种关系？

9．*(lk)寻址方式的指令可与循环指令（RPT、RPTZ）一起使用吗？

10．直接寻址方式可以用于程序存储器的寻址吗？

11．汇编指令中的*ARx 表示的是 ARF 所选择的辅助寄存器吗？

12．用双操作数指令编程有何特点？用何种寻址方式获得操作数，且只能用哪些辅助寄存器？

13．TMS320C54x 芯片的流水线共有多少个操作阶段？每个阶段执行什么任务？完成一条指令都需要哪些操作周期？

14．TMS320C54x 芯片的流水线冲突是怎样产生的？有哪些方法可以避免流水线冲突？

15．试分析下列程序的流水线冲突，画出流水线图。如何解决流水线冲突？

```
STLM    A, AR0
STM     #10, AR1
LD      *AR1, B
```

16．试根据等待周期表，确定下列程序需要插入几条 NOP 指令。

```
①    LD        @GAIN, T
     STM       #input, AR1
     MPY       *AR1+, A
②    STLM      B, AR2
     STM       #input, AR3
     MPY       *AR2+, *AR3+, A
③    MAC       @x, B
     STLM      B, ST0
     ADD       @table, A, B
```

第 4 章　TMS320C54x 应用程序开发

4.1　DSP 系统开发方法

4.1.1　DSP 的特点

信号处理是信息科学的核心技术之一。数字信号处理（DSP）则是指利用计算机或专用的数字设备对信号进行分析、合成、变换、估计、辨识等加工处理，以便提取有用的信息并且进行有效的传输与应用。如何有效地实现数字信号处理，一直是信号处理工作者研究的目标。数字信号处理包括如下两方面的内容。

① 算法研究——研究如何以最小的运算量和存储器使用量完成指定的任务。

② 系统实现——除有关的输入/输出部分外，其中最核心的部分就是其算法的实现，即用硬件、软件或软硬件相结合的方法来实现各种算法，如 FFT 算法的实现。

DSP 算法的实现一般有以下两种方法。

① 利用通用的计算机或微机，通过软件的方法实现。

② 利用专用的数字设备实现。

早期，主要通过软件和通用的计算机或微机来实现 DSP 算法。在 20 世纪七八十年代，国内外相继出现了多种数字信号处理软件包。但由于 DSP 算法通常需要完成大量的数值运算，特别是乘加运算，采用通用计算机运算速度较慢，所以这种方法多用于教学和研究或后处理，不适合需要进行大量数值运算的现场处理，特别是实时现场处理。专用数字设备的主要问题是结构复杂、体积大、成本高、耗电量大、可靠性差，而且也不灵活。例如，早期的利用位片式微处理器加上快速乘法器来实现的系统就存在这样的问题，这种系统已逐渐被淘汰。

仔细分析各种 DSP 算法，都是以乘法、加法为基础的。最常用的算法如下。

卷积运算：设 $x(n)$ 为输入离散信号，长度为 M；$h(n)$ 为滤波器单位脉冲响应，长度为 N；$y(n)$ 为卷积输出信号，则

$$y(n) = \sum_{i=0}^{N} x(n-i)h(i) \qquad n = 0,1,2,\cdots,M+N-2 \qquad (4\text{-}1)$$

FFT 运算：设 $x(n)$ 是长度为 N 的输入数据序列，$X(k)$ 为 $x(n)$ 的 DFT，则

$$X(k) = \sum_{n=0}^{N-1} x(n)W_N^{nk} \qquad k = 0,1,\cdots,N-1 \qquad (4\text{-}2)$$

矩阵乘法：设 $a(i,j)$ 和 $b(i,j)$ 分别为矩阵 $\boldsymbol{A}$（$M{\times}N$ 阶）、$\boldsymbol{B}$（$N{\times}K$ 阶）的元素，$c(i,j)$ 为乘积矩阵 $\boldsymbol{C}$（$M{\times}K$ 阶）的元素，则

$$c(i,j) = \sum_{s=0}^{N} a(i,s)b(s,j) \qquad i = 1,2,\cdots,M; j = 1,2,\cdots,K \qquad (4\text{-}3)$$

可以发现，它们都可化为 $A_k = \sum_{i} B_i C_i$ 形式，即乘积和的形式，而且适合进行并行计算。除此

以外，有些算法有自己的特殊要求。例如，FFT 按照所使用的算法，要求对输入或输出的数据进行倒码。统计表明，采用高级语言，如 FORTRAN 或 C 语言，这种倒码运算占所有 FFT 运算量的 15%～25%，十分费时。实时的滤波过程（即卷积运算）则要求不断地修改输入缓冲区的数据，用新数据替代老数据，这将大大地增加数据编排的时间。随着电子技术、大规模集成电路和计算机技术的发展，一种新型的专用于数字信号处理的单片机——数字信号处理器（DSP 芯片）应运而生，极大地推动了信号处理学科的发展。

随着信息技术的数字化和高速发展，DSP 芯片的应用越来越广泛。目前，DSP 芯片的年增长率已达 30% 以上，是集成电路平均增长速度的 2 倍。由于它具有很高的处理速度和可编程特性，许多行业纷纷转而采用 DSP 芯片来制造具有更高性能、体积及耗电更小的便携式产品，如移动通信产品、网关等。近年来，由于半导体技术的进步，DSP 芯片的价格也大大降低，现在 TI 公司的第 1～5 代产品，每个芯片的价格均低于 10 美元，与普通的单片机相当，这进一步推动了 DSP 芯片应用的发展。

4.1.2 DSP 系统的设计过程

DSP 是电子技术、信号处理技术与计算机技术相结合的产物。系统设计通常分为信号处理部分和非信号处理部分。信号处理部分包括系统的输入和输出，数据的编排和处理，以及各种算法的实现、数据显示和传输等；非信号处理部分则包括电源、结构、成本、体积、可靠性与可维护性等。系统的设计过程大致分为 7 部分，各部分的相互关系如图 4-1 所示。

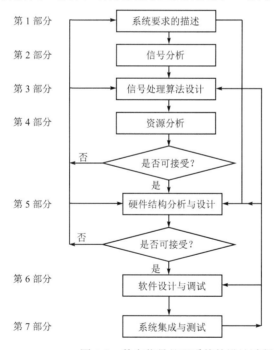

图 4-1 数字信号处理系统的设计过程

1. 系统要求的描述

在这一部分，根据用户对系统的要求，提出一组系统级的技术要求和相关说明。这些要求包括人机接口、信号类型与特征、处理的项目和方式、处理系统的所有性能指标要求（含系统非信号处理的性能），以及系统的测试和验证方式等。由此形成相应的文档，作为系统设计的依据。

2．信号分析

这一部分定义输入/输出信号的类型。例如，分析是随机信号还是确定信号，是模拟信号还是数字信号，是一维信号还是多维信号等，以确定描述输入信号的模型；分析信号的频率范围和系统的带宽，估计信号的最大和最小电平及信号噪声比（SNR），是否需要进行预处理等；确定输出信号使用的方式、数据的吞吐率和对实时性的要求。信号分析的结果是第 3 部分信号处理算法设计的基础。

3．信号处理算法设计

这一部分是 DSP 系统的核心。其任务是根据第 1 部分提出的要求和第 2 部分对信号分析的结果，对不同类型的信号和所要求的处理方式确定相应的算法。这部分要求设计者对信号处理的各种算法有较好的了解。首先，要保证算法的正确性，必要时可用现成的软件包，如 MATLAB 等工具，进行仿真计算。其次，要保证算法的有效性，当硬件给定后，算法的有效性将决定系统的处理能力或吞吐能力。算法设计的主要目标是，对于一个特定的任务获得运算量最小和使用资源最少的算法。有时这二者是矛盾的，这就需要找出最好的折中方案。例 4-1 说明了算法设计的重要性。

【例 4-1】在一个多采样率信号处理系统中，希望将数字信号输入的采样率从 f_0=256kHz 降低到 f=1000Hz，抽取比 $M=f_0/f$=256。为了保证信号经再采样后不产生混叠失真，在再采样前，需对信号进行数字滤波处理。同时，为了保证滤波后的信号不产生相位失真，滤波器一般采用 FIR 滤波器。直接滤波抽取的公式为

$$y(n) = \sum_{i=0}^{N-1} x(n-i)h(i) \qquad (4-4)$$

式中，$x(n)$ 为输入的高采样率信号，$h(n)$ 为 FIR 滤波器系数，N 为滤波器的阶次，$y(n)$ 为滤波重采样后的输出序列。

完成上述运算的框图如图 4-2 所示。

图 4-2　直接滤波抽取框图

式（4-4）的实现看起来十分简单，但若直接用该式来完成所述的抽取过程几乎是不可能的。一般需采用多级抽取的方法，其框图如图 4-3 所示。

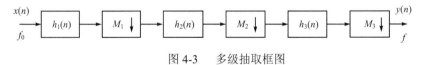

图 4-3　多级抽取框图

图 4-3 中，$M=M_1 \times M_2 \times M_3$，$h_1(n)$、$h_2(n)$ 和 $h_3(n)$ 分别为分 3 级抽取的第 1 级、第 2 级和第 3 级滤波器的系数。表 4-1 中列出了单级抽取与 3 级抽取的滤波器参数及所需的最低运算速度。本设计中，第 1 级抽取滤波器为梳状滤波器，其他各滤波器的通带和阻带波纹都假定为小于 120dB，采用 Kaiser 窗函数法设计。

由表 4-1 可见，采用单级抽取所要求的滤波器阶次已经大到了不能实现的地步，而且运算量要比 3 级抽取的总运算量大许多倍。多级抽取运算的公式虽然仍然为式（4-4），但因为多级抽取中滤波器的阶次大大减小，因此运算量也就大大减小了。

表 4-1　单级抽取与 3 级抽取的滤波器参数和运算速度

滤波器参数	单级抽取	3 级抽取		
		第 1 级	第 2 级	第 3 级
输入采样率/kHz	256	256	32	4
输出采样率/kHz	1	32	4	1
抽取比	256	8	8	4
通带上边频/kHz	0.4	梳状滤波器	0.5	0.4
阻带下边频/kHz	0.5	梳状滤波器	4.5	0.5
滤波器阶次	19977	29	85	313
乘加次数/样点	39963	57	169	625
所需的最低运算速度/（运算次数/s）	39953000	1824000	676000	625000
		3 级总计运算速度：3125000		

当然，采用多级抽取的实现方式，系统硬件结构与单级实现方式也大不相同。此例说明，算法的选择对于 DSP 系统来说是至关重要的。它对系统的软件和硬件的设计，以及系统的性能都起着决定性的作用。

4．资源分析

系统资源分成三大类：数据吞吐率、存储器容量和输入/输出带宽。这三大类资源主要取决于系统所使用的核心处理器或有关硬件，例如，DSP 芯片的运算速度、串并口数据传送的能力及存储器的大小。一个 DSP 系统通常分成如图 4-4 所示的 4 个功能块：系统控制、信号处理、数据存储和数据通信。资源分析的目的就是将前述的三大类资源在功能块之间进行合理分配，以取得最佳的性能。

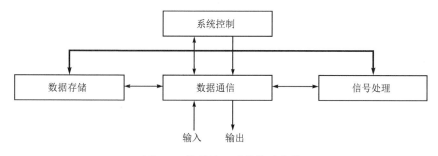

图 4-4　信号处理系统的功能块

5．硬件结构分析与设计

这一部分根据第 3 部分和第 4 部分的结果进行硬件的结构分析与设计，包括 DSP 芯片的选择，存储器配置和输入/输出通道的设计，控制和显示电路设计，电源电路及其他相关硬件电路的设计。

以 DSP 芯片为核心的信号处理系统，大致分成两种：一种是主从式系统，这时 DSP 芯片的功能为主机的一种加速处理器，数据由主机传给 DSP 芯片，DSP 芯片完成数据处理后再将数据返回给主机，所有工作都在主机的控制下进行。另一种是 DSP 芯片自成体系的系统，这时所有的控制、处理工作都由 DSP 芯片完成，这样的 DSP 系统一般都要带有自举引导功能。

对于最终产品而言，系统的主要成本由硬件决定，而软件成本主要是开发成本。因此硬件设计要求设计者除熟悉 DSP 芯片外，还必须对其他各种芯片，如 FPGA 等有很好的了解。在进行电路设计的同时，还必须考虑系统的结构，包括机械结构设计，使之坚固耐用并且便于维护。硬件设计是软件设计的基础；而反过来，使用的算法和软件也决定了硬件的结构。因此，这部分的设计必须与算法分析和软件设计结合进行。

6．软件设计与调试

基于第 3 部分所确定的算法和第 5 部分设计的硬件结构，这一部分的任务是完成系统的所有软件设计与调试。软件包括系统软件和信号处理软件。系统软件包括人机接口界面、系统的控制软件、输入/输出管理、显示及如何与主机的操作系统（包括嵌入式操作系统）接口等。信号处理软件的作用主要是用编程语言实现在第 3 部分确定的算法，以完成特定的处理功能。

对主从式系统，系统软件大都采用高级语言编写，如 VB、VC 等。信号处理软件既可采用高级语言编写，也可采用汇编语言编写，但对于一些关键的核心代码，最好采用汇编语言编写，这样可获得最佳的性能。对 DSP 芯片自成体系的系统，则要根据具体硬件来定。对于一些单一功能小的系统，大都采用汇编语言完成。

软件设计的重要工作之一是开发工具和开发环境的选择。目前，大多数 DSP 芯片都提供完善的开发工具和开发环境。基于 DSP 芯片的信号处理程序的调试只有在相应的开发工具支持下才能完成。

7．系统集成与测试

当所有的硬件和软件设计完成后，最后要将系统的各个部分集成为一个整体，进行实际的运行测试。由于 DSP 系统是一个相当复杂的系统，涉及硬件、软件各个方面，因此，设计出来的系统是否满足最初提出的要求，必须通过实际的测试。如果不能满足要求，则需要对硬件和软件进行相应的修改。

4.2　TMS320C54x 应用程序开发流程和开发工具

当系统的硬件结构和处理算法基本确定，并且选定 TMS320C54x 作为核心处理器后，应用程序开发主要完成以下工作。

1．选择编程语言编写源程序

TMS320C54x 提供两种编程语言：汇编语言和 C/C++语言。对于实现一般性功能的代码，这两种语言都可使用。但对于一些运算量很大的关键代码，最好采用汇编语言来编写。汇编语言代码的编写可以在任何一种文本编辑器中进行，如记事本、Word、Edit、TC 等。

2．选择开发工具和环境

源程序编写好后，就要选择开发工具和环境。TMS320C54x 提供两种开发环境：非集成的开发环境和集成的开发环境（Code Composer Studio，CCS）。CCS 在 Windows 操作系统下运行，它提供了非集成的开发环境的所有功能，并扩展了许多其他的功能。

图 4-5 给出了在非集成的开发环境下，TMS320C54x 的应用程序流程图及所使用的开发工具。其中阴影部分是最常用的应用程序流程，其他部分为可选项。

若源程序采用 C/C++语言编写，需调用 C 编译器将其编译成汇编语言源程序后，送往汇编器进行汇编。对于用汇编语言编写的一个或多个源程序（扩展名为.c 的文件），则直接送往汇编器进行汇编。汇编后产生目标程序（COFF 格式的文件），再调用链接器进行链接，生成在 TMS320C54x 上可执行的目标程序，并且利用调试工具对可执行的目标程序进行软件仿真或硬件在线仿真器的调试，以保证应用程序正确无误并且能够满足使用的要求。如果需要，可以调用 Hex 代码转换工具，将 COFF 格式的目标程序转换成 EPROM 编程器能够接收的代码,将代码烧制进 EPROM 或加载到用户的应用系统中。

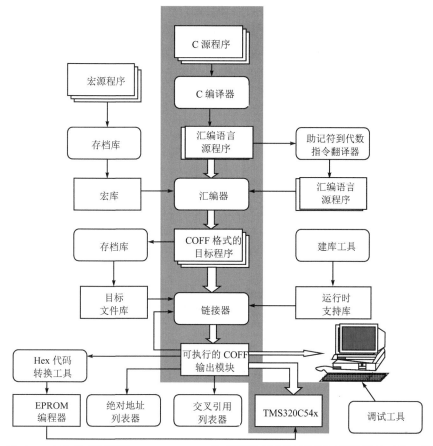

图 4-5　在非集成环境下,TMS320C54x 的应用程序开发流程图及所使用的开发工具

在开发过程中还可使用其他的开发工具,完成诸如存档、建库等工作,或使用已经存在库中的宏和其他已有的库函数等。

图 4-5 中使用的主要开发工具说明如下。

(1)C 编译器(C Compiler)

C 编译器将 C/C++源程序自动编译为 TMS320C54x 的汇编语言源程序。编译器软件包中包含建库工具(library-build utility),用户可以用来建立自己的运行时支持库。C 编译器是与汇编语言转换工具包分开的工具。

(2)汇编器(Assembler)

将汇编语言源程序转换成机器语言的 COFF 格式的目标程序。可用汇编器控制汇编过程的各个方面,如程序的格式、各段的内容和数据对准等。

(3)链接器(Linker)

链接器把汇编生成的、可重新定位的 COFF 格式的目标程序组合成一个可执行的 COFF 输出模块。当链接器生成可执行代码模块时,它要调整对符号的引用,并解决外部引用的问题。它也可以接收来自存档库的目标程序,以及链接器以前运行时所生成的输出模块。链接器可以用来将目标程序段结合在一起,指定段或符号放置的地址或存储器区域,定义或重新定义全局符号。

（4）存档库（Archiver Library）

存档库将一组文件（源程序或目标程序）组成一个存档库文件。例如，把若干个宏文件组成一个宏文件库。汇编时，可以搜索宏文件库，并且通过源程序中的宏命令来调用它，也可以利用存档库将一组目标程序组成一个目标文件库。利用存档库可以方便地替换、添加、删除和提取库文件。在链接过程中，链接器将把包括在库中的成员分辨为外部引用。

（5）助记符到代数指令翻译器（Mnemonic to Algebraic Translator Utility）

该翻译器为汇编语言转换工具，将包含助记符指令的汇编语言源程序转换成包含代数指令的汇编语言源程序。

（6）建库工具（Library-Build Utility）

建库工具用来建立用户自己用的、C 语言编写的支持运行的库函数。链接时，用 rts.src 中的源代码和 rts.lib 中的目标代码提供标准的支持运行的库函数。

（7）Hex 代码转换工具（Hex Conversion Utility）

TMS320C54x 接收 COFF 目标程序作为输入，但大多数 EPROM 编程器不接收 COFF 目标程序。该工具可以很方便地将 COFF 目标程序转换成 TI、Intel、Motorola 或 Tektronix 等公司的目标文件格式。转换后生成的目标程序可以下载到 EPROM 编程器中，以便对用户的 EPROM 进行编程。

（8）绝对地址列表器（Absolute Lister）

将链接后的目标程序作为输入，生成.abs 输出文件。对.abs 文件汇编产生包含绝对地址（而不是相对地址）的清单。如果没有绝对地址列表器，所生成清单可能是冗长的，要求进行许多人工操作。

（9）交叉引用列表器（Cross-Reference Lister）

利用目标程序生成一个交叉引用表，列出所链接的源程序中的符号及它们的定义和引用情况。

图 4-5 所示开发流程图的目的是产生一个可以在 TMS320C54x 目标系统中执行的模块，可以使用调试工具对代码进行调试和改进。对 TMS320C54x 提供如下调试工具。

- 软件仿真器（Simulator）。
- 集成开发环境（CCS）。
- 可扩展的开发系统仿真器（XDS510）。
- 硬件开发模块（EVM 板）。

4.3 汇编语言源程序的编写方法

汇编语言程序设计是应用程序设计的基础。其主要任务是利用 TMS320C54x 提供的汇编指令和伪指令编写源程序以完成指定的功能。TMS320C54x 提供两种汇编指令：助记符指令和代数指令。这两种指令具有同样的功能。代数指令类似于高级语言，且用助记符指令编写的源程序可以转换成代数指令的源程序。本节主要介绍助记符指令，必要时将同时列出两种指令的源程序。汇编语言源程序的编写必须符合一定的格式，以便汇编器将源程序转换成机器语言的目标程序。目标程序的格式为 COFF 格式。源程序包含以下汇编语言内容：机器指令（用助记符表示）、汇编伪指令、宏伪指令和规定的数字与字符。

4.3.1 汇编语言源程序格式

TMS320C54x 汇编语言源程序由源说明语句组成。这些语句可以包含机器指令、汇编伪指令、宏伪指令。可用任意的编辑器编写源程序，一句程序占源程序的一行。源程序语句行的长度可以是编辑器允许的长度，但汇编器每行最多读 200 个字符。若行的长度超过了 200 个字符，则汇编器将自行截断并且发出一个警告。

1．源程序语法格式

汇编语言指令一般包含标号区、助记符区、操作数区和注释区 4 个区域，语法格式如下。

助记符指令语法格式：

　　[标号区][:]　　助记符区　　　　[操作数区]　　　　　[;注释区]

代数指令语法格式：

　　[标号区][:]　　指令区　　　　[;注释区]

其中，[ ]内为可选项。代数指令只有三个区域，其中的助记符区与操作数区合并成为指令区。

【例 4-2】助记符指令举例。

SYM1	.set	2	;符号 SYM1=2
Start:	LD	#SYM1,AR1	;将 2 装入 AR1
	.word	016H	;初始化字(016H)

【例 4-3】代数指令举例。

SYM1	.set	2	;符号 SYM1=2
Start:	AR1=#SYM1		;将 2 装入 AR1
	.data		
	.word	016H	;初始化字(016H)

【例 4-4】源程序 example.asm 的编写方法举例。

```
* * * * * * * * * * * * * * * * * * * * * * * * * * * * * *
*   example.asm    y =a1*x1 + a2*x2 + a3*x3 + a4*x4    *
* * * * * * * * * * * * * * * * * * * * * * * * * * * * * *
            .title      "example.asm"
            .mmregs
STACK       .usect      "STACK",10H       ;分配栈空间
            .bss        a,4               ;分配变量空间
            .bss        x,4
            .bss        y,1
            .def        start
            .data
table:      .word       1,2,3,4
            .word       8,6,4,2
            .text
start:      STM         #0,SWWSR
            STM         #STACK+10H,SP
            STM         #a,AR1
            RPT         #7
            MVPD        table,*AR1+
            CALL        SUM
end:        B           end
```

```
SUM:        STM         #a,AR3
            STM         #x,AR4
            RPTZ        A,#3
            MAC         *AR3+,*AR4+,A
            STL         A,@y
            RET
            .end
```

用汇编语言编写源程序的一般规则如下：

① 所有语句必须以标号、空格、星号或分号开始。

② 所有包含汇编伪指令的语句必须在一行内完全指定。

③ 可以选择带有标号，若使用标号，则标号必须从第 1 列开始。

④ 每个区域必须用一个或多个空格分开，Tab 字符键与空格等效。

⑤ 程序中可以有注释，注释从第一列开始时，前面需标上星号（*）或分号（;），但从其他列开始的注释前面只能标上分号。

常用的汇编伪指令如表 4-2 所示。

表 4-2　常用的汇编伪指令

汇编伪指令	作　用	举例和说明
.title	紧跟其后的是用双引号括起的源程序名	.title "example.asm"
.end	结束汇编指令，汇编器将忽略此后的任何语句，所以它应是程序的最后一条语句	放在汇编语言源程序的最后
.text	紧跟其后的是汇编语言源程序正文	.text 段是源程序正文。经汇编后，紧随.text 后的是可执行代码
.data	紧跟其后的是已初始化数据，通常含有数据表或预先初始化的数值	有两种数据形式：.int 和.word
.int	用来设置一个或多个 16 位无符号整型数常数	table: .word 1,2,3,4 .word 8,6,4,2
.word	用来设置一个或多个 16 位带符号整型数常数	表示在标号为 table 开始的 8 个程序存储器单元中存放初始化数据 1、2、3、4、8、6、4 和 2
.bss	为未初始化数据保留的存储空间	.bss x,4 表示在数据存储器中空出 4 个存储单元存放变量 x1、x2、x3 和 x4
.sect	建立包含指令和数据的自定义段	.sect " vectors "定义向量表，紧随其后的是复位向量和中断向量，名为 vectors
.usect	为未初始化数据保留存储空间的自定义段	STACK .usect "STACK",10H 在数据存储器中留出 16 个单元作为堆栈区，名为 STACK
.def	在此模块中定义，可被别的模块引用	.def
.mmregs	将 TMS320C54x 各寄存器名定义为全局符号，这样就可以直接引用寄存器（符号）	

说明：.bss   symbol,size in words[,blocking flag]

其中，symbol 是必需的参数，它定义的符号指向该伪指令保留空间的第一个单元。

size 也是必需的参数，说明需要保留空间的大小（以字为单位）。

blocking flag 是可选参数，其值大于 0，表示所分配的空间不能跨页。

2．标号区

所有机器指令和大多数（但不是所有）汇编伪指令前面都可选择带有标号，使用时，它必须从第一列开始。标号可以长达 32 个字符，可以包含字母、数字及下画线和美元符号（A～Z，a～z，0～9，_，$）等。标号区分大小写，且第一个字符不能是数字。标号后面可以带冒号"："，但冒号并不处理为标号名的一部分。若不使用标号，则语句的第一列必须是空格、星号或分号。在使用标号时，标号的值是段程序计数器（SPC）的当前值。例如，使用.word 初始化几个字，则标号将指到第一个字。

3．助记符区

在助记符指令中，标号区后面为助记符区和操作数区。

（1）助记符区

助记符区跟在标号区的后面。助记符区一定不能从第一列开始。若从第一列开始，将被认为是标号。机器指令助记符一般用大写。汇编伪指令和宏伪指令以句点"．"开始，且为小写。机器指令可以形成常数和变量，当用它控制汇编和链接过程时，可以不占存储空间。

助记符区可以包含以下的操作码之一：

- 机器指令助记符（如 STM、MAC、MPVD、STL）。
- 汇编伪指令（如.data、.list、.set）。
- 宏伪指令（如.macro、.var、.mexit）。
- 宏调用。

（2）操作数区

操作数区是一个操作数的列表，紧跟在助记符区的后面，由一个和多个空格分开。操作数可以是常数、符号或表达式中常数与符号的结合，是指令中的操作数或指令中定义的内容。操作数之间必须用逗号"，"分开。有的指令无操作数，如 NO、RESET。

① 对机器指令的操作数前缀的规定

汇编器允许指定常数、符号或表达式来作为地址、立即数或间接地址。机器指令的操作数应遵循以下原则。

i）前缀#——操作数为立即数。若使用#符号作为前缀，则汇编器将操作数处理为立即数。即使操作数是寄存器或地址，也当作立即数处理，汇编器将地址处理为一个值，而不使用地址的内容。以下是机器指令中使用前缀#的例子：

  Label: ADD #123, A

操作数#123 为立即数。汇编将 123（十进制数）加到指定的累加器 A 中。

ii）前缀*——操作数为间接地址。若使用*符号作为前缀，则汇编器将操作数处理为间接地址。也就是说，使用操作数的内容作为地址。以下是机器指令中使用前缀*的例子：

  Label: LD *AR4, A

操作数*AR4 指定为间接地址。汇编器找到寄存器 AR4 中的内容作为地址，然后将该地址对应的内容装进指定的累加器 A 中。

② 对汇编伪指令的立即数的规定

立即数方式主要和指令一起使用。在某些情况下，也可以和汇编伪指令的操作数一起使用，但并不总是需要对汇编伪指令使用立即数方式。比较下面的语句：

  ADD #10, A

  .byte 10

第一条语句中，需要使用立即数方式告诉汇编器将 10 加到累加器 A 中。然而，第二条语句中，立即数不使用，汇编器期望操作数为一个值并初始化一个字节，其值为 10。

4．代数指令区

在代数指令中，指令区是助记符区与用在助记符语法中的操作数区的结合。在代数指令语法格式中，助记符后面通常没有操作数。更确切地说，操作数是整条语句的一部分。以下的内容说明了对于代数指令如何使用指令区。

① 一般而言，操作数不用逗号分开。但某些代数指令由助记符和操作数组成，对这种形式的代数指令，要用逗号将操作数分开，例如：lms(Xmem,Ymem)。

② 具有多项但作为单操作数用的表达式必须用括号括起来。这个规则不适用于使用函数调用格式的语句，因为它们已经包含在括号之中了。例如：

    A=B&#(1<<sym)<<5

表达式 1<<sym 作为单操作数，因此要用括号括起来。

③ 保留所有寄存器名。

④ 对于由助记符和操作数组成的代数指令，保留助记符。

5．注释区

注释可从任何一列开始并可扩展到每行的结尾。注释可包含 ASCII 字符和空格。注释打印在汇编清单文件中，但不影响汇编工作。源程序中仅有注释也是有效语句。若注释从第一列开始，必则须以分号或星号开头；从其他列开始的注释都只能以分号开头。

4.3.2　汇编语言中的常数与字符串

汇编器支持 7 种类型的常数。每种常数在汇编器内部都用 32 位保存，常数不做符号扩展。例如，0FFH 等于十六进制数 00FF 或十进制数 255，不等于−1。汇编器也支持字符串。

1．二进制整型常数

二进制整型常数为多达 16 位的二进制数字（0 或 1），其后缀为 B（或 b）。若数字少于 16 位，则汇编器将其向右边对齐，对于没有指定的位，将填充 0。

【例 4-5】以下都是有效的二进制整型常数。

    00000000B=0   （十进制数）或 0   （十六进制数）
    0101010b=42   （十进制数）或 2A （十六进制数）
    01b=1   （十进制数）或 1   （十六进制数）
    11111000B=248（十进制数）或 0F8（十六进制数）

2．八进制整型常数

八进制整型常数为多达 6 位的八进制数字（0～7），其后缀为 Q（或 q）或其前缀为 0（零）。

【例 4-6】以下都是有效的八进制整型常数。

    10Q=8   （十进制数）或 8   （十六进制数）
    100000Q=32768   （十进制数）或 8000 （十六进制数）
    226q=150   （十进制数）或 96   （十六进制数）

对八进制整型常数也可以使用 C 语言的记号，即前缀加 0。

    010=8   （十进制数）或 8   （十六进制数）
    0100000=32768   （十进制数）或 8000 （十六进制数）
    0226=150   （十进制数）或 96   （十六进制数）

3．十进制整型常数

十进制整型常数为十进制的数字串，无后缀，取值范围为：-32768~65535。

【例4-7】以下都是有效的十进制整型常数。

    1000=1000　　　　（十进制数）或 3E8　　（十六进制数）

    -32768=-32768　（十进制数）或 8000　（十六进制数）

    25=25　　　　　　（十进制数）或 19　　（十六进制数）

4．十六进制整型常数

十六进制整型常数为多达 4 位的十六进制数字（包括数字 0~9 及字母 A~F，不区分大小写），其后缀为 H（或 h），必须以数字（0~9）开始。若数字少于 4 位，则汇编器将其向右边对齐。

【例4-8】以下都是有效的十六进制整型常数。

    78h=120　　　　　　（十进制数）或 0078　（十六进制数）

    0Fh=15　　　　　　（十进制数）或 000F　（十六进制数）

    37ADH=14253　　　（十进制数）或 37AD　（十六进制数）

对十六进制整型常数也可以使用 C 语言的记号，即前缀加 0x。

    0x78=120　　　　　　（十进制数）或 0078　（十六进制数）

    0x0F=15　　　　　　（十进制数）或 000F　（十六进制数）

    0x37AD=14253　　　（十进制数）或 37AD　（十六进制数）

5．浮点常数

浮点常数是一串十进制数，可带小数点、分数和指数部分。浮点数的表示方法为：

    [+|-][nn].[nn[E|e[+|-]nn]]

这里 nn 代表十进制数字串，浮点数前可带+或-，必须指定小数点。例如，4.e5 为有效的浮点常数，但 3e5 为非法的浮点常数。

【例4-9】以下都是有效的浮点常数。

    4.0

    4.14

    .4

    -.314e13

    +314.59e-2

6．字符常数

字符常数是包含单引号内的，由一个或两个字符组成的字符串。每个字符在内部表示为 8 位 ASCII 码。当单引号代表字符时，必须采用两个连续的单引号。若仅有单引号，其间没有字符，则其值为 0。若仅有一个字符，则汇编器将其右边对齐。

【例4-10】以下都是有效的字符常数。

    'a'内部表示为 61H

    'C'内部表示为 43H

    "'D'内部表示为 2744H

注意字符常数与字符串的差别是：字符常数代表单个整数值，而字符串只是一串字符。

7．汇编-时间常数

若在程序中使用.set 赋一个常数给某个符号，该符号就变成了汇编-时间常数（Assembly-Time

Constants）。为在表达式中使用该常数，所赋的值必须是不变的。

【例 4-11】将常数 5 赋给符号 shift，可采用如下指令。

```
shift       .set      5
            LD        #shift,A
```

也可以使用.set 将符号常数赋给寄存器，在这种情况下，符号变成寄存器的别名。

【例 4-12】将符号常数 AuxR1 赋给寄存器 AR1。

```
AuxR1       .set              AR1
            MVMM              AuxR1,SP
```

8．字符串

字符串（Character Strings）是包含在双引号内的一串字符，若双引号为字符串的一部分，则需要用两个连续的双引号。字符串的最大长度是变化的，由要求字符串的伪指令所规定。每个字符在内部用 8 位 ASCII 码表示。以下是字符串的例子。

"sample program"定义了一个长度为 14 的字符串：sample program。

"PLAN""C"""定义了一个长度为 7 的字符串：PLAN"C"。

字符串一般用于下述伪指令中。

- .copy "filename"复制伪指令中的文件名。
- .sect "section name"命名段伪指令中的段名。
- .byte "charstring"数据初始化伪指令中的变量名。
- .string 的操作数。

4.3.3　汇编语言源程序中的符号

在汇编语言源程序中，符号通常作为标号、符号常数和替代符号使用。符号名可以长达 200 个字符，可以包含字母（A~Z，a~z）、数字（0~9）、下画线（_）和美元符号（$）。第一个字符不能是数字，符号名中间不能有空格。符号名区分大小写，例如，ABC，Abc，abc 是 3 个不同的符号名。如果希望不区分大小写，可在调用汇编器时使用-c 选项。符号仅在定义它的汇编程序中有效，除非使用.global 将它声明为全局符号。

注意，若汇编时采用-c 选项，汇编器将变换所有的符号为大写。若引用这些符号的其他模块在汇编时没有采用-c 选项，则在用链接器进行链接时会出错。

1．标号

符号用作标号（Label）时，在程序中作为符号地址，和程序的位置有关。在一个文件中，局部使用的标号必须是唯一的。助记符操作码和伪指令名前面不带"."都可作为标号。标号还可作为.global、.ref、.def 或.bss 等伪指令的操作数。

【例 4-13】

```
            .global      label1
label2      NOP
            ADD          label1,B
            B            label2
```

2．符号常数

符号也可被置成常数。这样，可用有意义的名称来代表一些重要的常数。伪指令.set 和.struct、.tag、.endstruct 可用来将常数赋给符号名。注意，符号常数（Symbolic Constants）不能重新定义。

【例 4-14】符号常数的举例。

K	.set	1024	;定义符号常数
maxbuf	.set	2*K	
value	.set	0	
delta	.set	1	
item	.struct		;item 结构定义
	.int	value	;常数偏移 value=0
	.int	delta	;常数偏移 delta =1
i_len	.endstruct		
array	.tag	item	;声明数组
	.bss	array,i_len*K	

（1）定义符号常数（-d 选项）

-d 选项使符号与常数相等。定义后，在汇编语言源程序中可用符号代替常数。-d 选项的格式如下：

asm500 -d name =[value]

name（名字）为所定义的符号名。value（值）为要赋给符号常数的值。若 value 省略，则符号常数的值为 1。在汇编语言源程序中，可用表 4-3 中所列出的伪指令测试符号常数。

表 4-3　测试类型及伪指令

测 试 类 型	使用的伪指令
存在	.if $ isdefed("name")
不存在	.if $ isdefed("name")=0
与值相等	.if name=value
与值不等	.if name!=value

注意，内部函数$ isdefed 的变量必须包含在引号内。引号的作用是使变量按字面解释，而不是作为替代符号。

（2）预先定义的符号常数

在汇编语言源程序中还可以使用预先定义的符号常数。除上面所讨论的将符号当作常数使用外，汇编器还有几个预先定义的符号。

① $：美元符号，代表段程序计数器（SPC）的现行值。

② 寄存器符号：AR0～AR7。

③ 存储器映射寄存器由汇编器设置为符号。

3．替代符号

可将文本串值（变量）赋给符号，这时符号名将与该变量等效，成为字符串的别名。这种用来代表变量的符号称为替代符号（Substitution Symbols）。当汇编器遇到替代符号时，将用串值替代它。和符号常数不同，替代符号可以被重新定义。可以在程序中的任何地方将变量赋给替代符号。例如：

.asg "errct", AR2	;寄存器 AR2
.asg "*+", INC	;间接自动增大
.asg "*-", DEC	;间接自动减小

4．局部标号

局部标号（Local Labels）是一种特殊的标号，使用的范围和影响是临时性的。局部标号可用以下两种方法定义。

① $n，这里的 n 是 0～9 的十进制数，如$4 和$1 是有效的局部标号。

② name ?，这里 name 是任何用前述的方法定义的合法的符号名。汇编器用后面跟着一个唯一的数值的$代替问号。当源代码被展开时，在清单文件中将看不到这个数值。带问号的标号就好像它在宏定义中的作用一样。不能将这种标号声明为全局变量。

正常的标号必须是唯一的（仅能声明一次），并可在操作数区中作为常数使用。然而，局部标号可以被取消定义，并可再次定义或自动产生。局部标号不能用伪指令定义。局部标号可以用以下4 种方法之一取消定义或被复位：

- 使用.newblock。
- 改变段（利用伪指令.sect、.text 或.data）。
- 进入一个.include 文件（指定.include 或.copy）。
- 离开一个.include 文件（达到.include 文件的结尾）。

【例 4-15】使用局部标号$n 举例。假设符号 ADDRA、ADDRB 和 ADDRC 已在前面做了定义。

① 合法使用局部标号的代码段。

```
Label1:   LD     ADDRA, A      ;将 ADDRA 装入累加器 A
          SUB    ADDRB, A      ;减去地址 B
          BC     $1, ALT       ;若小于 0, 则跳转到$1
          LD     ADDRB, A      ;否则, 将 ADDRB 装入累加器 A
          B2     $2            ;并跳转到$2
$1        LD     ADDRA, A      ;$1:将 ADDRA 装入累加器 A
$2        ADD    ADDRC, A      ;$2:加上 ADDRC
          .newblock            ;取消$1 的定义, 使之可被再次使用
          BC     $1, ALT       ;若小于 0, 则跳转到$1
          STL    A, ADDRC      ;将 ACC 的低位存入 ADDRC
$1        NOP
```

② 非法使用局部标号的代码段。

```
Label1:   LD     ADDRA, A      ;将 ADDRA 装入累加器 A
          SUB    ADDRB, A      ;减去地址 B
          BC     $1, ALT       ;若小于 0, 则跳转到$1
          LD     ADDRB, A      ;否则, 将 ADDRB 装入累加器 A
          B2     $2            ;并跳转到$2
$1        LD     ADDRA, A      ;$1:将 ADDRA 装入累加器 A
$2        ADD    ADDRC, A      ;$2:加上 ADDRC
          BC     $1, ALT       ;若小于 0, 则跳转到$1
          STL    A, ADDRC      ;将 ACC 的低位存入 ADDRC
$1        NOP
```

局部标号在宏中特别有用。若宏中包含一个正常的标号且要多次调用它，则汇编器将发出重复定义的错误。若在宏中使用局部标号和.newblock，则局部标号在每次宏展开后被复位，因此可多次使用。一次可以用多达 10 个$n 形式的局部标号，对 name ?形式的局部标号则没有限制。在取消

对局部标号的定义后，可以重新定义和再次使用。局部标号不出现在目标代码符号表中。若宏展开少于 10 次，则最大标号长度为 126 个字符；若宏展开为 10～99 次，则最大标号长度为 125 个字符。

【例 4-16】name ?形式的局部标号举例。

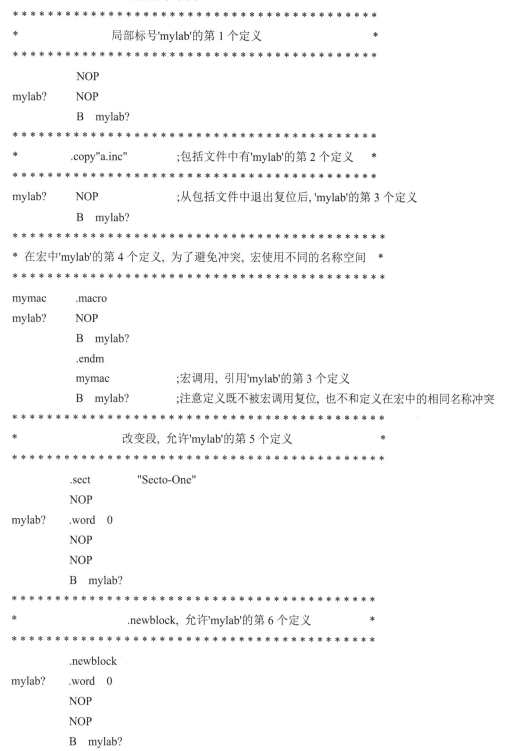

```
* * * * * * * * * * * * * * * * * * * * * * * * * * * * * * * *
*              局部标号'mylab'的第 1 个定义                  *
* * * * * * * * * * * * * * * * * * * * * * * * * * * * * * * *
          NOP
mylab?    NOP
          B   mylab?
* * * * * * * * * * * * * * * * * * * * * * * * * * * * * * * *
*      .copy"a.inc"        ;包括文件中有'mylab'的第 2 个定义    *
* * * * * * * * * * * * * * * * * * * * * * * * * * * * * * * *
mylab?    NOP              ;从包括文件中退出复位后, 'mylab'的第 3 个定义
          B   mylab?
* * * * * * * * * * * * * * * * * * * * * * * * * * * * * * * *
* 在宏中'mylab'的第 4 个定义, 为了避免冲突, 宏使用不同的名称空间  *
* * * * * * * * * * * * * * * * * * * * * * * * * * * * * * * *
mymac     .macro
mylab?    NOP
          B   mylab?
          .endm
          mymac           ;宏调用, 引用'mylab'的第 3 个定义
          B   mylab?      ;注意定义既不被宏调用复位, 也不和定义在宏中的相同名称冲突
* * * * * * * * * * * * * * * * * * * * * * * * * * * * * * * *
*              改变段, 允许'mylab'的第 5 个定义                  *
* * * * * * * * * * * * * * * * * * * * * * * * * * * * * * * *
          .sect        "Secto-One"
          NOP
mylab?    .word  0
          NOP
          NOP
          B   mylab?
* * * * * * * * * * * * * * * * * * * * * * * * * * * * * * * *
*              .newblock, 允许'mylab'的第 6 个定义                  *
* * * * * * * * * * * * * * * * * * * * * * * * * * * * * * * *
          .newblock
mylab?    .word  0
          NOP
          NOP
          B   mylab?
```

4.3.4 汇编语言源程序中的表达式

表达式可以是常数、符号，或者是由算术运算符结合起来的常数和符号。表达式值的有效范围为 −32 768～32 767。

以下三个因素将影响表达式的计算顺序。

① 括号"()"，括号内的表达式最先计算。例如，8/(4/2)=4，而 8/4/2=1。注意，不能用{}或[]代替()。

② 优先级，TMS320C54x 汇编器使用与 C 语言一样的优先级，见表 4-4。它与其他 TMS320 汇编器不同，优先级高的运算符先计算。例如，8+4/2=10，4/2 先计算。

③ 从左到右计算，具有相同优先级的运算符按从左到右的顺序计算，与 C 语言相同。例如：8/4*2=4，而 8/(4*2)=1。

1. 运算符

表 4-4 列出了可以用在表达式中的运算符及其优先级。

表 4-4　可以用在表达式中的运算符及其优先级

符　　号	操　　作	计算顺序
+　−　~　!	一元加、减、反码、逻辑负	从右到左
*　/　%	乘、除、模运算	从左到右
+　−	加、减	从左到右
<<　>>	左移、右移	从左到右
<　<=　>　>=	小于、小于或等于、大于、大于或等于	从左到右
!=　=[=]	不等于、等于	从左到右
&	逐位与（AND）	从左到右
^	逐位异或（exclusive OR）	从左到右
|	逐位或（OR）	从左到右

注：一元加（+）、减（−）和乘（*）比二进制数形式有较高的优先级。

2. 表达式上溢和下溢

在汇编时，执行算术操作后，汇编器将检查上溢和下溢的条件。一旦上溢和下溢出现，它就发出截断警告。汇编器不检查乘法的上溢和下溢。

3. 合格的表达式

某些汇编器要求合格的表达式作为操作数。合格的表达式是指表达式中的符号或汇编-时间常数在遇到它们之前都是已经定义的。合格的表达式的计算必须是绝对的。

【例 4-17】合格的表达式举例。

```
                    .data
label1              .word   0
                    .word   1
                    .word   2
label2              .word   3
X                   .set    50H
goodsym1            .set    100H+X      ;因为 X 的值在引用前已经定义
                                        ;因为这是一个合格的表达式
```

goodsym2	.set	$	;对前面定义的局部标号的所有引用
goodsym3	.set	label1	;包括当前的 SPC($),都被认为是定义良好的
goodsym4	.set	label2-label1	;虽然标号 label1 和 label2 不是绝对符号
			;因为它们是定义在相同段内的局部标号
			;故可以在汇编器中计算它们的差
			;这个差是绝对值,所以表达式是定义良好的

4．条件表达式

汇编器支持关系操作,可用于任何表达式,这对条件汇编特别有用。有以下一些关系操作：

=等于　　　　　　==等于　　　　!=不等于　　　　>=大于或等于

<=小于或等于　　>大于　　　　<小于

若条件表达式为真,则其值为 1,否则为 0。它们仅可用在等效类型的操作数中,例如,绝对的值只能和绝对的值相比较,但不能和可重新定位的值相比较。

5．可重新定位符号和合法表达式

表 4-5 总结了有关绝对符号(其值不能改变)、可重新定位符号(Relocatable Symbols)及外部符号之间的有效操作。表达式中不能包含可重新定位符号和外部符号的乘或除运算符,表达式中也不能包含对其他段的可重新定位符号,因为这种符号不能被分辨。

表 4-5　带有绝对符号、可重新定位符号及外部符号的表达式

若 A 为…	若 B 为…	则 A+B 为…	则 A−B 为…
绝对	绝对	绝对	绝对
绝对	外部	外部	非法
绝对	可重新定位	可重新定位	非法
可重新定位	绝对	可重新定位	可重新定位
可重新定位	可重新定位	非法	绝对*
可重新定位	外部	非法	非法
外部	绝对	外部	外部
外部	可重新定位	非法	非法
外部	外部	非法	非法

注：*表示 A 和 B 必须在相同的段中,否则为非法。

已经由伪指令定义为全局符号的符号和寄存器,也可用在表达式中。在表 4-5 中,这些符号和寄存器被称为外部符号。可重新定位的寄存器也可用在表达式中,这些寄存器的地址相对于定义它们的寄存器段是可重新定位的,除非将它们声明为外部符号。

以下例子说明了在表达式中绝对符号和可重新定位符号的使用方法,这些例子使用的 4 个符号定义在相同的段中。

	.global	extern_1	;定义在外部模块中
intern_1:	.word	'''D'	;定义在现行模块中,可重新定位
LAB1:	.set	2	;LAB1=2 不可重新定位(绝对符号)
intern_2:			;定义在现行模块中,可重新定位

【例 4-18】LAB1 的值按上面的定义等于 2,本例说明绝对符号 LAB1 是如何使用的。

LD　#LAB1+((4+3)*7), A　　　　;ACCA=51

LD　#LAB1+4+(3*7), A　　　　　;ACCA=27

第一条语句将值 51 送入累加器 A，第二条语句将值 27 送入累加器 A。

所有合法表达式（Legal Expressions）都可以化简为以下两种形式之一：

① 可重新定位符号+/−绝对符号。

② 绝对符号。

单操作数运算（Unary Operators）仅能用于绝对符号，不能用于可重新定位符号。表达式化简为仅含有可重新定位符号是非法的。

【例 4-19】本例的第一条语句是合法的，以下的语句都是非法的。

```
LD    extern_1-10,B              ;合法
LD    10-extern_1,B              ;不能将可重新定位符号变负
LD    − (intern_1),B            ;不能将可重新定位符号变负
LD    extern_1/10,B             ;不能将可重新定位符号乘/除
LD    intern_1+extern_1,B       ;不是可加的操作
```

【例 4-20】本例的第一条语句是合法的，以下的语句都是非法的。

```
LD    intern_1-intern_2+extern_1,B    ;合法
LD    intern_1+intern_2+extern_1,B    ;非法
```

本例的第一条语句是合法的，虽然 intern_1 和 intern_2 是可重新定位符号，但因为它们在相同的段中，因此它们的差是绝对的，然后减去一个可重新定位符号，该句可化简为：

绝对值+可重新定位符号

变为可重新定位，因而是合法的。第二条语句是非法的，因为两个可重新定位符号的和不是一个绝对的值。

【例 4-21】外部符号举例。

```
LD    intern_1+intern_1-extern_2, B    ;非法
```

外部符号在表达式中的位置对表达式的计算十分重要，本例看起来和例 4-20 中的第一条语句一样，但因为按从左到右的顺序计算，汇编器需先将 intern_1 与 intern_1 相加，因而非法。

4.4　公共目标文件格式

汇编器和链接器建立的目标程序，是一个可以在 TMS320C54x 器件上执行的文件。这些目标文件的格式称为公共目标文件格式，即 COFF（Common Object File Format）。COFF 在编写汇编语言源程序时采用代码和数据块的形式，会使模块化编程和管理变得更加方便。这些代码和数据块称为段。汇编器和链接器都有一些命令用于建立并管理各种各样的段。

COFF 文件有 COFF0、COFF1 和 COFF2 三种类型。每种 COFF 文件类型都有不同的头文件，但其数据部分是相同的。TMS320C54x 汇编器和 C 编译器建立的是 COFF2 文件。TMS320C54x 链接器能够读/写所有形式的 COFF 文件，在默认值下，链接器生成的是 COFF2 文件；用-vn 选项可以选择不同形式的 COFF 文件。

4.4.1　COFF 文件中的段

段（Sections）是 COFF 文件中最重要的概念。每个 COFF 文件都被分成若干个段。所谓段，就是在存储空间中的一个程序代码或数据块。在编写汇编语言源程序时，代码按段组织，每行汇编语句都从属于一个段，且由段伪指令标明该段的属性。一个 COFF 文件中的每个段都是分开的和各不相同的。所有的 COFF 文件都包含以下三种形式的段：

- .text 段，通常包含可执行代码。
- .data 段，通常包含初始化数据。
- .bss 段，通常为未初始化变量保留存储空间。

此外，汇编器和链接器可以建立、命名和链接自定义段。这种自定义段是程序员自己定义的段，使用起来与.data、.text 及.bss 段类似。它的好处是在 COFF 文件中与.data、.text 及.bss 分开汇编，链接时作为一个单独的部分分配到存储器中。

段有以下两种基本类型。

（1）初始化段

初始化段中包含数据或程序代码。它包括：

- .text 段，是已初始化段。
- .data 段，是已初始化段。
- .sect 建立的自定义段，也是已初始化段。

（2）未初始化段

在存储空间中，为未初始化数据保留存储空间。它包括：

- .bss 段，是未初始化段。
- .usect 建立的自定义段，也是未初始化段。

有几条汇编伪指令可以用来将数据和代码的各个部分与相应的段相联系。汇编器在汇编的过程中，根据汇编伪指令，用适当的段将各部分程序代码和数据连在一起，构成 COFF 文件。链接器的一个任务就是分配存储单元，即把各个段重新定位到目标存储器中，如图 4-6 所示。

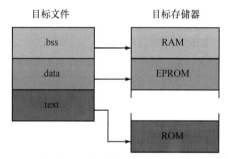

图 4-6　目标文件中的段与目标存储器之间的关系

由于大多数系统都有好几种形式的存储器，因此通过对各个段重新定位，可使目标存储器得到更为有效的利用。例如，可以定义一个包含初始化程序的段，然后将它分配到 ROM 中。

4.4.2　汇编器对段的处理

汇编器对段的处理是，通过段伪指令区分出各个段，且将段名相同的语句汇编在一起。每个程序都可以是由几个段结合在一起形成的。汇编器有 5 条伪指令支持该功能，这 5 条段伪指令是：

.bss	（未初始化段）
.usect	（未初始化段）
.text	（已初始化段）
.data	（已初始化段）
.sect	（已初始化段）

在汇编语言源程序中如果一条段伪指令都没有用，那么汇编器把程序中的内容都汇编到.text 段中。

1．未初始化段

未初始化段（Uninitialized Sections）由.bss 和.usect 建立。未初始化段就是 TMS320C54x 在目标存储器中的保留空间，以供程序运行过程中的变量作为临时存储空间使用。在 COFF 文件中，这些段中没有确切的内容，通常将它们定位到 RAM 中。未初始化段分为默认的和命名的两种，分别由.bss 和.usect 产生。语法如下：

.bss　　　　符号, 字数

符号　　.usect　　"段名", 字数

其中，符号——对应于保留的存储空间第一个字的变量名称，这个符号可让其他段引用，也可以用.global 定义为全局符号。

字数——指定在.bss 段或标有名字的段中保留多少个存储单元。

"段名"——程序员为自定义未初始化段起的名字。

每调用.bss 一次，汇编器就会在相应的段中保留更多的空间。每调用.usect 一次，汇编器就会在指定的命名段中保留更多的空间。

2. 初始化段

初始化段（Initialized Sections）由.text、.data 和.sect 建立，包含可执行代码或初始化数据。这些段中的内容都在 COFF 文件中，当加载程序时再放到 TMS320C54x 的存储器中。每个初始化段都是可以重新定位的，并且可以引用其他段中所定义的符号。链接器在链接时自动处理段间的相互引用。语法如下：

.text　　[段起点]

.data　　[段起点]

.sect　　"段名"[, 段起点]

其中，段起点是可选项。如果选用此项，它就是为段程序计数器（SPC）定义的一个起始值。SPC 只能定义一次，而且必须在第一次遇到这个段时定义。如果省略此项，则 SPC 从 0 开始。

当汇编器遇到.text、.data 或.sect 时，将停止对当前段的汇编（相当于一条结束当前段汇编的命令），然后将紧接着的程序代码或数据汇编到指定的段中，直到再遇到另一条.text、.data 或.sect 为止。

当汇编器遇到.bss 或.usect 时，并不结束当前段的汇编，只是暂时从当前段脱离出来，并开始对新的段进行汇编。.bss 和.usect 可以出现在一个已初始化段中的任何位置上，而不会对它的内容发生影响。

段的构成要经过一个反复过程。例如，当汇编器第一次遇到.data 时，这个.data 段是空的。接着，将紧跟其后的语句汇编到.data 段中，直到汇编器遇到一条.text 或.sect。如果汇编器再遇到一条.data，它就将紧跟其后的语句汇编后加到已经存在的.data 段中。这样，就建立了单一的.data 段，段内数据都被连续地安排到存储器中。

3. 命名段

命名段（Named Sections）由用户指定，与默认的.text，.data 和.bss 段的使用方法相同，但它们被分开汇编。例如，重复使用.text 段建成单个.text 段，在链接时，这个.text 段被作为单个单元定位。假如一部分可执行代码（如初始化程序）不希望和.text 段分配在一起，可将它们汇编到一个命名段中，这样就可定位在与.text 段不同的地方；也可将初始化的数据汇编到与.data 段不同的地方，或者将未初始化的变量保留在与.bss 段不同的位置。此时，可使用以下两个产生命名段的伪指令：

.usect 产生类似.bss 的段，为变量在 RAM 中保留存储空间。

.sect 产生类似.text 和.data 的段，可以包含程序代码或数据，.sect 产生地址可重新定位的命名段。

语法如下：

    符号   .usect "段名", 字数

             .sect   "段名"

可以产生多达 32767 个不同的命名段，段名可长达 200 个字符。COFF1 文件仅前 8 个字符有意义。对.sect 和.usect，段名可以作为子段的参考。每次用一个新名字调用这些伪指令时，就产生一个新的命名段。每次用一个已经存在的名字调用这些伪指令时，汇编器就将代码或数据（或保留空间）汇编到相应名称的段中。不同的伪指令不能使用相同的名字。也就是说，如果用.usect 创建了一个命名段，就不能再用.sect 创建一个相同名字的段。

4．子段

子段（Subsections）是大段中的小段。链接器可像处理段一样处理子段。采用子段结构，可使存储器配置图更加紧密。子段命名的语法为：

    基段名:子段名

若汇编器在基段名后面发现冒号，则紧跟其后的段名就是子段名。对于子段，可以单独为其分配存储单元，或者在相同的基段名下与其他段组合在一起。例如，若要在.text 段内建立一个称为 _func 的子段，可以用如下语句：

    .sect   ".text:_func"

子段也有两种：用.sect 建立的是已初始化子段和用.usect 建立的段是未初始化子段。

5．段程序计数器（SPC）

汇编器为每个段都安排一个单独的程序计数器——段程序计数器（SPC）。SPC 表示一个程序代码段或数据段内的当前地址。一开始，汇编器将每个 SPC 置 0。当汇编器将程序代码或数据加到一个段内时，相应的 SPC 就增大。如果继续对某个段进行汇编，则相应的 SPC 就在先前的数值上继续增大。链接器在链接时要对每个段进行重新定位。

6．应用举例

下面举例说明如何利用段伪指令在不同的段之间来回交换，并逐步建立 COFF 段。第一次，可用段伪指令开始汇编到一个段中，或者继续汇编到已经包含代码的段中。在后一种情况下，汇编器简单地将新代码附加到段中已经存在的代码后面。

【例 4-22】段伪指令应用举例（table.lst）。

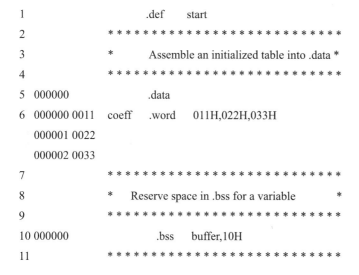

```
 1                        .def     start
 2              * * * * * * * * * * * * * * * * * * * * * * * * *
 3              *        Assemble an initialized table into .data *
 4              * * * * * * * * * * * * * * * * * * * * * * * * *
 5 000000                .data
 6 000000 0011  coeff    .word    011H,022H,033H
   000001 0022
   000002 0033
 7              * * * * * * * * * * * * * * * * * * * * * * * * *
 8              *     Reserve space in .bss for a variable      *
 9              * * * * * * * * * * * * * * * * * * * * * * * * *
10 000000                .bss     buffer,10H
11              * * * * * * * * * * * * * * * * * * * * * * * * *
```

```
12                    *    still in .data                          *
13                    * * * * * * * * * * * * * * * * * * * * * * * * *
14 000003 0123    ptr      .word    0123H
15                    * * * * * * * * * * * * * * * * * * * * * * * * *
16                    *    Assemble code into .text section         *
17                    * * * * * * * * * * * * * * * * * * * * * * * * *
18 000000                    .text
19 000000 100F    start    LD       0FH,A
20 000001 F010    aloop    SUB      #1,A
   000002 0001
21 000003 F844             BC       aloop,AGEQ
   000004 0001'
22                    * * * * * * * * * * * * * * * * * * * * * * * * *
23                    *    Another initialized table into .data     *
24                    * * * * * * * * * * * * * * * * * * * * * * * * *
25 000004                    .data
26 000004 00AA    ivals    .word    0AAH,0BBH,0CCH
   000005 00BB
   000006 00CC
27                    * * * * * * * * * * * * * * * * * * * * * * * * *
28                    *    Define another section for more variables *
29                    * * * * * * * * * * * * * * * * * * * * * * * * *
30 000000    var2     .usect    "newvars",1
31 000001    inbuf    .usect    "newvars",7
32                    * * * * * * * * * * * * * * * * * * * * * * * * *
33                    *    Assemble more code into .text section     *
34                    * * * * * * * * * * * * * * * * * * * * * * * * *
35 000005                    .text
36 000005 110A    mpy      LD       0AH,B
37 000006 F166    mloop    MPY      #02H,B
   000007 0002
38 000008 F868             BC       mloop,BNOV
   000009 0006'
39                    * * * * * * * * * * * * * * * * * * * * * * * * *
40                    *    Define a name section for int .vectors    *
41                    * * * * * * * * * * * * * * * * * * * * * * * * *
42 000000                    .sect    "vectors1"
43 000000 0011             .word    011H,033H
   000001 0033
```

Field1 Field2 Field3   Field4

例 4-22 列出的是一个汇编语言源程序经汇编后的.lst 文件（部分）。.lst 文件由 4 部分组成，第 1 部分（Field1）为源程序的行号，第 2 部分（Field2）为段程序计数器，第 3 部分（Field3）为目标代码，第 4 部分（Field4）为源程序。

在此例中，一共建立了 5 个段：

- .text 段内有 10 个 16 位字的程序代码。
- .data 段内有 7 个 16 位字的数据。
- vectors 是一个用.sect 建立的自定义段，段内有 2 个字的已初始化数据。
- .bss 在存储器中为变量保留 10 个存储单元。
- newvars 是一个用.usect 建立的自定义段，它在存储器中为变量保留 8 个存储单元。

例 4-22 中的目标代码如图 4-7 所示。

4.4.3 链接器对段的处理

链接器在处理段的时候，有如下两个主要任务：

- 将由汇编器产生的 COFF 格式的.obj 文件作为输入块，当有多个文件进行链接时，将相应的段组合在一起，产生一个可执行的 COFF 格式的输出模块。
- 重新定位，将输出的段分配到存储器的指定地址。

链接器有两条伪指令支持上述任务：

- MEMORY——定义目标系统的存储器配置图，包括对存储器各部分进行命名，以及规定它们的起始地址和长度。
- SECTIONS——告诉链接器如何将输入段组合成输出段，以及将输出段放在存储器中的什么位置。子段可用来更精细地编排段。可用链接器的 SECTIONS 指定子段。若没有明显的子段，则子段将和具有相同基段名称的其他段组合在一起。

以上伪指令是链接命令文件（.cmd）中的主要内容。并不是总需要使用链接命令。若不使用它们，则链接器将使用目标处理器默认的分配方法。如果使用链接命令，就必须在链接命令文件中进行说明。

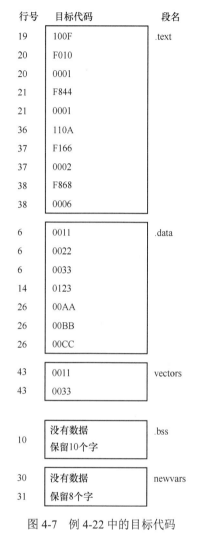

图 4-7　例 4-22 中的目标代码

1．默认的存储器分配

图 4-8 说明了两个文件的链接过程。

在图 4-8 中，链接器对目标文件 file1.obj 和 file2.obj 进行链接。在每个目标文件中，都有.text、.data 和.bss 段，还包含了命名段。链接器将两个文件的.text 段组合在一起，形成一个.text 段，再将两个文件的.data 段和.bss 段以及命名段组合在一起。如果链接命令文件中没有伪指令 MEMORY 和 SECTIONS（默认情况），则链接器从地址 0080H 开始，如图 4-8 所示，一个段接着一个段地进行配置。

2．将段放入存储器中

图 4-8 说明了链接器组合段的默认方法，但有时希望采用其他组合方法。例如，有时可能不希望将所有的.text 段组合在一起形成单个的.text 段，或者希望将命名段放在.data 的前面。系统中有各种存储器（RAM、ROM、EPROM 等），数量也各不相同，需要将段放在指定类型的存储器中，此时可采用 MEMORY 和 SECTIONS。

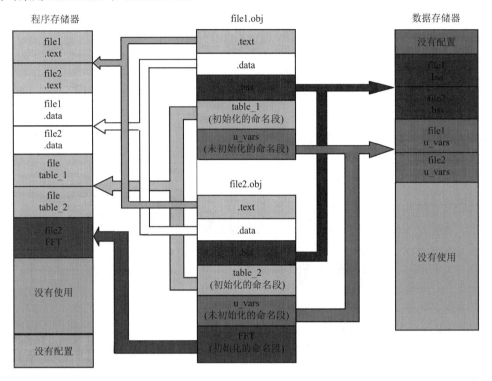

图 4-8　链接器将输入段进行组合

4.4.4　程序重新定位

1．链接时重新定位

汇编器处理每个段都是从地址 0 开始的，而所有需要重新定位的符号（标号）在段内都是相对于地址 0 的。事实上，所有段都不可能从存储器中地址为 0 的单元开始，因此链接器必须通过以下方法对各个段进行重新定位。

- 将各个段定位到存储器配置图中，每个段都从一个恰当的地址开始。
- 将符号的数值调整到相对于新的段地址的数值。
- 调整对重新定位后符号的引用。

汇编器在需要引用重新定位的符号处都留了一个重定位入口。链接器在对符号重新定位时，将利用这些入口修正对符号的引用值。

【例 4-23】有一段汇编后的程序（清单文件）如下。

```
1    0100              X        .set 0100H
2    0000                       .text
3    0000    F073              B    Y           ;生成一个重定位入口
     0001    0004'
```

4	0002	F020		LD	#X, A	;生成一个重定位入口
	0003	0000!				
5	0004	F7E0	Y:	RESET		

在本例中，有两个符号 X 和 Y 需要重新定位。Y 是在这个模块的.text 段中定义的，X 是在另一个模块中定义的（这里仅给变量 X 赋初值，X 所在的地址在另一个模块中定义）。当汇编程序时，X 的值为 0（汇编器假设所有未定义的外部符号的值为 0），Y 的值为 4（相对于.text 段地址 0 的值）。就这一段程序而言，汇编器形成两个重定位入口：一个是 X，另一个是 Y。在.text 段内对 X 的引用是一次外部引用（清单文件中用符号"!"表示），而.text 段内对 Y 的引用是一次内部引用（用符号"'"表示）。

假设链接时 X 重新定位到地址 7100H 处，.text 段重新定位到从地址 7200H 处开始，那么 Y 的重定位值为 7204H。链接器利用两个重定位入口，对目标文件中的两次引用进行修正：

F073	B	Y	变成	F073
0004'				7204
F020	LD	#X, A	变成	F020
0000!				7100

在 COFF 文件中有一张重定位入口表。链接器在处理完之后就将重定位入口消去，以防止在重新链接或加载时重新定位。一个没有重定位入口的文件称为绝对文件，它的所有的地址都是绝对地址。

2．运行时间重新定位

有时，我们希望将代码装入存储器的一个地方，而在另一个地方运行。例如，一些关键的执行代码必须装在系统的 ROM 中，但希望在较快的 RAM 中运行。链接器提供一个处理该问题的简单方法，利用 SECTIONS 的选项可让链接器定位两次：先使用装入关键字设置装入地址，再用运行关键字设置它的运行地址。装入地址用于确定段的原始数据或程序代码装入的地方，而任何对段的引用（如其中的标号）则参考它的运行地址。在应用中必须将该段从装入地址复制到运行地址处。这并不能简单地自动进行，因为指定的运行地址是分开的。

若仅为段提供了一次定位（装入或运行），该段将只定位一次，并且装入地址和运行地址相同。若提供两个地址，该段将被自动地定位，就像有两个同样长度的不同段一样。

未初始化的段（如.bss 段）不能装入，所以它仅有的有意义的地址就是运行地址。链接器只定位未初始化段一次。若为它指定运行地址和装入地址，链接器将会发出警告并忽略装入地址。

4.4.5 程序装入

链接器产生可执行的 COFF 文件。可执行的目标文件与链接器输入的目标文件具有相同的 COFF 格式，但在可执行的目标文件中，将对段进行组合并在目标存储器中重新定位。为了运行程序，在可执行文件中的数据必须传输或装入目标存储器。有几种方法可以用来装入程序，这取决于执行环境。下面说明两种常用的情况。

① TMS320C54x 调试工具（Debugging Tools），包括软件模拟器、XDS 仿真器和集成开发系统 CCS。它们都具有内部的装入器，这些工具都包含调用装入器的 LOAD 命令。装入器读取可执行文件，将代码复制进目标系统的存储器中。

② 采用 Hex 转换工具（Hex Conversion Utility）。例如，作为汇编语言软件包一部分的 Hex500，将可执行 COFF 文件转换成几种其他格式目标文件，然后将转换后的文件用 EPROM 编程器将代码装（烧）进 EPROM 中。

4.4.6 COFF 文件中的符号

COFF 文件中有一张符号表，用来存放程序中的符号信息，链接时对符号进行重新定位要用到它，调试程序时也要用到它。

1. 外部符号

所谓外部符号，是指在一个模块中定义，可以在另一个模块中引用的符号。可以用以下伪指令指出某些符号为外部符号：

- .def，在当前模块中定义，并且可在别的模块中引用的符号。
- .ref，在当前模块中引用，但在别的模块中定义的符号。
- .global，可以是上面的任何一种情况。

【例 4-24】以下的代码段说明上面的定义。

```
x:    ADD       #56H, A        ;定义 x
      B         y              ;引用 y
      .def      x              ;x 在此模块中定义，可在别的模块中引用
      .ref      y              ;y 在这里被引用，它是在别的模块中定义的
```

汇编时，汇编器把 x 和 y 都放在目标文件的符号表中。当这个文件与其他目标文件链接时，一遇到符号 x 就定义了其他文件不能辨别的 x。同样，遇到符号 y 时，链接器就检查其他文件对 y 的定义。总之，链接器必须使所引用的符号与相应的定义相匹配。如果链接器不能找到某个符号的定义，它就给出不能辨认所引用符号的出错信息。

2. 符号表

每当遇到一个外部符号（无论定义的还是引用的），汇编器都将在符号表中产生一个条目。汇编器还产生一个指到每段开始位置的专门符号，链接器将利用这些符号将引用值赋给其他符号。汇编器通常不对除以上所述的符号外的任何符号产生符号表条目，因为链接器并不使用它们。例如，标号不包括在符号表中，除非用.global 将其声明为全局符号。为了调试符号，让程序中的每个符号都在符号表中有一个条目，可以在汇编器中使用-s 选项。

4.5 汇编器

4.5.1 汇编器及其调用

1. 汇编器简介

汇编器接收汇编语言源程序作为输入。该源程序可以是由汇编器本身产生的，也可以是由 C/C++编译器产生的。

汇编器进行汇编，主要完成以下工作。

- 处理文本文件中的源程序，产生一个可以重新定位的 TMS320C54x 目标文件。
- 若有要求，则产生一个清单文件，并且提供对该清单文件格式的完全控制。
- 允许将代码分成段，并对目标代码的每段保持一个 SPC（段程序计数器）。
- 定义和引用全局符号，且可根据要求附一个交叉引用表到清单文件尾部。
- 汇编条件代码块。
- 支持宏，允许在线或在库中定义宏。

2．汇编器的调用

调用汇编器的命令如下：

  asm500 [input file [object file[listing file]]] [-options]

其中，asm500 为运行汇编程序 asm500.exe 的命令。

input file 为汇编语言源程序的名称。若不提供扩展名，则汇编器默认的扩展名为.asm，除非使用汇编器-f 选项。若不提供源程序文件名，汇编器将提示输入文件名。源程序可以包含助记符指令或代数指令。默认的指令集为助记符指令，若使用代数指令，则使用-mg 选项。

object file 为汇编器产生的 TMS320C54x 目标文件。若不提供扩展名，则汇编器默认的扩展名为.obj。若不提供目标文件名，则汇编器将使用与源程序相同的文件名，但扩展名为.obj。

listing file 为汇编器产生的供选择的清单文件，分为如下两种情况。

① 若不提供清单文件名，则汇编器将不产生清单文件，除非使用-l 与-x 选项，此时汇编器将使用与源程序相同的文件名，但扩展名为.lst，且将清单文件存放在源程序所在的目录中。

② 若提供清单文件名，但没有扩展名，汇编器将使用默认的扩展名.lst。

options 定义使用的汇编器选项。选项不区分大小写，可出现在命令行中汇编器名称之后的任何地方。在每个选项前面加有短横线（-）。不带参数的单字符选项可以结合使用，例如，-lc 选项等效于-l -c 选项；带参数的选项必须分别指定，如-i 选项。

3．汇编器的选项

-@选项：-@filename 赋值文件名的内容到命令行中。该选项可以避免主操作系统对命令行长度的限制。在链接命令文件中，包含嵌入空格或短横线的文件名及选项参数，必须用引号括起来，如"this-file.asm"。

-a 选项：产生一个绝对地址清单。当使用-a 选项时，汇编器不产生目标文件。-a 选项与绝对地址列表器联合使用。

-c 选项：使汇编语言源程序中的大小写失去意义。例如，-c 选项将使符号 ABC 与 abc 等效。若不使用该选项（默认情况），则程序代码区分大小写。这里大小写的区别主要是针对符号名的，而不针对助记符指令和寄存器名。

-d 选项：-d name[=value]设置符号名的值，等效于在汇编语言源程序的开始处插入 name .set vale。若 vale 省略，则符号名的值设置为 1。

-f 选项：取消汇编器给没有扩展名的源程序名后面加上.asm 扩展名的默认行为。

-g 选项：允许汇编器在源代码调试器中进行源代码调试。对在汇编语言源程序中的每行，输出行信息到 COFF 文件中。注意，不能对已经包含伪指令的汇编代码使用-g 选项，例如，由 C/C++ 编译器运行-g 选项所产生的代码。

-h，-help，-?选项：使用这些选项中的任何一个都将显示一个可供使用的汇编器选项清单。

-hc 选项：-hc filename 告诉汇编器为汇编模块复制指定的文件。如果文件插在源程序语句的前面，被复制的文件将出现在清单文件中。

-hi 选项：-hi filename 告诉汇编器为汇编模块包含指定的文件。如果文件在源程序语句的前面，被包含的文件将不出现在汇编清单文件中。

-i 选项：指定汇编器寻找由.copy、.include 或.mlib 等命名的文件所在的目录。-i 选项的格式为 -i pathname（-i 路径名）。

-l 选项：产生清单文件。

-mf 选项：指定汇编调用扩展寻址方式。

-mg 选项：指定源程序包含代数指令。

-q（quiet）选项：压缩旗标和所有过程信息。

-r，-r[num]选项：压缩汇编器由 num 标识的标志。该标志是报告给汇编器的消息，这种消息不如警告严重。若不对 num 指定值，则所有标志都将被压缩。

-pw 选项：对某些汇编代码的流水线冲突发出警告。汇编器不能检测所有的流水线冲突，仅能对直线式代码检测流水线冲突。在检测到流水线冲突时，汇编器将打印一个警告，报告为了解决流水线冲突需要填充 NOP 或其他指令的潜在位置。

-s 选项：将所有定义的符号放进目标文件的符号表中。汇编器通常只将全局符号放进符号表中。当使用-s 选项时，定义作为标号或汇编-时间常数的符号也被放进符号表中。

-u 选项：-u name 取消预先定义的常数名，从而不考虑由任何-d 选项所指定的常数。

-v 选项：-v value 确定使用的处理器。可选 541，542，543，545，545lp，546lp，548，549 值中的一个。

-x 选项：产生交叉引用表，并且将它附加到清单文件的尾部。同时将交叉引用信息加到目标文件中，以便交叉引用工具使用。若没有要求清单文件，汇编器仍能产生一个交叉引用表。

【例 4-25】输入以下命令：

    asm500 example.asm -l -s -x

源程序 example.asm 经汇编后将生成一个清单文件、一个目标文件、一个符号表（在目标文件中）和一个交叉引用表（在清单文件中）。

4.5.2　汇编器的内部函数

汇编器提供用于转换和各种数学计算的内部函数，见表 4-6。注意，expr 必须是常数。

除表 4-6 中列出的内部函数外，汇编器还接收伪操作（Pseudo-Op）、LDX、用于装入驻留在扩展的程序存储器中的标号、函数等。LDX 用于存放 24 位地址的高 8 位。例如，若函数 F 在扩展的程序存储器中（地址为 24 位而不是 16 位），则 F 的值或地址可以按如下方式装入：

    LDX   #F,16,A   ;存放函数 F 的 24 位地址的高 8 位
    OR   #F,A,A   ;加入函数 F 的 24 位地址的低 16 位
    BACCA   ;函数 F 的所有 24 位地址都被装进累加器 A 中

注意，为了装入整个 24 位地址，需用 LDX 和 OR。

表 4-6　汇编器的内部函数

函　数	说　　明	函　数	说　　明
$acos(expr)	返回 expr 的反余弦值，浮点型	$fmod(expr1,expr2)	返回 expr1 除 expr2 以后的余数
$asin(expr)	返回 expr 的反正弦值，浮点型	$int(expr)	若 expr 结果为整数，则返回 1
$atan(expr)	返回 expr 的反正切值，浮点型	$ldexp(expr1,expr2)	返回 expr1 乘 2 后以 expr2 为幂的结果
$atan2(expr)	返回 expr 的反正切值（−π～π），浮点型	$max(expr1,expr2)	返回两个表达式的最大值
$ceil(expr)	返回不小于表达式值的最小整数	$min(expr1,expr2)	返回两个表达式的最小值
$cosh(expr)	返回 expr 的双曲余弦值，浮点型	$pow(expr1,expr2)	返回 expr1 以 expr2 为幂的结果
$cos(expr)	返回 expr 的余弦值，浮点型	$round(expr)	返回 expr 舍入后最接近的整数
$cvf(expr)	将 expr 转换为浮点型	$sgn(expr)	返回 expr 的符号
$cvi(expr)	将 expr 转换为整型	$sin(expr)	返回 expr 的正弦值，浮点型
$exp(expr)	返回 e 以 expr 为幂的值	$sinh(expr)	返回 expr 的双曲正弦值，浮点型
$fabs(expr)	返回 expr 的绝对值，浮点型	$sqrt(expr)	返回 expr 的平方根，浮点型

函　　数	说　　明	函　　数	说　　明
$floor(expr)	返回不大于表达式值的最大整数	$tan(expr)	返回 expr 的正切值，浮点型
$log10(expr)	返回以 10 为底的 expr 的对数	$tanh(expr)	返回 expr 的双曲正切值，浮点型
$log(expr)	返回 expr 的自然对数	$trunc(expr)	返回 expr 朝 0 舍入的结果

4.5.3　汇编伪指令

汇编伪指令是汇编语言源程序的一个重要内容，它给源程序提供数据并且控制汇编过程。汇编伪指令可以完成以下工作：

- 将程序代码和数据汇编到指定的段中。
- 在存储器中为未初始化的变量保留空间。
- 控制是否产生清单文件。
- 初始化存储器。
- 汇编条件代码块。
- 声明全局变量。
- 为汇编器指定从中可以获得宏的库。
- 考察符号调试信息。

伪指令和它所带的参数必须书写在一行之中。除汇编伪指令外，TMS320C54x 软件工具还支持以下的伪指令：

- 汇编器使用的用于宏的伪指令。
- 绝对地址列表器使用的伪指令。
- C/C++编译器用于符号调试的伪指令。

在实际包含汇编伪指令的源程序中，伪指令可带标号和注释。标号一般不作为伪指令语法的一部分列出，但有些伪指令必须带有标号，此时，标号将作为伪指令的一部分出现。

1．定义段的伪指令

定义段的伪指令用于指定汇编语言源程序的段，包括表 4-7 中列出的几种情况。

表 4-7　定义段的伪指令

助记符和语法	说　　明
.bss　符号,字数　[,blocking flag][,alignment]	为未初始化的数据段.bss 保留空间（单位为字）
.clink　["段名"]	.clink 可用于初始化段或未初始化段。在命名段的类型域中设置 STYP-CLINK 标志，表示允许进行条件链接。它告诉链接器，如果在一个段中没有发现任何的符号被引用，则在链接器输出的 COFF 文件中将不保留该段
.data	指定.data 后面的代码为数据段。.data 段中通常包含初始化的数据
.sect　"段名"	定义初始化的命名段，用.sect 定义的段可以包含可执行代码或数据
.text	指定.text 后面的代码为文本段。.text 段中通常包含可执行代码
符号　.usect　"段名"字数　[,blocking flag] [,alignment]	为未初始化的命名段保留空间（单位为字）。.usect 类似于.bss，但允许保留与.bss 段不同的空间

【例 4-26】段伪指令的使用。

```
1                * * * * * * * * * * * * * * * * * * * * * * * *
2                *        开始汇编到.text 段中             *
3                * * * * * * * * * * * * * * * * * * * * * * * *
4 000000                  .text
5 000000 0001             .word    1,2
  000001 0002
6 000002 0003             .word    3,4
  000003 0004
7
8                * * * * * * * * * * * * * * * * * * * * * * * *
9                *        开始汇编到.data 段中             *
10               * * * * * * * * * * * * * * * * * * * * * * * *
11 000000                 .data
12 000000 0009            .word    9,10
   000001 000A
13 000002 000B            .word    11,12
   000003 000C
14
15               * * * * * * * * * * * * * * * * * * * * * * * *
16               *   开始汇编到命名的初始化段 var_defs 中    *
17               * * * * * * * * * * * * * * * * * * * * * * * *
18 000000                 .sect " var_defs "
19 000000 0011            .word    17,18
   000001 0012
20
21               * * * * * * * * * * * * * * * * * * * * * * * *
22               *        继续汇编到.data 段中             *
23               * * * * * * * * * * * * * * * * * * * * * * * *
24 000004                 .data
25 000004 000D            .word    13,14
   000005 000E
26 000000                 .bss     sym,19          ;在.bss 段中保留空间
27 000006 000F            .word    15,16           ;仍然在.data 段中
   000007 0010
28
29               * * * * * * * * * * * * * * * * * * * * * * * *
30               *     继续汇编到.text 段中               *
31               * * * * * * * * * * * * * * * * * * * * * * * *
32 000004                 .text
33 000004 0005            .word    5,6
   000005 0006
```

34 000000 usym	.usect "xy",20	;在 xy 中保留空间
35 000006 0007	.word 7,8	;仍然在.text 段中
000007 0008		

本例说明如何用这些伪指令定义有关的代码段,是一个输出清单文件。第一列为行号,第二列为 SPC(段程序计数器),每段都有它自己的 SPC。当代码第一次放进段中时,SPC=0。在其他的代码段被汇编后,若继续将代码汇编到该段中,则它的 SPC 继续计数,就好像没有被干扰一样。在例 4-26 中的伪指令执行以下任务:

- .text 初始化值为 1,2,3,4,5,6,7,8 的字。
- .data 初始化值为 9,10,11,12,13,14,15,16 的字。
- var_defs 初始化值为 17,18 的字。
- .bss 保留 19 个字的空间。
- .usect 保留 20 个字的空间。
- .bss 和.usect 既不结束当前的段,也不开始新段,它们保留指定数量的空间,然后,汇编器继续将程序代码或数据汇编到当前的段中。

2.初始化常数的伪指令

以下一些伪指令为当前的段汇编常数。

① .bes 和.space 在当前的段中保留指定的位数。

汇编器对这些保留位填充 0。可将位数乘以 16 来实现保留字。当标号和.space 一起用时,指向包含保留位的第一个字;当标号和.bes 一起使用时,指向包含保留位的最后一个字。

【例 4-27】.space 和.bes 的使用情况。假定已汇编以下的代码段:

1			
2		** .space 和.bes **	
3			
4 000000	0100	.word	100H, 200H
000001	0200		
5 000002	Res_1:	.space	17
6 000004	000F	.word	15
7 000006	Res_2:	.bes	20
8 000007	00BA	.byte	0BAH
9		** 保留 3 个字 **	
10 000008	Res_3:	.space	3*16
11 00000b	000A	.word	10

Res_1 指向由.space 保留的空间的第一个字,Res_2 指向由.bes 保留的空间的最后一个字。

图 4-9 说明了.space 和.bes 的使用情况。

② .byte、.ubyte、.char 和.uchar 将一个或多个 8 位的值放进当前段的连续的字中。除每个值的宽度被限制为 8 位外,这些伪指令类似于.word 和.uword。

③ .field 将单个值放到当前字的指定位域。采用.field 可将多个字段或域打包成单个字,直到字被填满,汇编器不增大 SPC 值。

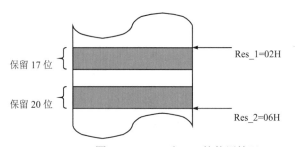

保留 17 位
Res_1=02H

保留 20 位
Res_2=06H

图 4-9　.space 和.bes 的使用情况

图 4-10 说明了如何将字段打包成字。该例中假定已汇编了以下的代码段，对于前 3 个 field，不改变 SPC 值，因为这些字段被打包进了同一个字中。

```
4    000000   6000        .field  3,3
5    000000   6400        .field  8,6
6    000000   6440        .field  16,5
7    000001   0123        .field  01234H,20
     000002   4000
8    000003   0000        .field  01234H,32
     000004   1234
```

④ .float 和.xfloat 计算单个浮点数的单精度（32 位）IEEE 浮点表示，并将它存储在当前段的两个连续的字中，先存最高有效位。.float 自动对准最接近的长字边界，.xfloat 不自动对准。

⑤ .int、.uint、.half、.uhalf、.short、.ushort、.word 和.uword 将一个或多个 16 位的值放进当前段的连续的字中。

⑥ .double 和.ldouble 计算一个或多个浮点数的单精度（32 位）IEEE 浮点表示，并将它存储在当前段的两个连续的字中。.double 自动对准长字边界。

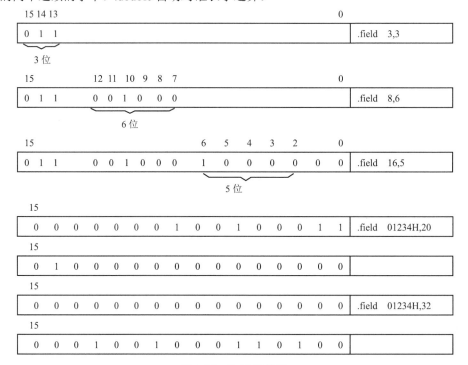

图 4-10　field 的使用

⑦ .long、.ulong 和.xlong 将一个或多个 32 位的值放进当前段的两个连续的字中，先存放最高有效位。.long 自动对准长字边界，.xlong 不自动对准。

⑧ .string 和.pstring 将一个或多个字符串中的 8 位字符放进当前段中。.string 类似于.byte，将 8 位字符放进当前段的连续的字中。.pstring 也有 8 位的宽度，但它将两个字符打包成一个字。对于.pstring，如果需要，可将串中的最后一个字补上零字符（'0'）。

【例 4-28】图 4-11 比较了.byte、.int、.long、.xlong、.float、.xfloat、.word 和.string。假定已汇编了以下的代码段：

1	000000	00AA	.byte	0AAH,0BBH
	000001	00BB		
2	000002	0CCC	.word	0CCCH
3	000003	0EEE	.xlong	0EEEEFFFH
	000004	EFFF		
4	000006	EEEE	.long	0EEEEFFFFH
	000007	FFFF		
5	000008	DDDD	.int	0DDDDH
6	000009	3FFF	.xfloat	1.99999
	00000a	FFAC		
7	00000c	3FFF	.float	1.99999
	00000d	FFAC		
8	00000e	0068	.string	"help"
	00000f	0065		
	000010	006C		
	000011	0070		

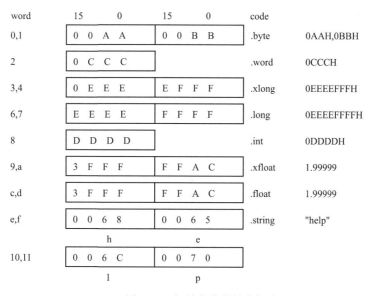

图 4-11 初始化常数的伪指令

3．对准段程序计数器（SPC）的伪指令

① .align 将 SPC 对准 1～128 字的边界，保证伪指令后面的代码从第 x 个字或页面的边界处开始。如果 SPC 已经对准所选择的边界，则不增大 SPC 的值。.align 的操作数必须在 1～2^{16} 之间且等于 2 的幂。例如：

操作数为 1，对准 SPC 到字的边界。

操作数为 2，对准 SPC 到长字/偶字的边界。

操作数为 128，对准 SPC 到页面的边界。

.align 没有操作数时，默认为页面的边界。

② .even 使 SPC 对准下一个字的边界，它等效于指定.align 的操作数为 1。当.even 的操作数为 2 时，将 SPC 对准下一个长字的边界。任何在当前字中没有使用的位都被填充 0。

【例 4-29】图 4-12 说明了.align 的使用情况。假定已汇编了以下的代码段：

```
1    000000    4000        .field      2,3
2    000000    4160        .field      11,8
3                          .align      2
4    000002    0045        .string     "brrorcnt"
     000003    0072
     000004    0072
     000005    006F
     000006    0072
     000007    0063
     000008    006E
     000009    0074
5                          .align
6    000080    0084        .byte       4
```

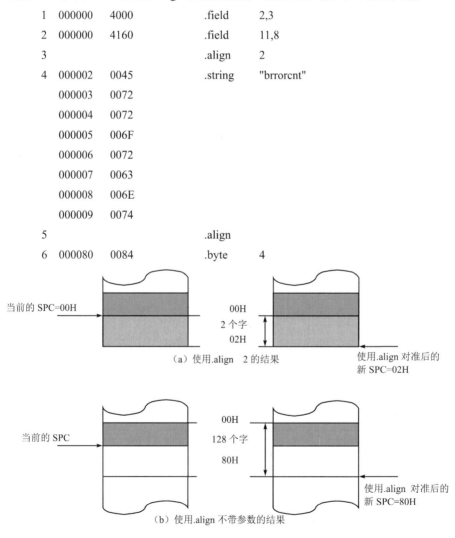

（a）使用.align 2 的结果

（b）使用.align 不带参数的结果

图 4-12 .align 的使用情况

4．格式化输出清单文件的伪指令

（1）.drnolist 禁止在清单文件中出现下述伪指令：

.asg，.eval，.length，.mnolist，.var，.break，.fclist，.mlist，.sslist，.width，.emsg，.fcnolist，.mmsg，.ssnolist，.wmsg

.drlist 的作用相反，允许上述伪指令在清单文件中重新出现。

（2）.fclist 和.fcnolist 在清单文件中包含不产生代码的假条件块的清单。可以用.fclist 允许按源代码在清单文件中列出条件为假的代码块，这是汇编器默认的情况。若使用.fcnolist，则仅列出实际汇编的条件为真的代码块。

（3）.length 控制清单文件页面的长度。针对不同的输出设备，可用该指令列来调节输出页面的长度。

（4）.list 或.nolist 用来打开或关闭清单文件的输出。.nolist 将关闭清单文件。.list 则再次打开清单文件。

（5）.mlist 和.mnolist 控制宏扩展和循环块在清单文件中的出现。.mlist 允许在清单文件中列出所有的宏扩展和循环块，这是汇编器的默认情况。.mnolist 则压缩这些项目的列出。

（6）.option 控制清单文件的某些功能。该伪指令有以下操作数：

A　　允许列出所有的伪指令和数据，并展开宏和循环块。

B　　将.byte 的列表限制在一行内。

D　　将伪指令的列表限制在一行内，并且关闭某些伪指令的列出（与.drnolist 的效果相同）。

H　　将.half 和.short 的列表限制在一行内。

L　　将.long 的列表限制在一行内。

M　　在清单文件中关闭宏扩展。

N　　关闭清单文件（执行.nolist）。

O　　允许列出清单文件（执行.list）。

R　　复位 B、M、T 和 W 选项。

T　　将.string 的列表限制在一行内。

W　　将.word 的列表限制在一行内。

X　　产生符号交叉引用表（可在调用汇编器时采用-x 选项获得交叉引用表）。

（7）.page 在清单文件中加入新页。

（8）.sslist 和.ssnolist 允许压缩替代符号扩展的列出。这两个伪指令用于调试替代符号的扩展。

（9）.tab 定义制表键（Tab）的长度。

（10）.title 允许汇编器在每页的顶部打印标题。

（11）.width 控制清单文件页面的宽度。

5．引用其他文件的伪指令

以下伪指令为引用其他文件提供信息。

①　.copy 和.include 告诉汇编器开始从其他文件中读取源代码。当汇编器完成从 copy/include 的文件中读取源代码的操作后，立即返回当前的文件，继续从紧跟在.copy 或.include 之后处读取源代码。从.copy 文件中读取的源代码会出现在清单文件中，而从.include 文件中读取的源代码将不出现在清单文件中。

②　.def 指定定义在当前模块中，但可被其他模块引用的符号。汇编器将该符号包含在符号表中。

③　.global 声明符号为全局符号，使其在链接时可被其他模块引用。.global 具有双重的功能：对定义了的符号，其作用同.def；对没有定义的符号，其作用同.ref。对没有定义的全局符号，链接器仅在程序中使用它时才分辨它。

④　.ref 指明在当前块中引用，但在其他模块中定义的符号。汇编器标记该符号为没有定义的

外部符号，并将它送进目标符号表中以便链接器可以分辨它的定义。

4.5.4　清单文件

汇编器对源程序进行汇编时，如果使用了选项-1，汇编器将产生一个清单文件。清单文件中包含源代码和目标代码。在清单文件的顶部有两行汇编程序的标题、一个空行和一个页号行。任何由.title 提供的标题均出现在该行中，页号出现在标题的右边。如果没有使用.title，将打印源程序的文件名。汇编器在标题行的下面插入一个空行。源程序中的每一行均将在清单文件中产生相应的一行，包括源代码编号、SPC 值、汇编后的目标代码以及源代码。一条源代码可能产生几个字的目标代码，汇编器列出 SPC 值且将附加的目标代码分行列出。每个附加的行都紧跟在源代码行的后面。清单文件包括以下 4 个域。

1．源代码编号
（1）行号

源代码的行号为十进制数。汇编器在汇编时对源程序中的行进行编号。有些语句不列行号。例如，.title 的说明和跟在.nolist 后的说明不列行号。

（2）包含文件字符

汇编器可能在行前面加上一个字母，用来说明该行来自包含文件（Include File）。该字母称为包含文件字符（Include File Letter）。

（3）嵌套级编号

汇编器可能在行的前面加上一个编号，即嵌套级编号（Nesting Level Number）。该编号说明宏扩展或循环块的嵌套等级。

2．SPC

该域包含 SPC 的值（十六进制数），每个段（.text、.data、.bss 和命名段）均使用分开的 SPC。有些伪指令不影响 SPC，此时该域将为空格。

3．目标代码

该域包含汇编生成的十六进制数的目标代码。所有机器指令和汇编伪指令的目标代码都在该域中列出。该域还通过附加以下字符在域的尾端指出重新定位的类型：

!　　没定义的外部引用（Undefined External Reference）

'　　可重新定位的文本段（.text）

"　　可重新定位的数据段（.data）

+　　可重新定位的初始化命名段（.sect）

–　　可重新定位的未初始化（保留空间）段（.bss 和.usect）

%　　复杂的重新定位的表达式（Complex Relocation Expression）

4．源代码域

源代码域（Source Statement Field）包含输入汇编器中的源程序代码。汇编器能接收的每行最大长度为 200 个字符。域中的空格由源程序中的空格确定。

【例 4-30】这是一个清单文件 example.lst 的例子，指出了上述的 4 个域。

TMS320C54x COFF Assembler　　　　Version 1.20　　　Mon Mar 11 14:45:37 2002

Copyright (c) 1997　　　　　　　　Texas Instruments Incorporated

```
 1                  * * * * * * * * * * * * * * * * * * * * * * * * * * *
 2                  *    example.asm    y=a1*x1+a2*x2+a3*x3+a4*x4 *
 3                  * * * * * * * * * * * * * * * * * * * * * * * * * * *
 4
 5                              .mmregs
 6 000000      STACK       .usect   "STACK",10H       ;allocate space for stack
 7 000000                  .bss     a,4               ;allocate 9 word for variates
 8 000004                  .bss     x,4
 9 000008                  .bss     y,1
10                         .def     start
11 000000                  .data
12 000000 0001  table:     .word    1,2,3,4           ;data follows...
   000001 0002
   000002 0003
   000003 0004
13 000004 0008             .word    8,6,4,2
   000005 0006
   000006 0004
   000007 0002
14 000000                  .text                      ;code follows...
15 000000 7728  start:     STM      #0,SWWSR          ;adds no wait states
   000001 0000
16 000002 7718             STM      #STACK+10H,SP     ;set stack pointer
   000003 0010-
17 000004 7711             STM      #a,AR1            ;AR1 point a
   000005 0000-
18 000006 EC07             RPT      #7                ;move 8 values
19 000007 7C91             MVPD     table,*AR1+       ;from program memory
   000008 0000"
20 000009 F074             CALL     SUM               ;call SUM subroutine
   00000a 000D'
21 00000b F073  end:       B        end
   00000c 000B'
22 00000d 7713  SUM:       STM      #a,AR3            ;The subroutine implement
   00000e 0000-
23 00000f 7714             STM      #x,AR4            ;multiply-accumulate
   000010 0004-
24 000011 F071             RPTZ     A,#3
   000012 0003
25 000013 B09A             MAC      *AR3+,*AR4+,A
```

26 000014 8008-	STL	A,@y
27 000015 FC00	RET	
28	. end	

No Errors, No Warnings

4.5.5　交叉引用表

交叉引用表用于说明源程序中的符号及其定义。在汇编时，调用汇编器的-x 选项或者利用.option 可以在清单文件最后专门一页列出交叉引用表。

当汇编器对包含.include 的源程序产生交叉引用表时，通过在每个.include 文件中附加一个参考字母（A、B、C 等）来保持.include 文件中的记录和符号在被定义和引用时的行号，按照在源程序中遇到.include 的次序来附加字母。

【例 4-31】汇编器交叉引用表的例子。紧跟清单文件 example.lst 之后的交叉引用表如下：

TMS320C54x COFF Assembler　　　　Version 1.20　　　Mon Mar 11 14:45:37 2002

　　Copyright (c) 1997　　　　　　Texas Instruments Incorporated

example.asm　　　　　　　　　　　　　　　　　　　　　PAGE　　　2

LABEL	VALUE	DEFN	REF	
.TMS320C540	000001	0		
.TMS320C541	000000	0		
.TMS320C541A	000000	0		
.TMS320C542	000000	0		
.TMS320C543	000000	0		
.TMS320C544	000000	0		
.TMS320C545	000000	0		
.TMS320C545LP	000000	0		
.TMS320C546	000000	0		
.TMS320C546LP	000000	0		
.TMS320C548	000000	0		
STACK	000000-	6	16	
SUM	00000D'	22	20	
__far_mode	000000	0		
__lflags	000000	0		
a	000000-	7	17	22
end	00000B'	21	21	
start	000000'	15	10	
table	000000"	12	19	
x	000004-	8	23	
y	000008-	9	26	

其中 4 个域所包含的内容如下。

（1）标号（LABEL）列：包含在汇编过程中定义或参考引用的符号。

（2）值（VALUE）列：包含十六进制数，它们是赋给符号的值或者描述符号属性的名称。值后面还可能跟有描述符号属性的字符。表 4-8 中列出了符号属性表中这些字符或名称的含义。

表 4-8　符号属性表

字符或名称	含　义
REF	外部引用（全局符号）
UNDF	未定义
'	定义在.text 段中的符号
"	定义在.data 段中的符号
+	定义在.sect 段中的符号
-	定义在.bss 或.usect 段中的符号

（3）定义（DEFN，即 Definition）列：包含定义这些符号的源代码编号。对于没有定义的符号，该列为空格。

（4）引用（REF，即 Reference）列：列出引用或参考该符号的源代码的行号。若该行号从没被使用过，则该列为空格。

4.6　链接器

TMS320C54x 的链接器（lnk500.exe）根据链接器的调用命令或链接命令文件（.cmd），将一个或多个目标文件链接起来，生成存储器映射文件（.map）和可执行的输出文件（.out）（COFF 目标模块），如图 4-13 所示。

在链接过程中，链接器将各个目标文件合并起来，并完成以下工作。

- 将各个段配置到目标系统的存储器中。
- 对各个符号和段进行重新定位，并给它们指定一个最终的地址。
- 解决输入文件之间未定义的外部引用。

链接器提供命令语言，用来控制存储器结构、输出段的定义，以及将变量与符号地址之间建立联系，通过定义和产生存储器模型来构成系统存储器。该语言支持表达式赋值和计算，并且提供两种重要的伪指令 MEMORY 和 SECTIONS，用于编写链接命令文件。

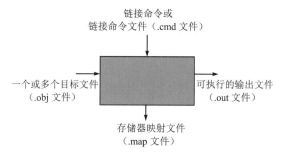

图 4-13　链接时的输入/输出文件

4.6.1　链接器及其调用

1．链接器的调用

TMS320C54x 的链接器（链接程序）名为 lnk500.exe。调用链接器的命令为：

lnk500   filename$_1$···filename$_n$ [-options]

lnk500 是调用链接器的命令。

filename 为文件名，可以是目标文件、链接命令文件或目标文件库。所有输入文件的扩展名默认为.obj，其他的扩展名必须明确指定。链接器能够自动确定输入的文件是目标文件还是包含链接命令的 ASCII 文件。链接器默认的输出文件为.out 文件。

-options 为链接器选项，可以出现在命令行或链接命令文件中的任何地方。

调用链接器有以下 3 种方法。

① 在命令行中指定选项和文件名。例如，两个目标文件 file1.obj 和 file2.obj，采用-o 选项产生一个名为 link.out 的输出文件，其调用方式为：

　　　　lnk500 file1.obj file2.obj -o link.out

选项-o link.out 省略时，将生成一个名为 a.out 的输出文件。

② 若只输入 lnk500 命令，既没有文件名，也没有选项，链接器将给出如下提示：

　　　　Command files:

　　　　Object files[.obj]:

　　　　Output file[a.out]:

　　　　Options:

Command files（链接命令文件）要求输入一个或多个链接命令文件名。

Object files（目标文件）要求输入一个或多个需要链接的目标文件名。默认扩展名为.obj，文件名之间要用空格或逗号分开。若该行最后一个字符为逗号，链接器将附加一行用于书写目标文件名。

Output file（输出文件）要求输入一个输出文件名，也就是链接器生成的输出模块名。如果此项省略，链接器将生成一个名为 a.out 的输出文件。

Options（链接器选项）提示输入附加的链接器选项，选项前应加一条短横线"-"。

③ 将文件名和选项写成链接命令文件名的形式，链接命令文件的扩展名为.cmd。例如，假设链接命令文件 linker.cmd 包含以下行：

　　　　-o   link.out

　　　　file1.obj

　　　　file2.obj

则可从命令行调用链接器，调用链接命令文件时可输入

　　　　lnk500   linker.cmd

假设在执行上述命令前，已把链接的目标文件名、链接选项及存储器配置要求等编写到链接命令文件 linker.cmd 中。

在使用链接命令文件时，也可在命令行中指定其他的选项和文件，例如：

　　　　lnk500   -m   link.map   linker.cmd   file4.obj

链接器在命令行中遇到链接命令文件后就立即开始处理它。因此，上例链接目标文件的顺序为 file1.obj、file2.obj 和 file4.obj。输出的可执行文件为 link.out，并且产生一个存储器映射文件 link.map。

2．链接器选项

在链接时，一般通过链接器选项（如前面的-o 选项）控制链接操作。链接器选项前必须加一条短横线"-"。除-l 和-i 选项外，其他选项的先后顺序并不重要。选项之间可用空格分开。链接器选项较多，最常用的为-m 和-o 选项。-m 选项指定存储器映射文件名，而-o 选项则指定输出的可执行文件名。表 4-9 中列出了常用的 TMS320C54x 链接器选项。

表 4-9 常用的 TMS320C54x 链接器选项

链接器选项	含　义
-a	生成一个绝对地址的、可执行的输出文件，所建立的绝对地址输出文件中不包含重新定位的信息。如果既不用-a 选项，也不用-r 选项，那么链接器就像规定-a 选项那样处理
-ar	生成一个可重新定位、可执行的输出文件。这里采用了-a 和-r 两个选项（可以分开写成-a-r，也可连在一起写成-ar）。与-a 选项相比，-ar 选项还在输出文件中保留有重新定位的信息
-b	链接器将不合并任何由于多个文件而可能存在的重复符号表项。此选项选择的效果是使链接器运行较快，但其代价是输出的 COFF 文件较大
-c	使用由 C/C++编译器的 ROM 自动初始化模型所定义的链接约定
-cr	使用由 C 编译器的 RAM 自动初始化模型所定义的链接约定
-e global symbol	定义一个全局符号，这个符号所对应的程序存储器地址就是使用开发工具调试这个链接得到的可执行文件时程序开始执行的地址（称为入口地址）。当加载器将一个程序加载到目标存储器中时，程序计数器（PC）被初始化到入口地址处，然后从这个地址开始执行程序
-f fill_value	对输出模块各段之间的空单元设置一个 16 位数值（fill_value）。如果不用-f 选项，则这些空单元全部置 0
-g global_symbol	保持指定的 global_symbol 为全局符号，而不管是否使用了-h 选项
-h	使所有的全局符号成为静态变量
-help, -?	显示所有可以利用的链接器选项
-heap size	为 C 语言的动态存储器分配设置堆栈长度，以 W（字）为单位，并且定义指定的堆栈长度的全局符号。size 的默认值为 1KW
-i dir	更改搜索文档库文件的算法，先到 dir（目录）中进行搜索。此选项必须出现在-l 选项之前
-j	不允许条件链接
-k	忽略在输入段中的对准标志
-l filename	命名一个目标库作为链接器的输入文件，filename 为目标库中的某个文件名。此选项必须出现在-i 选项之后
-m filename	生成一个.map 文件，filename 是其文件名。.map 文件中说明了存储器配置、输入、输出段布局及外部符号重定位之后的地址等
-o filename	对可执行输出文件命名。如果省略，则此文件名为 a.out
-q	请求静态运行（Quiet Run），即压缩旗标（Banner）必须是命令行的第一个选项
-r	生成一个可重新定位的输出模块。当用-r 选项且不用-a 选项时，链接器生成一个不可执行的文件。例如： 　lnk500　file1.obj　file2.obj 　此命令将 file1.obj 和 file2.obj 两个目标文件链接起来，并且建立一个名为 a.out（默认）的可重新定位的输出文件。输出文件 a.out 可以与其他的目标文件重新链接，或者在加载时重新定位
-s	从输出文件中去掉符号表信息和行号
-stack size	设置系统堆栈，长度以 W（字）为单位，并且定义指定堆栈长度的全局符号。size 的默认值为 1KW
-u symbol	将不能分辨的外部符号放入输出文件的符号表
-vn	指定产生的 COFF 文件的格式，n 可取值 0，1 或 2，默认值为 2
-w	当出现没有定义的输出段时，发出警告
-x	迫使重读目标库，以分辨后面的引用

4.6.2　链接命令文件的书写与使用

　链接命令文件是将链接的信息放在一个文件中，这样，如果需要多次使用同样的链接信息，可以方便地调用它。在链接命令文件中可用两种十分有用的伪指令 MEMORY 和 SECTIONS，指定实际应用中的存储器结构并进行地址的映射。在命令行中不能使用这两种伪指令。链接命令文件为 ASCII 文件，可包含以下内容。

① 输入文件名，用来指定目标文件、目标库或其他链接命令文件。注意，当链接命令文件调用其他链接命令文件时，该调用语句必须是最后一条语句。链接器不能从被调用的链接命令文件中返回。

② 链接器选项，它们在链接命令文件中的使用方法与在命令行中相同。

③ 伪指令 MEMORY 和 SECTIONS。MEMORY 用来指定目标存储器的结构，SECTIONS 用来控制段的构成与地址分配。

④ 赋值说明，用于对全局符号进行定义和赋值。

1．简单的链接命令文件与调用

用链接命令文件调用链接器的格式为：

lnk500　command_filename

command_filename 是链接命令文件名。链接器按所遇到的顺序处理输入文件。若链接器认为一个文件为目标文件，将链接该文件；否则将该文件处理为链接命令文件。不管使用何种系统，链接命令文件的书写都要区分大小写。

【例 4-32】简单的链接命令文件（link.cmd 中的一部分）举例。

```
/ * * * * * * * * * * * * * * * * * * * * * * * * * /
/ *                  链接命令文件 link.cmd 中的一部分            * /
/ * * * * * * * * * * * * * * * * * * * * * * * * * /
a.obj                              / *  第一个输入文件名  * /
b.obj                              / *  第二个输入文件名  * /
-o prog.out                        / *  指定输出文件的选项  * /
-m prog.map                        / *  指定.map 文件的选项  * /
```

其中的注释包含在/ * 和 * /中。

调用该文件的方式为：

lnk500 link.cmd

在调用链接命令文件时，也可将其与其他参数一起放在命令行中。例如：

lnk500　-r link.cmd　c.obj　d.obj

链接器在遇到链接命令文件时，就对它进行处理。因此上述命令的处理顺序为：先将 a.obj 和 b.obj 链接成输出文件，再与 c.obj 和 d.obj 进行链接。也可指定多个链接命令文件，例如，以下两个链接命令文件：names.lst 和 dir.cmd，前一个包含文件名，后一个包含链接伪指令，其调用方式为：

lnk500　names.lst　dir.cmd

链接命令文件可以调用其他的链接命令文件，这种嵌套调用限于 16 级。当一个链接命令文件调用另一个链接命令文件作为输入时，调用语句必须是调用文件的最后一条语句，即调用不能返回。链接命令文件中的空格和空行没有意义，这同样适用于链接命令文件中的链接伪指令格式。在链接命令文件中，若文件名或选项中插有空格或短横线，则必须用引号引起，如"this-file.obj"。

2．在链接命令文件中使用链接伪指令

链接器提供 MEMORY 和 SECTIONS 用来将输出模块与实际的用户目标系统联系起来。

【例 4-33】在链接命令文件中使用 MEMORY 和 SECTIONS 的简单例子。

```
/ * * * * * * * * * * * * * * * * * * * * * * * * * * * /
/ *                     链接命令文件 link.cmd                    * /
/ * * * * * * * * * * * * * * * * * * * * * * * * * * * /
a.obj                              / *  第一个输入文件名  * /
b.obj                              / *  第二个输入文件名  * /
c.obj                              / *  第三个输入文件名  * /
-o prog.out                        / *  指定输出文件的选项  * /
-m prog.map                        / *  指定.map 文件的选项  * /
-e start                           / *  指定程序的入口地址  * /
MEMORY                             / *  MEMORY *  /
{
  PAGE 0:
    EPROM:    org=0E000H,    len=0100H
    VECS:     org=0FF80H,    len=0004H
  PAGE 1:
    SPRAM:    org=0060H,     len=0020H
    DARAM:    org=0080H,     len=0100H
}
SECTIONS                           / *  SECTIONS  * /
{
      .text :>EPROM        PAGE 0
      .data :>EPROM        PAGE 0
      .bss  :>SPRAM        PAGE 1
      STACK :>DARAM        PAGE 1
      .vectors:>VECS       PAGE 0
}
```

后面将详细说明这两种伪指令的使用方法。

3. 链接命令文件中的关键字

表 4-10 为链接伪指令关键字，务必不要在链接命令文件中作为符号或段名使用。

表 4-10 链接伪指令关键字

关 键 字	关 键 字	关 键 字	关 键 字	关 键 字	关 键 字
align	copy	l	MEMORY	ORIGIN	SECTIONS
ALIGN	DSECT	len	NOLOAD	page	type
attr	f	length	o	PAGE	TYPE
ATTR	fill	LENGTH	ORG	run	UNION
block	FILL	load	origin	RUN	spare
BLOCK	GROUP	LOAD			

4. 链接命令文件中的常数

常数可用两种方式指定：① 在汇编语言中，用十进制数、八进制数或十六进制数的方式指定。② 在 C 语言中，用整型常数的方式指定。常数指定方式见表 4-11。

表 4-11　常数指定方式

	十进制数	八进制数	十六进制数
汇编语言	32	40Q	20H
C 语言	32	040	0x20

4.6.3　目标库

目标库是用目标文件作为成员的存档文件。通常将一组有关的模块组合在一起形成一个库。当指定目标库作为链接器的输入时,链接器将在目标库中搜索没有被分辨的外部引用,并包含目标库中那些定义这些引用的任何成员。使用目标库可减少链接的时间和可执行模块的长度。一般而言,若在链接时指定包含函数的目标文件,则不管是否使用都得进行链接。若相同的函数放在目标库中,则仅在引用时才将它包含进来。指定目标库的次序是很重要的,因为链接器在搜索目标库时仅仅包含那些具有可用来分辨没有定义的符号的成员。同一个目标库可按需要多次指定,每次搜索时都包含它。另外,可使用-x 选项确定搜索的方式。目标库中有一个表,列出了定义在目标库中的所有外部符号,链接器通过该表进行搜索,直到确定不能使用该库分辨更多的引用为止。以下的例子链接了几个文件和目标库,假设:

- 输入文件 f1.obj 和 f2.obj 均引用一个名为 clrscr 的外部函数。
- 输入文件 f1.obj 引用符号 origin。
- 输入文件 f2.obj 引用符号 fillclr。
- 目标库 libc.libc 的成员 Member 0 包含 origin 的定义。
- 目标库 libc.liba 的成员 Member 3 包含 fillclr 的定义。
- 两个目标库的成员 Member 1 都定义 clrscr。

若输入命令:

　　lnk500　f1.obj　liba.lib　f2.obj　libc.lib

则对各引用的分辨结果如下:

① 目标库 libc.liba 的成员 Member 1 满足对 clrscr 的引用,因为在 f2.obj 引用它之前,目标库被搜索并且定义了 clrscr。

② 目标库 libc.libc 的成员 Member 0 满足对 origin 的引用。

③ 目标库 libc.liba 的成员 Member 3 满足对 fillclr 的引用。

若输入命令:

　　lnk500　f1.obj　f2.obj　libc.lib　liba.lib

则所有对 clrscr 的引用都由目标库 libc.lib 的成员 Member 1 满足。

若链接源程序没有一个引用定义在库中的符号,则可用-u 选项强迫链接器包含目标库的成员。以下命令在链接器全局符号表中产生一个没有定义的符号 rout1:

　　lnk500　-u　rout1　libc.lib

若目标库 libc.lib 的任何成员定义了 rout1,则链接器将包含这些成员。不可能控制单个目标库成员的分配,库成员按 SECTIONS 默认的算法进行分配。

4.6.4　MEMORY 及其使用

链接器确定输出段应分配到存储器的什么地方,必须要有一个目标存储器的模型来完成该项任务。MEMORY 就是用来指定存储器的模型的。

TMS320C54x 不同的存储器可以占有相同的地址空间。在默认的方式下，第一个空间专用于程序存储器，第二个空间专用于数据存储器。链接器允许采用 MEMORY 的 PAGE（页面）选项来分开构成这些空间。

在实际应用中，目标系统配置的存储器是各不相同的。MEMORY 用于定义在目标系统中实际存在的并且可在程序中使用的存储器。在使用 MEMORY 时，务必确认准备装入目标代码的存储器是可以使用的。由 MEMORY 定义的存储器被称为配置好的存储器，任何没有在 MEMORY 中明显考虑的存储器被称为没有配置的存储器。链接器不会将程序的任何部分放入没有配置的存储器中。这样，对于实际上不存在的存储器，只要简单地在 MEMORY 的说明中不将其空间包括在内就可以了。

当不使用 MEMORY 时，链接器使用默认的存储器方式。默认存储器方式与使用的器件有关。汇编器在对源程序进行汇编使其变成目标文件（.obj）时，会在.obj 文件的前面插一个表头，该表头将指明所使用的器件。

在定义存储器模型后，可用 SECTIONS 将输出段分配到指定的存储器范围内。有关 SECTIONS 的使用将在下面介绍。

MEMORY 的一般语法为：

MEMORY
{
    PAGE 0 :
        name 1[(attr)]: **origin**=constant,   **length**=constant,   **fill**=constant
    PAGE n :
        name n[(attr)]: **origin**=constant,   **length**=constant,   **fill**=constant
}

说明：以大写 MEMORY 开始，后面跟着由花括号括起来的一系列存储器说明语句。每个存储器具有一个名称、起始地址及存储器的长度。

① PAGE 指定存储器页面，最多 255 页。通常，PAGE 0 用于程序存储器，PAGE 1 用于数据存储器。若不指定 PAGE，则链接器默认指定 PAGE 0。每页代表完全独立的地址空间。在 PAGE 0 中构成的存储器可以和在 PAGE 1 中构成的存储器重叠。

② name 是存储器的名称。该名称可由 1～64 个字符组成，包括 "A" ～ "Z"，"a" ～ "z"，"$"，"." 和 "_"。名称对链接器没有特殊意义，只是用于识别存储器。该名称只对链接器内部有效，在输出文件或符号表中均不保存。在不同的存储器页面内，存储器名称可以相同，但在同一页面内，存储器的名称必须是唯一的并且不能重叠。

③ attr 指定所命名的存储器的属性。属性为选项，限制将输出段分配到一定的存储器中。可以指定 1～4 种属性，在使用时必须用括号括起来，它们是：

R——指定该存储器只能读。

W——指定该存储器可以写。

X——指定该存储器可以包含可执行代码。

I——指定该存储器可被初始化。

若不指定任何属性，则默认该存储器具有上述 4 种属性，可以没有限制地将任何输出段分配进该存储器中。

④ origin 可以简写为 org 或 o，指定存储器的起始地址，其值为 16 位常数，以字为单位，可以是十进制数、八进制数或十六进制数。

⑤ length 可以简写为 len 或 l，指定存储器的长度，其值为 16 位常数，以字为单位，可以是十进制数、八进制数或十六进制数。

⑥ fill 可以简写为 f，指定存储器的填充值。填充值为可选项，为 2 字节的整型常数，可以是十进制数、八进制数或十六进制数。填充值主要用来填充没有分配给段的存储器的某个区域。

【例 4-34】MEMORY 的使用。

```
/  *  *  *  *  *  *  *  *  *  *  *  *  *  *  *  *  *  *  /
/  *      使用 MEMORY 的链接命令文件的例子        *  /
/  *  *  *  *  *  *  *  *  *  *  *  *  *  *  *  *  *  *  /
file1.obj        file2.obj
-o prog.out   -m prog.map   -e start
MEMORY
{
    PAGE 0:
            EPROM:    origin=0E00H,   length=1000H
    PAGE 1:
            SPRAM:    origin=0060H,   length=0020H
            DARAM:    origin=0080H,   length=1000H
}
```

在该例中，MEMORY 定义了 4KW 的 ROM，起始地址为在程序存储器中的 0E00H，32 个字的 RAM 起始地址为数据存储器中的 0060H，4KW 的 RAM 起始地址为数据存储器中的 0080H。

若对大的存储空间指定填充值，则输出文件将变得很大。因为在存储空间填充值后（即使填充值为 0），将使对该存储空间的所有没有分配的块都有了原始数据。下面的例子指定存储空间具有 R 和 W 属性，并填充了常数 FFFFH。

```
MEMORY
{
    RFILE(RW):o=0002H, l=0FEH, f=FFFFH
}
```

MEMORY 一般和 SECTIONS 一起使用，用于控制输出段的分配。在用 MEMORY 定义目标存储器的模型后，可以使用 SECTIONS 将输出段分配到具有指定名称或属性的存储器中。例如，可将.text 和.data 段分配进名称为 ROM 的存储空间，而将.bss 段分配进名称为 SPRAM 的存储空间。

图 4-14 说明了例 4-34 中定义的存储空间。

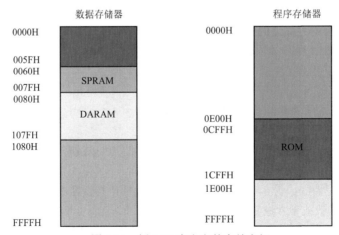

图 4-14   例 4-34 中定义的存储空间

4.6.5　SECTIONS 及其使用

SECTIONS 的功能如下。
- 说明如何将输入的段结合成输出段。
- 在可执行程序中定义输出段。指定输出段放置在存储空间的何处（包括各段之间的相互关系及在整个存储空间的位置）。
- 允许对输出段重新命名。当没有指定 SECTIONS 时，链接器采用默认的段结构对段进行结合和分配。

SECTIONS 在链接命令文件中的语法为：

> **SECTIONS**
> {
>   **name :**[property, property, property,···]
>   **name :**[property, property, property,···]
>   **name :**[property, property, property,···]
> }

说明：以大写 SECTIONS 开始，后面跟着由花括号括号起来的一系列输出段的说明语句。每段说明语句的开始均为定义输出段的段名（输出段指在输出文件中的段）。段名的后面列出该段的属性，定义该段的内容，以及如何分配存储器等。各段属性可选用逗号分开，包括以下内容。

    ① 装入存储器分配。定义段装入时的存储器地址，语法为：

        load = allocation(这里 allocation 指地址)

或   allocation

或   >allocation

    ② 运行存储器分配。定义段运行时的存储器地址，语法为：

        run = allocation

或   run>allocation

    ③ 输入段。定义组成输出段的输入段，语法为：

        { input_sections }

    ④ 段的类型。定义特殊段的标志，语法为：

        type = COPY

或   type = DSECT

或   type = NOLOAD

    ⑤ 填充值。定义用来填充没有初始化的空洞的值，语法为：

        fill = value

或   name: ···　{ ··· } = value

【例 4-35】SECTIONS 的使用。

```
/ * * * * * * * * * * * * * * * * * * /
/ *    使用 SECTIONS 的链接命令文件的例子    * /
/ * * * * * * * * * * * * * * * * * * /

file1.obj      file2.obj

-o prog.out   -m prog.map   -e start

SECTIONS
```

```
        {
            .text :          load=ROM,run=0800H
            .const:          load=ROM
            .bss:            load=RAM
            .vectors:        load=FF80H
            {
                t1.obj(.intvec1)
                t2.obj(.intvec2)
                endvec=.;
            }
            .data : align=16
        }
```

图 4-15 所示为例 4-35 中由.vectors、.text、.const、.bss 和.data 定义的 5 个输出段。

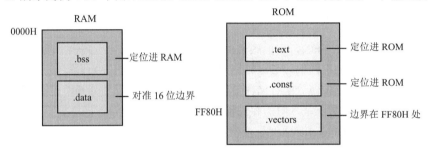

图 4-15　例 4-35 中定义的 5 个输出段

.bss 段结合 file1.obj 和 file2.obj 的.bss 段且被定位进 RAM。

.data 段结合 file1.obj 和 file2.obj 的.data 段,链接器将它放在存储空间中能够放下它的地方(此处为 RAM),并且对准 16 位的边界。

.text 段结合 file1.obj 和 file2.obj 的.text 段,链接器将所有命名为.text 的段都结合进该段,在程序运行时该段必须重新定位在地址 0800H 处。

.const 段结合 file1.obj 和 file2.obj 的.const 段。

.vectors 段由目标文件 file1.obj 的.intvec1 和目标文件 file2.obj 的.intvec2 组成。

从理论上讲,链接器可对每个输出段在目标存储器中赋予两个地址:一个为装入地址,另一个为运行地址。在大多数情况下,这两个地址是相同的。这种将输出段定位在目标存储器中并且赋予地址的过程称为段的定位。若在链接器中没有指定如何对段进行定位,则链接器将采用默认的方式进行定位。通常,链接器将段放入适合它们的存储器结构中。通过使用 SECTIONS 可以改变默认的定位方式从而将段定位到指定的地方。

可以通过指定一个或多个定位参数来控制对段的定位。每个参数均由关键字、等于或大于符号选项及包括在括号中的任选值组成。若装入地址和运行地址不同,则所有跟在关键字 load 后面的值均用于装入地址定位,而跟在关键字 run 后面的值均用于运行地址定位。

以下对定位参数做进一步说明。

(1)汇集

汇集(Binding)这个参数为输出段指定起始地址,用法为:段名后跟着地址值,以字为单位。例如:

.text:0x1000

该例指定段的开始地址必须在 1000H 字处。binding 的地址值必须是 16 位常数。只要有足够的存储空间，输出段可放在配置好的存储空间的任何地方，但不能重叠。若没有足够的存储空间，将段汇集到指定的地址时，链接器将给出错误信息。

汇集与对准或命名存储器这两个参数不兼容。若使用了对准（Alignment）或命名存储器参数，则不能将段汇集到指定的地址。如果这样做，链接器将给出错误信息。

（2）命名存储器

命名存储器（Named Memory）可将段分配进由 MEMORY 定义的存储器。以下是将段链接进命名存储器的例子：

```
MEMORY
{
    ROM(RIX):       org=0E00H, len=1000H
    RAM(RWIX):      org=0080H, len=1000H
}
SECTIONS
{
    .text : > ROM
    .data   align (128): > RAM
    .bss : > RAM
}
```

该例中，链接器将.text 段放进名称为 ROM 的空间，将.data 和.bss 输出段分配进名称为 RAM 的空间。可在命名空间内将段对准，在 RAM 中的.data 段被对准在 128 个字的边界处。同样，可将段链接进具有特殊属性的存储器区域。为此，用指定存储器的一组属性（须用括号括起）来代替存储器名称。在下例中，MEMORY 的使用与上面的相同，段伪指令改为：

```
SECTIONS
{
    .text : > (X)                /* .text→可执行的存储器  */
    .data : > (RI)               /* .data→可读或可初始化的存储器  */
    .bss : > RAM                 /* .bss→可读和可写的存储器  */
}
```

由此，.text 段既可链接进 ROM 中，也可进 RAM 中，因为这两个空间都具有 X 属性。.data 段也可以进入这两个空间，因为这两个空间都具有 R 和 I 属性。然而，.bss 段必须进入 RAM，因为仅有 RAM 具有 W 属性。

在命名存储器中，虽然链接器首先使用低存储器地址并尽可能避免分裂，但也不能确切控制段被定位的地方。在前面的例子中，假定没有赋值冲突存在，.text 段将开始在地址 0 处。若段必须开始在特殊的地址处，则必须使用汇集来代替命名存储器。

（3）对准和成块

对准和成块（Alignment and Blocking）用于告诉链接器将输出段存放的地址落在 n 字的边界处，这里 n 为 2 的幂，例如：

.text: load=align(64)

将定位.text 段使它开始在 64 字的边界处。

成块是较弱的对准形式，将段定位在块长为 n 的存储器的任何地方。若段长大于 n，则输出段将从该边界开始。和对准一样，n 也是 2 的幂。例如：

        .bss: load=block(0x80)

将.bss 段定位在单个 128 字的页面内，或者从该页面开始。

可在一个存储器区域内单独使用对准或成块，但不能一起使用它们。

（4）指定输入段

对输入段的说明指定了来自输入文件的段，这些段用来结合形成输出段。输出段的长度等于组成它的输入段的长度之和。在没有对任何输入段使用对准或成块时，链接器将按照指定的顺序将输入段链接在一起。若对任何输入段使用了对准或成块，则输入段在输出段中的顺序如下：

① 所有对准了的段，按从最大到最小的顺序。

② 所有成块了的段，按从最大到最小的顺序。

③ 所有其他的段，按从最大到最小的顺序。

（5）在非连续的存储空间自动分裂输出段

链接器可将输出段分裂，使之进入多个存储器以取得有效的定位，使用 ">>" 操作符则可将输出段分裂进指定的存储器，例如：

```
MEMORY
{
    P_MEM1 :org=02000H, len=01000H
    P_MEM2 :org=04000H, len=01000H
    P_MEM3 :org=06000H, len=01000H
    P_MEM4 :org=08000H, len=01000H
}
SECTIONS
{
    .text: { *(.text)} >>P_MEM1|P_MEM2|P_MEM3|P_MEM4
}
```

在该例中，">>" 操作符指示.text 段可被分裂进列出的任何存储器。如果.text 段超过了 P_MEM1 可用的存储空间，则在输入段的边界被分裂，输出段剩余的部分被分配进 P_MEM2|P_MEM3|P_MEM4。"|" 操作符用来列出多个存储空间。也可以用 ">>" 操作符指示输出段可以在单个存储空间内分裂。这个功能在有几个输出段必须被定位进相同的存储空间时有用，但对输出段的限制使存储空间被分割开了。例如：

```
MEMORY
{
    RAM :org=01000H, len=08000H
}
SECTIONS
{
    .special: {f1.obj(.text)}=04000H
    .text: { *(.text)} >>RAM
}
```

上例将.special 段定位在接近 RAM 的中间。这将在 RAM 中留下两个没有使用的区域，即

1000H～4000H 和从 f1.obj(.text)的结尾至 8000H。对.text 段的说明允许链接器将.text 段分裂在.special 段的附近，并使用在 RAM 中.special 段前、后可利用的存储空间。">>"操作符也可用于在所有存储空间内分裂输出段，以匹配指定的属性。例如：

```
MEMORY
{
    P_MEM1(RWX) :org=01000H, len=02000H
    P_MEM2(RWI) :org=04000H, len=01000H
}
SECTIONS
{
    .text: { *(.text)} >>(RW)
}
```

链接器将定位所有或部分输出段进入其属性与在 SECTIONS 中指定属性相匹配的存储空间。这和下述 SECTIONS 用法有相同的效果：

```
SECTIONS
{
    .text: { *(.text)} >>P_MEM1|P_MEM2
}
```

有些输出段是不能被分裂的：

- .cinit，它包含了 C/C++程序的初始化表格。
- .pinit，它包含了 C/C++程序的全局结构列表。
- 装入地址和运行地址分开的输出段，从装入地址将代码复制到运行地址时，不能将输出段分裂。
- 在输入段中带有需要计算表达式的输出段。该表达式可能定义了一个符号，该符号用于在程序运行时管理输出段。

若在以上任何这些段中使用">>"操作符，链接器将发出警告并且忽略操作符。

4.6.6 链接器应用实例

以例 4-4 中的 example.asm 源程序为例，将复位向量列为一个单独的文件，对两个目标文件进行链接。

（1）编写复位向量文件 vectors.asm，参见例 4-36。

【例 4-36】复位向量文件 vectors.asm。

```
* * * * * * * * * * * * * * * * * * * * * * *
*       Reset vectors for example.asm               *
* * * * * * * * * * * * * * * * * * * * * * *
        .title   "vectors.asm"
        .ref     start
        .sect    ".vectors"
         B         start
        .end
```

vectors.asm 文件中引用了 example.asm 文件中的标号"start"，这是在两个文件之间通过.ref 和.def 命令实现的。

（2）编写 example.asm 文件，内容参见例 4-4。在 example.asm 文件中，.def start 是用来定义语句标号 start 的汇编命令，start 是源程序.text 段开头的标号，供其他文件引用。

（3）分别对两个源程序 example.asm 和 vectors.asm 进行汇编，生成目标文件 example.obj 和 vectors.obj。

（4）编写链接命令文件 example.cmd。此链接命令文件将链接 example.obj 和 vectors.obj 两个目标文件（输入文件），并且生成一个映射文件 example.map 及一个可执行的输出文件 example.out，标号"start"是程序的入口。

假设目标存储器的配置如下：

> 程序存储器
>> EPROM   E000H～FFFFH(外部)
> 数据存储器
>> SPRAM   0060H～007FH(内部)
>> DARAM   0080H～017FH(内部)

链接命令文件参见例 4-37，其中包含要链接的目标文件名 vectors.obj 和 example.obj 及存储器配置要求。

【例 4-37】链接命令文件 example.cmd。

```
vectors.obj
example.obj
-o example.out
-m example.map
-e start
MEMORY
{
  PAGE 0:
    EPROM:     org=E000H,      len=0100H
    VECS:      org=FF80H,      len=0004H
  PAGE 1:
    SPRAM:     org=0060H,      len=0020H
    DARAM:     org=0080H,      len=0100H
}
SECTIONS
{
        .text:>EPROM      PAGE 0
        .data:>EPROM      PAGE 0
        .bss:>SPRAM       PAGE 1
        STACK:>DARAM      PAGE 1
        .vectors:>VECS    PAGE 0

}
```

例 4-37 中，在程序存储器中配置了一个空间 VECS，它的起始地址为 FF80H，长度为 0004H，并将复位向量段.vectors 放在 VECS 中。这样一来，TMS320C54x 复位后，首先进入 FF80H 地址处，再从 FF80H 处复位向量段跳转到主程序中。

在 example.cmd 文件中，有一条命令-e start，是软件仿真器的入口地址命令，用于在屏幕上从 start 语句标号起显示程序，且将 PC 也指向 start（E000H）。

（5）链接。链接后生成一个可执行的输出文件 example1.out 和映射文件 example.map。example.map 文件内容如下：

```
*******************************************
*    TMS320C54x COFF Linker        Version 1.20                        *
*******************************************
>> Linked Sun Jan 27 10:04:45 2002
OUTPUT FILE NAME:    <example.out>
ENTRY POINT SYMBOL: "start"   address: 0000e000
MEMORY CONFIGURATION
```

	name	origin	length	used	attributes	fill
	--------	--------	---------	--------	----------	--------
PAGE 0:	EPROM	0000e000	000000100	0000001e	RWIX	
PAGE 1:	SPRAM	00000060	000000020	00000009	RWIX	
	DARAM	00000080	000000100	00000010	RWIX	

```
SECTIONS   ALLOCATION MAP
output                                  attributes/
```

section	page	origin	length	input sections
--------	----	----------	----------	----------------
.text	0	0000e000	00000016	
		0000e000	00000016	example.obj (.text)
.data	0	0000e016	00000008	
		0000e016	00000008	example.obj (.data)
.bss	1	00000060	00000009	UNINITIALIZED
		00000060	00000009	example.obj (.bss)
STACK	1	00000080	00000010	UNINITIALIZED
		00000080	00000010	example.obj (STACK)
.xref	0	00000000	00000080	COPY SECTIONS
		00000000	00000080	example.obj (.xref)

```
GLOBAL SYMBOLS
address   name                          address   name
-------- ----                          -------- ----
00000060 .bss                          00000000 __lflags
0000e016 .data                         00000060 .bss
0000e000 .text                         00000069 end
00000000 __lflags                      0000e000 start
0000e01e edata                         0000e000 .text
00000069 end                           0000e016 etext
```

0000e016 etext	0000e016 .data
0000e000 start	0000e01e edata

[8 symbols]

4.7 汇编语言源程序的编辑、汇编和链接过程

可用诸如 Edit 这样的文本编辑器，编写汇编语言源程序。汇编语言源程序必须经过汇编和链接后才能运行。图 4-16 给出了汇编语言源程序的编辑、汇编和链接过程。

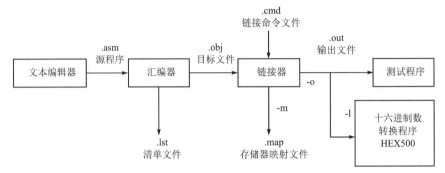

图 4-16 汇编语言源程序的编辑、汇编和链接过程

1. 编辑
利用诸如 Word、Edit、记事本等文本编辑器，编写汇编语言源程序，生成源程序（.asm）。

2. 汇编
利用 TMS320C54x 的汇编器 ASM500 对已经编好的一个或多个源程序分别进行汇编，并且生成清单文件（.lst）和目标文件（.obj）。

常用的汇编器命令为：

asm500　%l　-s　-l　-x

其中，%l 为源程序的文件名。

-s 将所有定义的符号放在目标文件的符号表中。

-l 产生一个清单文件。

-x 产生一个交叉汇编表，并且把它附加到清单文件的最后。

3. 链接
利用 TMS320C54x 的链接器 LNK500，根据链接命令文件（.cmd）对已汇编过的一个或多个目标文件（.obj）进行链接，生成存储器映射文件（.map）和输出文件（.out）。

常用的链接命令为：

lnk500　%l.cmd

其中，%l 为程序名。

对例 4-4 生成的源程序使用链接命令：

lnk500　example.cmd

.cmd 文件中除指出输入文件和输出文件外，还说明系统中有哪些可用的存储器，以及程序、数据、堆栈及复位向量和中断向量等安排在什么地方。.cmd 文件指出只对 example.obj 文件进行链

接，链接后生成 example.out 文件和 example.map 文件。另外，.cmd 文件还说明了可用的程序存储器（PAGE 0）和数据存储器（PAGE 1），以及汇编语言源程序中各个段（.text，.data，.bss 及 STACK）在存储器中的配置情况。

链接后生成的.map 文件中给出了存储器的配置情况、程序段、数据段、堆栈段、向量段、在程序中的定位表，以及全局符号在存储器中的位置。

链接后生成的.out 文件是一个可执行文件。

4．调试

调试输出文件（.out）有多种手段，简要介绍如下。

（1）利用软件仿真器进行调试

软件仿真器（Simulator）是一种很方便的软件调试工具，它不需要目标硬件，只要在计算机上运行它就行了。它可以仿真 TMS320C54x 包括中断及输入/输出在内的各种功能，从而可以在非实时条件下（在计算机上的仿真速度一般为每秒几百条指令）完成对用户程序的调试。

TMS320C54x 的软件仿真器为 SIM54XW.EXE，执行时可用命令 SIM54XW %l，其中%l 为经过链接后生成的输出文件名。有关软件仿真器的调试方法将在第 5 章中介绍。

（2）利用硬件仿真器进行调试

TMS320C54x 的硬件仿真器（Emulator）为可扩展的开发系统 XDS 510。它是一块不带 DSP 芯片的、插在计算机与用户目标系统之间的 ISA 卡，它需要用户提供带 DSP 芯片的目标板。

TI 公司早期的硬件仿真器产品，需要将仿真器的电缆插头插入用户目标板 DSP 芯片的相应位置。其缺点是电缆引脚必须与 DSP 芯片引脚一一对应，这限制了它的应用。由于 TMS320C54x（以及 C3x、C4x、C5x、C2xx 和 C62x/C67x 等）的 DSP 芯片上都有仿真引脚，因此它们的硬件仿真器称为扫描仿真器。TMS320C54x 的扫描仿真器采用 JTAG IEEE 1149.1 标准，仿真插头共有 14 个引脚。扫描仿真器通过仿真插头将计算机中的用户程序代码下载到目标系统的存储器中，并在目标系统中实时运行，这给程序调试带来很大的方便。

（3）利用评价模块进行调试

TMS320C54x 评价模块（EVM 板）是一种带有 DSP 芯片的 PC ISA 插卡。卡上还配置一定数量的硬件资源，如 128KB SRAM 程序/数据存储器、模拟接口、IEEE 1149.1 仿真口、主机接口、串口以及 I/O 扩展接口等，以便进行系统扩展。可在 EVM 板上运行用户程序代码。通过运行用户程序代码，可以评价 DSP 芯片的性能，以确定 DSP 芯片是否满足应用要求。

5．固化用户程序

调试完成后，利用十六进制数转换程序 HEX500 可以对 ROM 编程（为掩模 ROM 提供文件），或对 EPROM 编程，最后安装到用户的应用系统中。

习题 4

1．以.asm 为扩展名的汇编语言源程序由哪几部分组成？对它们有何规定？

2．软件开发环境有哪几种？在非集成开发环境中，软件开发常采用哪些部分？

3．常用汇编命令有哪些？它们的作用是什么？

4．什么是 COFF 格式？它有什么特点？

5．说明.text 段、.data 段和.bss 段分别包含什么内容？

6．汇编器和链接器对段是如何处理的？它们有何区别？

7．什么是程序的重定位？

8．宏定义、宏调用和宏展开分别指的是什么？

9．链接器能完成什么工作？在链接命令文件中，MEMORY 和 SECTIONS 的任务是什么？

10．程序员如何定义自己的程序段？

11．段程序计数器（SPC）是怎样工作的？试述已初始化段和未初始化段的区别。

12．宏指令和子程序有何区别？

13．编制一个由 3 个目标文件组成的.cmd 文件，并对存储空间进行分配。

第 5 章 汇编语言程序设计

5.1 程序的控制与转移

TMS320C54x 具有丰富的程序控制与转移指令,利用这些指令可以执行分支转移、循环控制及子程序操作。基本的程序控制指令,见表 5-1。

表 5-1 基本的程序控制指令

分支转移指令	执行周期数	子程序调用指令	执行周期数	子程序返回指令	执行周期数
B　　next	4	CALL　sub	4	RET	5
BACC　src	6	CALA　src	6		
BC　next,cond	5/3	CC　　sub, cond	5/3	RC　　cond	5/3

注:5/3 表示条件成立为 5 个机器周期,不成立则为 3 个机器周期; cond 为条件。

分支转移指令将改写 PC (程序指针),以改变程序的流向。子程序调用指令将一个返回地址压入堆栈中,执行返回指令时复原。

1. 条件算符

条件分支转移指令或条件调用、条件返回指令都用条件来限制分支的转移、调用和返回操作。条件算符分成两组,每组内还有分类。

第 1 组:

EQ　NEQ	OV
LEQ　GEQ	NOV
LT　GT	

第 2 组:

TC	C	BIO
NTC	NC	NBIO

选用条件算符时应当注意以下 3 点。

- 第 1 组:组内两类条件可以进行与/或运算,但不能在组内同一类中选择两个条件算符进行与/或运算。当选择两个条件时,累加器必须是同一个。例如,可以同时选择 AGT 和 AOV,但不能同时选择 AGT 和 BOV。
- 第 2 组:可从组内 3 类算符中各选一个条件算符进行与/或运算,但不能在组内同一类中选两个条件算符进行与/或运算。例如,可以同时测试 TC、C 和 BIO,但不能同时测试 NTC 和 TC。
- 组与组之间的条件只能进行或运算。

【例 5-1】条件分支转移。

```
RC TC              ;若 TC=1, 则返回, 否则往下执行
CC sub, BNEQ       ;若累加器 B≠0, 则调用 sub, 否则往下执行
BC new, AGT, AOV   ;若累加器 A>0 且溢出, 则转至 new, 否则往下执行
```

单条指令中的多个(2~3 个)条件是"与"的关系。如果需要两个条件相"或",则只能分为两句写(写成两条指令)。例 5-1 中最后一条指令若改为"若累加器 A>0 或溢出,则转至 new",则可以写成如下两条指令:

```
BC   new, AGT
BC   new, AOV
```

2．循环操作 BANZ

在程序设计时，经常需要重复执行某段程序，利用 BANZ（当辅助寄存器不为 0 时转移）指令执行循环计数和操作是十分方便的。

【例 5-2】计算 $y = \sum_{i=1}^{5} x_i$ 。

主要程序如下：

```
            .title      "zh1.asm"
            .mmregs
STACK       .uscct      "STACK",10H         ;堆栈的设置
            .bss        x,5                 ;为变量分配 6 个字的存储空间
            .bss        y,1
            .def        start
            .data
table:      .word       10,20,3,4,5 ;x1,x2,x3,x4
            .text
start:      STM         #0,SWWSR            ;插入 0 个等待状态
            STM         #STACK+10H,SP       ;设置堆栈指针
            STM         #x,AR1              ;AR1 指向 x
            RPT         #4
            MVPD        table,* AR1+
            LD          #0,A
            CALL        SUM
end:        B           end
SUM:        STM         #x,AR3
            STM         #4,AR2
loop:       ADD         *AR3+,A             ;程序存储器
            BANZ        loop,*AR2−
            STL         A,@y
            RET
            .end
/*    zh1.cmd        */
MEMORY   {
  PAGE 0:
        EPROM:      org=0E000H,     len=0100H
        VECS:       org=0FF80H,     len=0004H
  PAGE 1:
        SPRAM:      org=0060H,      len=0020H
        DARAM:      org=0080H,      len=0100H
}
SECTIONS   {
        .text :>EPROM       PAGE 0
        .data :>EPROM       PAGE 0
        .bss:>SPRAM         PAGE 1
        STACK:>DARAM        PAGE 1
        .vectors:>VECS      PAGE 0
}
```

例 5-2 中用 AR2 作为循环计数器，设初值为 4，共执行 5 次加法。也就是说，应当用迭代次数减 1 后加载循环计数器。

执行结果：数据存储单元 0065H 的内容为 002AH（42）。

3．比较操作 CMPR

编程时，经常需要数据与数据进行比较，这时利用比较指令 CMPR 是很合适的。CMPR 指令测试所规定的 AR 寄存器（AR1～AR7）与 AR0 的比较结果。如果所给定的测试条件成立，则 TC 位置 1，然后，条件分支转移指令就可根据 TC 位的状态进行分支转移了。注意，所有比较的数据都是无符号操作数。例如，比较操作后按条件分支转移。

```
          STM      #5,AR1
          STM      #10,AR0
loop:     ...
          ...
          *AR1+
          ...
          ...
          CMPR     LT,AR1
          BC       loop,TC
```

5.2 堆栈的使用方法

TMS320C54x 提供一个用 16 位堆栈指针（SP）寻址的软件堆栈。当向堆栈中压入数据时，堆栈从高地址向低地址增长。堆栈指针是减在前、加在后，即先 SP−1 再压入数据，先弹出数据再 SP+1。

如果程序中要用到堆栈，则必须先进行设置，方法如下：

```
size      .set      100
stack     .usect    "STK", size
          STM       #stack+size, SP
```

上述语句在数据存储器中开辟一个堆栈区。前两句在数据存储器中自定义一个名为 STK 的保留空间，共 100 个单元。第 3 句将这个保留空间的高地址（#stack+size）赋给 SP，作为栈底，参见图 5-1。至于自定义未初始化段 STK 究竟定位在数据存储器中的什么位置，应当在链接命令文件中规定。

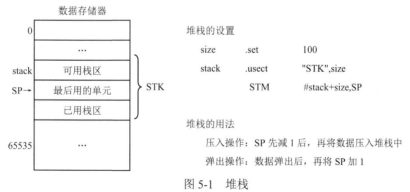

图 5-1 堆栈

设置堆栈之后，就可以使用堆栈了，例如：

```
CALL    pmad      ;(SP)−1→SP, (PC)+2→TOS
                  ;pmad→PC
RET               ;(TOS) →PC, (SP)+1→SP
```

【例 5-3】堆栈的使用（zh2.asm）。

```
          .title    "zh2.asm"
          .mmregs
size      .set      100
```

```
stack      .usect      "STK",size       ;堆栈的设置
           .bss        length,10H
           .def        start
           .text
start:     STM         #0,SWWSR         ;插入 0 个等待状态
           STM         #stack+size,SP   ;设置堆栈指针
           LD          #-8531,A
           STM         #length,AR1
           MVMM        SP, AR7
loop:      STL         A,*AR7-
           BANZ        loop,*AR1-
           .end
    /*     zh2.cmd     */
MEMORY   {
    PAGE 0:
        EPROM:      org=0E000H,     len=0100H
        VECS:       org=0FF80H,     len=0004H
    PAGE 1:
        SPRAM:      org=0060H,      len=0020H
        DARAM:      org=0080H,      len=0100H
}
SECTIONS {
        .text:>EPROM        PAGE 0
        .data:>EPROM        PAGE 0
        .bss:>SPRAM         PAGE 1
         STK:>DARAM         PAGE 1
        .vectors:>VECS      PAGE 0
}
```

数据 RAM

AR7→ 0DEADH
0DEADH
0DEADH
...
0DEADH
0DEADH
SP→ 0DEADH

图 5-2 堆栈区被已知数填充

堆栈区应开辟多大？这需要按照以下步骤来确定。

① 先开辟一个大堆栈区，且用已知数填充：

```
           LD          #-8531, A
           STM         #length, AR1
           MVMM        SP, AR7
loop:      STL         A, *AR7-
           BANZ        loop, *AR1-
```

执行以上语句后，堆栈区中的所有单元均填充 0DEADH（即 -8531），如图 5-2 所示。

② 运行程序（zh2.asm），执行所有的操作。

③ 暂停，检查堆栈中的数值，如图 5-3 所示，从中可以看出堆栈用了 97 个存储单元。

④ 用过的堆栈区才是实际需要的堆栈空间。

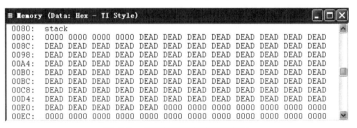

图 5-3　查看堆栈的使用情况

5.3 加/减法运算和乘法运算

在数字信号处理中，乘法运算和加法运算是非常普遍的，这里举几个例子。

【例 5-4】计算 $z=x+y-w$。

```
              .title      "zh3.asm"
              .mmregs
STACK         .usect      "STACK",10H         ;堆栈的设置
              .bss        x,1                 ;为变量分配 4 个字的存储空间
              .bss        y,1
              .bss        w,1
              .bss        z,1
              .def        start
              .data
table:        .word       10,26,23            ;x,y,w
              .text
start:        STM         #0,SWWSR            ;插入 0 个等待状态
              STM         #STACK+10H,SP       ;设置堆栈指针
              STM         #x,AR1              ;AR1 指向 x
              RPT         #2                  ;移动 3 个数据
              MVPD        table,*AR1+         ;程序存储器
              CALL        SUMB
end:          B           end
SUMB:         LD          @x,A
              ADD         @y,A
              SUB         @w,A
              STL         A,@z
              RET
              .end
```

计算结果：
	数据存储单元地址	存储内容	十进制数
x	0060H	000AH	10
y	0061H	001AH	26
w	0062H	0017H	23
z	0063H	000DH	13

【例 5-5】计算 $y=mx+b$。

```
              .title      "zh4.asm"
              .mmregs
STACK         .usect      "STACK",10H         ;堆栈的设置
              .bss        m,1                 ;为变量分配 4 个字的存储空间
              .bss        x,1
              .bss        b,1
              .bss        y,1
              .def        start
              .data
table:        .word       3,15,20             ;m,x,b
              .text
start:        STM         #0,SWWSR            ;插入 0 个等待状态
              STM         #STACK+10H,SP       ;设置堆栈指针
              STM         #m,AR1              ;AR1 指向 m
              RPT         #2                  ;移动 3 个数据
              MVPD        table,*AR1+         ;程序存储器
```

```
                CALL    SU
end:            B       end
SU:             LD      @m,T
                MPY     @x,A
                ADD     @b,A
                STL     A,@y
                RET
                .end
```

计算结果：

数据存储单元地址		存储内容	十进制数
m	0060H	0003H	3
x	0061H	000FH	15
b	0062H	0014H	20
y	0063H	0041H	65

【例 5-6】计算 $y=x_1×a_1+x_2×a_2$。

```
                .title  "zh5.asm"
                .mmregs
STACK           .usect  "STACK",10H     ;堆栈的设置
                .bss    x1,1            ;为变量分配 5 个字的存储空间
                .bss    x2,1
                .bss    a1,1
                .bss    a2,1
                .bss    y,1
                .def    start
                .data
table:          .word   3,5,15,20       ;x1,x2,a1,a2
                .text
start:          STM     #0,SWWSR        ;插入 0 个等待状态
                STM     #STACK+10H,SP   ;设置堆栈指针
                STM     #x1,AR1         ;AR1 指向 x1
                RPT     #3              ;移动 4 个数据
                MVPD    table,*AR1+     ;程序存储器
                CALL    SUM
end:            B       end
SUM:            LD      @x1,T
                MPY     @a1,B
                LD      @x2,T
                MAC     @a2,B
                STL     B,@y
                STH     B,@y+1
                RET
                .end
```

计算结果：

数据存储单元地址		存储内容	十进制数
x1	0060H	0003H	3
x2	0061H	0005H	5
a1	0062H	000FH	15
a2	0063H	0014H	20
y	0064H	0091H	145

上述例子说明了加、减法运算，求解直线方程，以及计算一个简单的乘积和是如何实现的。所举例子中的指令都是单周期指令。

【例 5-7】计算 $y = \sum_{i=1}^{4} a_i x_i$。

这是一个典型的乘法累加运算，在数字信号处理中用得很多，有关它的编程设计已在第 4 章的例子中介绍过了，这里不再重复。

【例 5-8】在例 5-7 的 4 项乘积 $a_i x_i$（i=1, 2, 3, 4）中找出最大值，并存放在累加器 A 中。

```
            .title      "zh6.asm"
            .mmregs
    STACK   .usect      "STACK",10H          ;堆栈的设置
            .bss        a,4                  ;为变量分配 9 个字的存储空间
            .bss        x,4
            .bss        y,1
            .def        start
            .data
    table:  .word       1,5,3,4              ;a1,a2,a3,a4
            .word       8,6,7,2              ;x1,x2,x3,x4
            .text
    start:  STM         #0,SWWSR             ;插入 0 个等待状态
            STM         #STACK+10H,SP        ;设置堆栈指针
            STM         #a,AR1
            RPT         #7
            MVPD        table,*AR1+
            CALL        MAX
    end:    B           end
    MAX:    STM         #a,AR1
            STM         #x,AR2
            STM         #2,AR3
            LD          *AR1+,T
            MPY         *AR2+,A              ;第一个乘积在累加器 A 中
    loop    LD          *AR1+,T
            MPY         *AR2+,B              ;其他乘积在累加器 B 中
            MAX         A                    ;A 和 B 进行比较, 选大的存入 A 中
            BANZ        loop,*AR3-           ;此循环中共进行三次乘法运算和比较
            STL         A,@y
            RET
            .end
```

计算结果：
数据存储单元地址	存储内容	十进制数
a1	0060H	0001H	1
a2	0061H	0005H	5
a3	0062H	0003H	3
a4	0063H	0004H	4
x1	0064H	0008H	8
x2	0065H	0006H	6
x3	0066H	0007H	7
x4	0067H	0002H	2
y	0068H	001EH	30(最大值)

查看累加器 A 中内容为 001EH（即 30）。

5.4 重复操作

TMS320C54x 包含 RPT（重复下一条指令）、RPTZ（累加器清 0 且重复下一条指令）和 RPTB（块重复指令）三条重复操作指令。利用这些指令进行循环，比用 BANZ 指令快得多。

1. 重复执行单条指令

RPT 或 RPTZ 指令允许重复执行紧随其后的那一条指令。如果要重复执行 n 次，则重复指令中应规定计数值为 n-1。由于重复的指令只需要取指一次，与利用 BANZ 指令进行循环相比，效率要高得多。特别是那些乘法累加和数据传送的多周期指令（如 MAC、MVDK、MVDP 与 MVPD 等），在执行一次之后就变成单周期指令，大大提高了运算速度。

【例 5-9】对数组 x[5]＝{0,0,0,0,0}进行初始化。

```
          .bss      x,5
          STM       #x,AR1
          LD        #0H,A
          RPT       #4
          STL       A,*AR1+
```

或者

```
          .bss      x,5
          STM       #x,AR1
          RPTZ      #4
          STL       A,*AR1+
```

应当指出的是，在执行重复操作期间，CPU 是不响应中断的（$\overline{\text{RS}}$ 除外）。当 TMS320C54x 响应 $\overline{\text{HOLD}}$ 信号时，若 HM=0，则 CPU 继续执行重复操作；若 HM=1，则暂停重复操作。

2. 块重复指令

RPTB 指令将重复操作的范围扩大到任意长度的循环回路。由于 RPTB 指令的操作数是循环回路的结束地址，而且，其下一条指令就是重复操作的内容，因此必须先用 STM 指令将所规定的迭代次数加载到块循环计数器（BRC）中。

RPTB 指令的特点是：对任意长度的程序段的循环开销为 0，其本身是一条 2 字 4 周期指令；块循环起始地址（RSA）是 RPTB 指令的下一行，块循环结束地址（REA）由 RPTB 指令的操作数规定。

【例 5-10】对数组 x[5]中的每个元素加 1。

```
          .bss      x,5
start:    LD        #1,16,B
          STM       #4,BRC
          STM       #x,AR4
          RPTB      next-1
          ADD       *AR4,16,B,A
          STH       A,*AR4+
next:     LD        #0,B
          ...
```

在本例中，用 next-1 作为循环结束地址是恰当的。如果用循环回路中最后一条指令（STH 指令）的标号作为结束地址，对于最后一条指令是单字指令的程序，可以正确执行；对于双字指令就不对了。

RPT 指令一旦执行，不会停止操作，即使有中断请求也不响应，而 RPTB 指令是可以响应中断的，这一点在程序设计时需要注意。

将例 5-9 和例 5-10 组合成一个完整的程序，实现对数组初始化后再对每个元素加 1。

```
            .title    "zh7.asm"
            .mmregs
STACK       .usect    "STACK",10H
            .bss      x,5
            .def      start
            .text
start:      STM       #x,AR1
            LD        #2H,A              ;将数组中每个元素初始化为 2
            RPT       #4
            STL       A,*AR1+
            LD        #1,16,B            ;B←10H，为每个元素加 1 做准备
            STM       #4,BRC            ;BRC←04H
            STM       #x,AR4
            RPTB      next-1            ;next-1 为循环结束地址
            ADD       *AR4,16,B,A
            STH       A,*AR4+
next:       LD        #0,B
end:        B         end
            .end
```

计算结果：

数据存储单元地址		存储内容	十进制数
x1	0060H	0003H	3
x2	0061H	0003H	3
x3	0062H	0003H	3
x4	0063H	0003H	3
x5	0064H	0003H	3

下面程序用数据块传送数据，实现对数组初始化后再对每个元素加 1。

```
            .title    "zh8.asm"
            .mmregs
STACK       .usect    "STACK",10H
            .bss      x,5
            .data
table:      .word     1AH,2BH,3CH,40H,51H    ;初始化 x1,x2,x3,x4,x5
            .def      start
            .text
start:      STM       #x,AR1
            RPT       #4
            MVPD      table,*AR1+
            LD        #1,16,B
            STM       #4,BRC
            STM       #x,AR4
            RPTB      next-1
            ADD       *AR4,16,B,A
            STH       A,*AR4+
next:       LD        #0,B
end:        B         end
            .end
```

计算结果：

数据存储单元地址		存储内容	十进制数
x1	0060H	001BH	27
x2	0061H	002CH	44
x3	0062H	003DH	61

| x4 | 0063H | 0041H | 64 |
| x5 | 0064H | 0052H | 82 |

3．循环的嵌套

执行 RPT 指令时要用到 RPTC 寄存器（重复计数器），执行 RPTB 指令时要用到 BRC、RSA 和 RSE 寄存器。由于两者用了不同的寄存器，因此 RPT 指令可以嵌套在 RPTB 指令中，实现循环的嵌套。当然，只要保存好有关的寄存器，一条 RPTB 指令也可以嵌套在另一条 RPTB 指令中，但效率并不高。

图 5-4 所示是一个三重循环嵌套结构，内层、中层和外层三重循环分别采用 RPT、RPTB 和 BANZ 指令，重复执行 N、M 和 L 次。

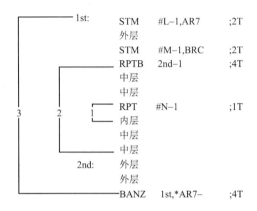

```
          1st:    STM    #L–1,AR7    ;2T
          外层
                  STM    #M–1,BRC    ;2T
                  RPTB   2nd–1       ;4T
                  中层
                  中层
                  RPT    #N–1        ;1T
                  内层
                  中层
                  中层
          2nd:    外层
                  外层
                  BANZ   1st,*AR7–   ;4T
```

图 5-4　三重循环嵌套结构

上述三重循环指令的开销，见表 5-2。

表 5-2　三重循环指令的开销

循　　　环	指　　　令	开销（机器周期数）
1（内层）	RPT	1
2（中层）	RPTB	4+2（加载 BRC）
3（外层）	BANZ	4N+2（加载 AR）

5.5　数据块传送

TMS320C54x 有 10 条数据传送指令，见表 5-3。

表 5-3　数据传送指令

数据存储器 ↔ 数据存储器		#W/C	数据存储器 ↔ MMR		#W/C
MVDK	Smem,dmad	2/2	MVDM	dmad,MMR	2/2
MVKD	dmad,Smem	2/2	MVMD	MMR,dmad	2/2
MVDD	Xmem,Ymem	1/1	MVMM	mmr,mmr	1/1
程序存储器 ↔ 数据存储器		#W/C	程序存储器（ACC） ↔ 数据存储器		#W/C
MVPD	pmad,Smem	2/3	READA	Smem	1/5
MVDP	Smem,pmad	2/4	WRITA	Smem	1/5

注：#W/C——指令的字数/执行周期数；　　　　　　pmad——16 位立即数程序存储器地址；
　　Smem——数据存储器的地址；　　　　　　　　mmr——AR0～AR7 或 SP；
　　MMR——任何一个存储映射寄存器；　　　　　Xmem，Ymem——双操作数数据存储器地址。
　　dmad——16 位立即数数据存储器地址；

这些指令的特点如下：

- 传送速度比加载和存储指令的快。
- 传送数据不需要通过累加器。
- 可以寻址程序存储器。
- 与 RPT 指令相结合（重复时，这些指令都变成单周期指令），可以实现数据块传送。

1. 程序存储器→数据存储器

重复执行 MVPD 指令，实现程序存储器至数据存储器的数据传送，在系统初始化过程中是很有用的。这样，就可以将数据表格与文本一起驻留在程序存储器中，复位后将数据表格传送到数据存储器中，从而不需要配置数据存储器，使系统的成本降低。

【例 5-11】初始化数组 x[5]={1,2,3,4,5}。

```
                .title      "zh9.asm"
                .mmregs
    STACK       .usect      "STACK",10H
                .bss         x,5
                .data
    table:      .word       1,2,3,4,5
                .def        start
                .text
    start:      STM         #x,AR1
                RPT         #4
                MVPD        table,*AR1+      ;从程序存储器传送到数据存储器中
    end:        B           end
                .end
```

2. 数据存储器→数据存储器

在数字信号处理（如 FFT）时，经常需要将数据存储器中的一批数据传送到数据存储器的另一个地址空间中。

【例 5-12】编写一段程序，将数据存储器中数组 x[20]中的数据复制到数组 y[20]中。

```
                .title      "zh10.asm"
                .mmregs
    STACK       .usect      "STACK",30H
                .bss        x,20
                .bss        y,20
                .data
    table:      .word       1,2,3,4,5,6,7,8,9,10,11,12,13,14,15,16,17,18,19,20
                .def        start
                .text
    start:      STM         #x,AR1
                RPT         #19
                MVPD        table,*AR1+      ;从程序存储器传送到数据存储器中
                STM         #x,AR2
                STM         #y,AR3
                RPT         #19
                MVDD        *AR2+,*AR3+      ;从数据存储器传送到数据存储器中
    end:        B           end
                .end
    /*      zh10.cmd      */
    MEMORY    {
```

```
PAGE 0:
    EPROM:      org=0E000H,     len=01F80H
    VECS:       org=0FF80H,     len=00080H
PAGE 1:
    SPRAM:      org=00060H,     len=00030H
    DARAM:      org=00090H,     len=01380H
    }
SECTIONS   {
    .vectors: >VECS        PAGE 0
    .text: >EPROM          PAGE 0
    .data: >EPROM          PAGE 0
    .bss: >SPRAM           PAGE 1
    STACK: >DARAM          PAGE 1
    }
```

将 20 个数据从 0060H～0073H 传送到 0074H～0087H，结果如图 5-5 所示。

```
▤ Memory (Data: 16-Bit Signed Int)                                    □ □ ✕
0060:   x
0060:   1       2       3       4       5       6       7       8       9       10
006A:   11      12      13      14      15      16      17      18      19      20
0074:   y
0074:   1       2       3       4       5       6       7       8       9       10
007E:   11      12      13      14      15      16      17      18      19      20
0088:   ___end___
```

图 5-5   数据传送结果

5.6   双操作数乘法运算

TMS320C54x 内部的多总线结构允许在一个机器周期内通过两根 16 位数据总线（C 总线和 D 总线）寻址两个数据和系数，可以实现双操作数乘法运算，如图 5-6 所示。

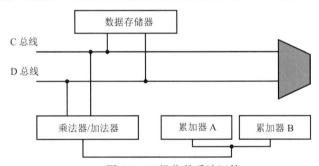

图 5-6   双操作数乘法运算

如果求 $y=mx+b$，则单操作数和双操作数方法比较如表 5-4 所示。

表 5-4   单操作数和双操作数方法比较

单操作数方法	双操作数方法

LD   @m,T
MPY @x,A
ADD @b,A
STL A,@y
	MPY *AR2,*AR3,A
	ADD @b,A
	STL A,@y

用双操作数指令编程的特点为：

- 用间接寻址方式获得操作数，且辅助寄存器只能用 AR2～AR5。

- 占用的程序存储器空间小。

● 运算速度快。

MAC 型双操作数指令有 4 种，见表 5-5。MACP 指令与众不同，它规定了一个程序存储器的绝对地址，而不是 Ymem。因此，这条指令就多了一个字（双字指令），而且执行时间长（需 3 个机器周期）。

表 5-5　MAC 型双操作数指令

指　　　令	功　　　能
MPY　　Xmem,Ymem,dst	dst=Xmem*Ymem
MAC　　Xmem,Ymem,src[,dst]	dst=src+Xmem*Ymem
MAS　　Xmem,Ymem, src[,dst]	dst=src−Xmem*Ymem
MACP　Smem,pmad, src[,dst]	dst=src+Smem*pmad

注：Smem——数据存储器地址；src——源累加器；dst——目的累加器；Xmem,Ymem——双操作数数据存储器地址；pmad——16 位立即数程序存储器地址。

对于 Xmem 和 Ymem，只能用以下辅助寄存器及寻址方式：

辅助寄存器　　AR2　　　　寻址方式　　*ARn
　　　　　　　AR3　　　　　　　　　　*ARn+
　　　　　　　AR4　　　　　　　　　　*ARn−
　　　　　　　AR5　　　　　　　　　　*ARn+0%

【例 5-13】计算 $y = \sum_{i=1}^{20} a_i x_i$ 。

本例主要说明在迭代运算过程中，利用双操作数指令可以节省机器周期数。迭代次数越多，节省时间的机器周期数也越多。

用单/双操作数指令分别实现的方案对比如下。

单操作数指令方案：

```
        .title    "zh11.asm"
        .mmregs
STACK   .usect    "STACK",30H
        .bss      a,20
        .bss      x,20
        .bss      y,2
        .def      start
        .data
table:  .word     1,2,3,4,5,6,7,8,9,10,11,12
        .word     13,14,15,16,17,18,19,20
        .word     21,22,23,24,25,26,27,28
        .word     29,30,1,2,3,4,5,6,7,8,9,10
        .text
start:  STM       #a,AR1
        RPT       #39
        MVPD      table,*AR1+
        LD        #0,B
        STM       #a,AR2
        STM       #x,AR3
        STM       #19,BRC
        RPTB      done−1
        LD        *AR2+,T
        MPY       *AR3+,A
        ADD       A,B
```

双操作数指令方案：

```
        .title    "zh12.asm"
        .mmregs
STACK  .usect    "STACK",30H
        .bss      a,20
        .bss      x,20
        .bss      y,2
        .def      start
        .data
table:  .word     1,2,3,4,5,6,7,8,9,10,11,12
        .word     13,14,15,16,17,18,19,20
        .word     21,22,23,24,25,26,27,28
        .word     29,30,1,2,3,4,5,6,7,8,9,10
        .text
start:  STM       #a,AR1
        RPT       #39
        MVPD      table,*AR1+
        LD        #0,B
        STM       #a,AR2
        STM       #x,AR3
        STM       #19,BRC
        RPTB      done−1
        MPY       *AR2+,*AR3+,A
        ADD       A,B
done:  STL       B,@y
```

<table>
<tr><td>done:</td><td>STL</td><td>B,@y</td><td></td><td>STH</td><td>B,@y+1</td></tr>
<tr><td></td><td>STH</td><td>B,@y+1</td><td>end:</td><td>B</td><td>end</td></tr>
<tr><td>end:</td><td>B</td><td>end</td><td></td><td>.end</td><td></td></tr>
<tr><td></td><td>.end</td><td></td><td></td><td></td><td></td></tr>
</table>

结果：wa CLK   1229   结果：wa CLK   1081

【例 5-14】进一步优化计算 $y = \sum_{i=1}^{20} a_i x_i$ 的程序。

在例 5-13 中，利用双操作数指令进行乘法累加运算，完成一个 N 项乘积求和的操作需 $2N$ 个机器周期。如果将乘法累加器、多总线及硬件循环操作结合在一起，可以形成一个优化的乘法累加程序。此时，完成一个 N 项乘积求和的操作，只需要 $N+2$ 个机器周期。程序如下：

```
            .title      "zh13.asm"
            .mmregs
STACK       .usect      "STACK",30H
            .bss        a,20
            .bss        x,20
            .bss        y,2
            .def        start
            .data
table:      .word       1,2,3,4,5,6,7,8,9,10,11,12,13,14,15,16,17,18,19,20
            .word       21,22,23,24,25,26,27,28,29,30,1,2,3,4,5,6,7,8,9,10
            .text
start:      STM         #0,SWWSR
            STM         #STACK+30H,SP
            STM         #a,AR1
            RPT         #39
            MVPD        table,*AR1+
            CALL        SUM             ;调中断子程序 SUM
end:        B           end
SUM:        STM         #a,AR3          ;中断子程序 SUM
            STM         #x,AR4          ;乘积求和
            RPTZ        A,#19
            MAC         *AR3+,*AR4+,A
            STL         A,@y
            STH         A,@y+1
            RET
        .end
```

例 5-13 和例 5-14 的数据存放在 0060H～0087H 数据存储单元中，求和结果（2420）存放在 0088H～0089H 数据存储单元中，如图 5-7 所示。

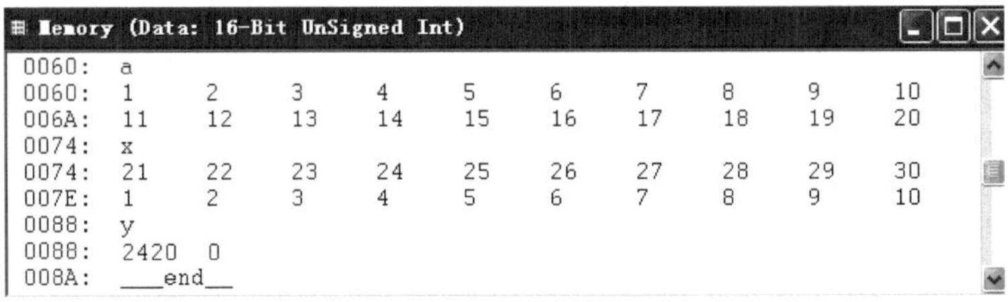

```
⊞ Memory (Data: 16-Bit UnSigned Int)              _ □ X
0060:   a
0060:   1     2     3     4     5     6     7     8     9     10
006A:   11    12    13    14    15    16    17    18    19    20
0074:   x
0074:   21    22    23    24    25    26    27    28    29    30
007E:   1     2     3     4     5     6     7     8     9     10
0088:   y
0088:   2420  0
008A:   ___end___
```

图 5-7   求和结果

5.7 长字运算和并行运算

1. 长字指令

TMS320C54x 可以利用长操作数（32 位）进行长字运算。长字指令如下：

```
DLD         Lmem, dst           ;dst=Lmem
DST         src, Lmem           ;Lmem=src
DADD        Lmem, src[,dst]     ;dst=src+Lmem
DSUB        Lmem, src[,dst]     ;dst=src-Lmem
DRSUB       Lmem, src[,dst]     ;dst=Lmem-src
```

除 DST 指令（存储 32 位数要用 E 总线两次，需要两个机器周期）外，都是单字单周期指令，也就是在单个机器周期内同时利用 C 总线和 D 总线，得到 32 位操作数。

下面讨论长操作数指令中的一个重要问题——高 16 位和低 16 位操作数在存储器中的排序问题。因为按指令中给出的地址存取的总是高 16 位操作数，所以有如下两种数据排列方法。

（1）偶地址排列法

指令中给出的地址为偶地址，存储器中低地址存放高 16 位操作数。

下面的程序采用偶地址排列法：

```
                .title  "zh14.asm"
                .mmregs
STACK           .usect  "STACK",10H
                .bss    a,2
                .bss    y,2
                .def    start
                .data
table:          .word   06CACH,0BD90H
                .text
start:          STM     #0,SWWSR
                STM     #STACK+10H,SP
                STM     #a,AR1
                RPT     #1
                MVPD    table,*AR1+
                STM     #a,AR3
                DLD     *AR3+,A
 end:           B       end
                .end
/*   zh14.cmd        */
MEMORY  {
    PAGE 0:
            EPROM:    org=0E000H,     len=01F80H
            VECS:     org=0FF80H,     len=00080H
    PAGE 1:
            SPRAM:    org=00100H,     len=00020H
            DARAM:    org=00120H,     len=01380H
        }
SECTIONS  {
            .vectors: >VECS     PAGE 0
            .text: >EPROM       PAGE 0
            .data: >EPROM       PAGE 0
            .bss: >SPRAM        PAGE 1
            STACK: >DARAM       PAGE 1
        }
```

执行前：A=00 0000 0000H   执行后： A=00 6CAC BD90H

         AR3=0100H   AR3=0102H

         (0100H)=6CACH (高字)   (0100H)=6CACH

         (0101H)=BD90H (低字)   (0101H)=BD90H

（2）奇地址排列法

指令中给出的地址为奇地址，存储器中低地址存放低 16 位操作数。

下面的程序采用奇地址排列法：

```
                .title      "zh15.asm"
                .mmregs
    STACK       .usect      "STACK",10H
                .bss        a,2
                .bss        y,2
                .def        start
                .data
    table:      .word       0BD90H,06CACH
                .text
    start:      STM         #0,SWWSR
                STM         #STACK+10H,SP
                STM         #a,AR1
                RPT         #1
                MVPD        table,*AR1‾
                STM         #a,AR3
                DLD         *AR3+,A
    end:        B           end
                .end
    /*   zh15.cmd    */
    MEMORY   {
        PAGE 0:
            EPROM:    org=0E000H,     len=01F80H
            VECS:     org=0FF80H,     len=00080H
        PAGE 1:
            SPRAM:    org=00101H,     len=00020H
            DARAM:    org=00121H,     len=01380H
            }
    SECTIONS   {
            .vectors: >VECS      PAGE 0
            .text: >EPROM        PAGE 0
            .data: >EPROM        PAGE 0
            .bss: >SPRAM         PAGE 1
            STACK: >DARAM        PAGE 1
            }
```

执行前：A=00 0000 0000H   执行后：   A=00 BD90 6CACH

         AR3=0101H   AR3=0103H

         (0100H)=6CACH(低字)   (0100H)=6CACH

         (0101H)=BD90H(高字)   (0101H)=BD90H

    在使用时，应选定一种方法。这里推荐采用偶地址排列法，将高 16 位操作数放在偶地址存储单元中。编写汇编程序时，应注意将高位字放在数据存储器的偶地址单元中。奇、偶地址排列规定如图 5-8 所示。

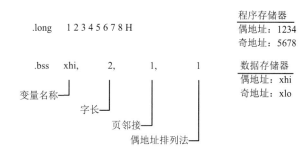

图 5-8 奇、偶地址排列规定

【例 5-15】计算 $Z_{32}=X_{32}+Y_{32}$。

标准运算与长字运算对比如下。

标准运算：

```
            .title     "zh16.asm"
            .mmregs
STACK       .usect     "STACK",10H
            .bss       xhi,1
            .bss       xlo,1
            .bss       yhi,1
            .bss       ylo,1
            .bss       zhi,1
            .bss       zlo,1
            .def       start
            .data
table:      .word      1678H,2345H
            .word      1020H,0D34AH
            .text
start:      STM        #0,SWWSR
            STM        #STACK+10H,SP
            STM        #xhi,AR1
            RPT        #3
            MVPD       table,*AR1+
            LD         @xhi,16,A
            ADDS       @xlo,A
            ADD        @yhi,16,A
            ADDS       @ylo,A
            STH        A,@zhi
            STL        A,@zlo
end:        B          end
            .end
(6 个字, 6 个 T)
```

长字运算：

```
            .title     "zh17.asm"
            .mmregs
STACK       .usect     "STACK",10H
            .bss       xhi,2,1,1
            .bss       yhi,2,1,1
            .bss       zhi,2,1,1
            .def       start
            .data
table:      .long      16782345H,1020D34AH
            .text
start:      STM        #0,SWWSR
            STM        #STACK+10H,SP
            STM        #xhi,AR1
            RPT        #3
            MVPD       table,*AR1+
            DLD        @xhi,A
            DADD       @yhi,A
            DST        A,@zhi
end:        B          end
            .end
(3 个字, 3 个 T)
```

此程序实现了 32 位加法运算，如图 5-9 所示，图（a）为标准运算结果，图（b）为长字运算结果。

（a）　　　　　　　　　　　（b）

图 5-9 32 位加法运算结果

2. 并行运算

并行运算，就是同时利用 D 总线和 E 总线进行运算。其中，D 总线用来执行加载或算术运算，E 总线用来存放先前的结果。

并行指令包括并行加载和乘法指令、并行加载和存储指令、并行存储和乘法指令、并行存储和加/减法指令 4 种。所有并行指令都是单字单周期指令。表 5-6 为并行运算指令举例。注意，并行运算时，存储的是前面的运算结果，存储之后再进行加载或算术运算。这些指令都工作在累加器的高位，且大多数并行运算指令都受 ASM（累加器移位方式）位影响。

表 5-6　并行运算指令举例

指　　令	举　　例		功　　能
LD‖MAC[R]	LD	Xmem,dst	dst=Xmem<<16
LD‖MAS[R]	‖MAC[R]	Ymem[,dst2]	dst2=dst2+T*Ymem
ST‖LD	ST	src,Ymem	Ymem=src>>(16−ASM)
	‖LD	Xmem,dst	dst=Xmem<<16
ST‖MPY	ST	src,Ymem	Ymem=src>>(16−ASM)
ST‖MAC[R]	‖MAC[R]	Xmem,dst	dst=dst+T*Xmem
ST‖MAS[R]			
ST‖ADD	ST	src,Ymem	Ymem=src>>(16−ASM)
ST‖SUB	‖ADD	Xmem,dst	dst=dst+Xmem

【例 5-16】用并行运算指令编写计算 $z=x+y$ 和 $f=e+d$ 的程序。

在此程序中用到了并行加载和存储指令，即在同一个机器周期内利用 D 总线进行加载，利用 E 总线进行存储。程序如下：

```
            .title      "zh18.asm"
            .mmregs
STACK       .usect      "STACK",10H
            .bss        x,3
            .bss        d,3
            .def        start
            .data
table:      .word       0123H,1027H,0,1020H,0345H,0
            .text
start:      STM         #0,SWWSR
            STM         #STACK+10H,SP
            STM         #x,AR1
            RPT         #5
            MVPD        table,*AR1+
            STM         #x,AR5
            STM         #d,AR2
            LD          #0,ASM
            LD          *AR5+,16,A
            ADD         *AR5+,16,A
            ST          A,*AR5                      ;并行指令
            ‖LD         *AR2+,B
            ADD         *AR2+,16,B
            STH         B,*AR2
end:        B           end
            .end
```

数据存储示意图和计算结果如图 5-10 所示。

数据存储器

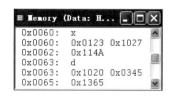

图 5-10　数据存储示意图和计算结果

3．64 位加法和减法运算

【例 5-17】计算 $Z_{64}=W_{64}+X_{64}-Y_{64}$。

W_{64}、X_{64}、Y_{64} 和结果 Z_{64} 都是 64 位数，它们都由两个 32 位的长字组成。利用长字指令可以完成 64 位数的加/减法运算。

64 位数的加法和减法算式如下：

	w3	w2		w1	w0	(W_{64})	
+	x3	x2	C	x1	x0	(X_{64})	低 32 位相加产生进位 C
−	y3	y2	C'	y1	y0	(Y_{64})	低 32 位相减产生借位 C'
	z3	z2		z1	z0	(Z_{64})	

程序如下：

```
                .title    "zh19.asm"
                .mmregs
        STACK   .usect    "STACK",10H
                .bss      w1,2,1,1
                .bss      w3,2,1,1
                .bss      x1,2,1,1
                .bss      x3,1
                .bss      x2,1
                .bss      y1,2,1,1
                .bss      y3,1
                .bss      y2,1
                .bss      z1,2,1,1
                .bss      z3,2,1,1
                .def      start
                .data
        table:  .long     12345678H    ;w1
                .long     11111111H    ;w3
                .long     22222222H    ;x1
                .word     7000H,2000H  ;x3,x2
                .long     30004000H    ;y1
                .word     5000H,6000H  ;y3,y2
                .text
        start:  STM       #0,SWWSR
                STM       #STACK+10H,SP
                STM       #w1,AR1
                RPT       #11
                MVPD      table,*AR1+
```

```
        DLD      @w1,A        ;A=w1w0
        DADD     @x1,A        ;A=w1w0+x1x0,产生进位 C
        DLD      @w3,B        ;B=w3w2
        ADDC     @x2,B        ;B=w3w2+x2+C
        ADD      @x3,16,B     ;B=w3w2+x3x2+C
        DSUB     @y1,A        ;A=w1w0+x1x0-y1y0,产生借位 C'
        DST      A,@z1        ;z1z0=w1w0+x1x0-y1y0
        SUBB     @y2,B        ;B=w3w2+x3x2+C-y2-C'
        SUB      @y3,16,B     ;B=w3w2+x3x2+C-y3y2-C'
        DST      B,@z3        ;z3z2=w3w2+x3x2+C-y3y2-C'
end:    B        end
        .end
```

数据存储示意图和计算结果如图 5-11 所示。

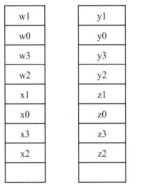 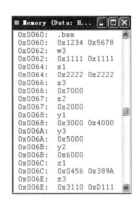

图 5-11　数据存储示意图和计算结果

由于没有长字带进（借）位加/减法指令，所以在上述程序中只能用 16 位带进（借）位指令 ADDC 和 SUBB。

4．32 位乘法运算

32 位乘法算式如下：

$$
\begin{array}{cccc}
          & x1   & x0   & & S & U \\
\times   & y1   & y0   & & S & U \\
\hline
          & x0 \times y0 & & & U \times U \\
    x1 \times y0 & & & & S \times U \\
    y1 \times x0 & & & & S \times U \\
\underline{y1 \times x1} & & & & \underline{S \times S} \\
w3 & w2 & w1 & w0 & S & U & U & U
\end{array}
$$

式中，S 为带符号数，U 为无符号数。

由上述算式可见，在 32 位乘法运算中，实际上包括 3 种乘法运算：$U \times U$、$S \times U$ 和 $S \times S$。一般的乘法运算指令都是两个带符号数相乘，即 $S \times S$。所以，在编程时，还要用到以下两条乘法指令：

```
MACSU    Xmem,Ymem,src    ;无符号数与带符号数相乘并累加
                          ;src=U(Xmem)*S(Ymem)+src
MPYU     Smem, dst        ;无符号数相乘
                          ;dst=U(T)*U(Smem)
```

【例 5-18】计算 $W_{64}=X_{32}\times Y_{32}$。

32 位乘法运算获得的 64 位乘积的程序如下：

```
                .title   "zh20.asm"
                .mmregs
    STACK       .usect   "STACK",10H
                .bss     x,2
                .bss     y,2
                .bss     w0,1
                .bss     w1,1
                .bss     w2,1
                .bss     w3,1
                .def     start
                .data
    table:      .word    10,20,30,40
                .text
    start:      STM      #0,SWWSR
                STM      #STACK+10H,SP
                STM      #x,AR1
                RPT      #3
                MVPD     table,*AR1+
                STM      #x,AR2
                STM      #y,AR3
                LD       *AR2,T          ;T=x0
                MPYU     *AR3+,A         ;A=ux0*uy0
                STL      A,@w0           ;w0=ux0*uy0
                LD       A,-16,A         ;A=A>>16
                MACSU    *AR2+,*AR3-,A   ;A+=y1*ux0
                MACSU    *AR3+,*AR2,A    ;A+=x1*uy0
                STL      A,@w1           ;w1=A
                LD       A,-16,A         ;A=A>>16
                MAC      *AR3,*AR2,A     ;A+=x1*y1
                STL      A,@w2           ;w2=A 的低 16 位
                STH      A,@w3           ;w3=A 的高 16 位
    end:        B        end
                .end
```

数据存储示意图和计算结果，如图 5-12 所示。

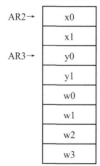

图 5-12　数据存储示意图和计算结果

5.8 小数运算

两个 16 位整数相乘，乘积总是"向左增长"的，这意味着多次相乘后，乘积将会很快超出定点器件的数据范围。而且要将 32 位乘积保存到数据存储器中，就要开销 2 个机器周期以及 2 个字的程序存储器和 RAM 单元。更糟糕的是，由于乘法器都是 16 位相乘的，因此很难在后续的递推运算中将 32 位乘积作为乘法器的输入。

然而，小数相乘，乘积总是"向右增长"的，这就意味着超出定点器件数据范围的将是不太感兴趣的部分。在小数乘法情况下，既可存储 32 位乘积，也可以存储高 16 位乘积，这就允许用较少的资源保存结果，也可以用于递推运算。这就是为什么定点 DSP 芯片都采用小数乘法的原因。

1．小数的表示方法

TMS320C54x 采用 2 的补码表示小数，其最高位为符号位，数值范围为 $-1 \sim +1$。一个 16 位的 2 的补码小数（Q15 格式）的每一位的权值为：

MSB   LSB
$-1. \quad 2^{-1} \quad 2^{-2} \quad 2^{-3} \quad \cdots \quad 2^{-15}$

一个十进制小数乘以 32768 之后，再将其十进制整数部分转换成十六进制数，就能得到这个十进制小数的 2 的补码表示，例如：

≈ 1	$\Longrightarrow$	7FFFH
0.5	正数：乘以 32768	4000H
0	$\Longrightarrow$	0000H
-0.5	负数：其绝对值部分乘以 32768，再取反加 1	C000H
-1		8000H

在汇编程序中，是不能直接写入十进制小数的。若要定义一个系数 0.707，可以写成：.word 32768*707/1000，不能写成 32768*0.707。

2．小数乘法与冗余符号位

先看一个小数乘法的例子（假设字长 4 位，累加器 8 位）：

```
      0 1 0 0    (0.5)
  ×   1 1 0 1    (−0.375)
      0 1 0 0
      0 0 0 0
      0 1 0 0
      1 1 0 0         (−0100)
  ─────────────
      1 1 1 0 1 0 0   (−0.1875)
```

上述乘积是 7 位的，当将其送到累加器中时，为保持乘积的符号，必须进行符号位扩展，这样，累加器中的值为 11110100（−0.09375），出现了冗余符号位。其原因是：

$$S \quad x \quad x \quad x \quad （Q3 \text{ 格式}）$$
$$\times \quad S \quad y \quad y \quad y \quad （Q3 \text{ 格式}）$$
$$\overline{S \quad S \quad z \quad z \quad z \quad z \quad z \quad （Q6 \text{ 格式}）}$$

即两个带符号数相乘，得到的乘积带有两个符号位，造成错误的结果。

解决冗余符号位的办法是：在程序中设定 ST1 寄存器中的 FRCT（小数方式）位为 1，在乘法器将结果传送至累加器时就能自动地左移 1 位，累加器中的结果为：$S z z z z z z 0$（Q7 格式），即

11101000（−0.1875），自动地消去了两个带符号数相乘时产生的冗余符号位。

在小数乘法编程时，应当事先设置 FRCT 位如下：

```
SSBX        FRCT
MPY         * AR2, * AR3, A
STH         A, @Z
```

这样，TMS320C54x 就完成了 Q15×Q15=Q15 的小数乘法。

【例 5-19】 计算 $y = \sum_{i=1}^{4} a_i x_i$ 。其中数据均为小数：

$$a_1=0.1,\ a_2=0.2,\ a_3=-0.3,\ a_4=0.4$$

$$x_1=0.8,\ x_2=0.6,\ x_3=-0.4,\ x_4=-0.2$$

程序如下：

```
                .title      "zh21.asm"
                .mmregs
    STACK       .usect      "STACK",10H
                .bss        a,4
                .bss        x,4
                .bss        y,1
                .def        start
                .data
    table:      .word       1*32768/10
                .word       2*32768/10
                .word       −3*32768/10
                .word       4*32768/10
                .word       8*32768/10
                .word       6*32768/10
                .word       −4*32768/10
                .word       −2*32768/10
                .text
    start:      SSBX        FRCT
                STM         #a,AR1
                RPT         #7
                MVPD        table,*AR1+
                STM         #x,AR2
                STM         #a,AR3
                RPTZ        A,#3
                MAC         *AR2+,*AR3+,A
                STH         A,@y
    end:        B           end
                .end
```

计算结果 y=1EB7H=0.24，存储在 0068H 单元中，计算结果如图 5-13 所示。

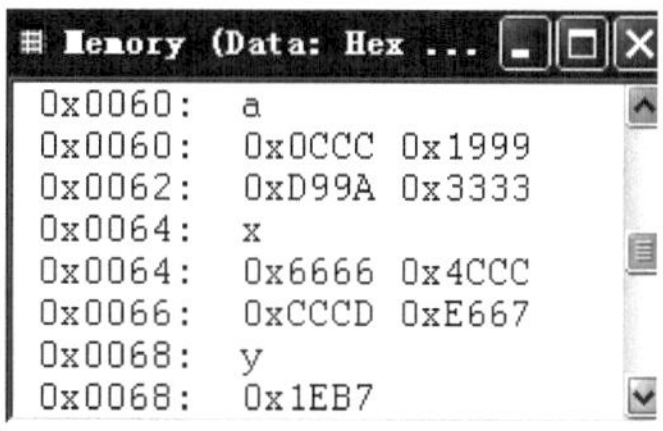

图 5-13　计算结果

5.9　除法运算

在一般的 DSP 芯片中都没有除法器硬件。因为除法器硬件代价很高，所以就没有专门的除法指令。同样，在 TMS320C54x 中也没有一条单周期的 16 位除法指令。但是，利用条件减法指令（SUBC 指令），加上重复指令"RPT　#15"，就可实现两个无符号数的除法运算。

条件减法指令的功能如下：

SUBC	Smem, src	;(src)−(Smem)<<15→ALU 输出端
		;如果 ALU 输出端>=0, 则(ALU 输出端)<<1+1→src
		;否则(src)<<1→src

1. 被除数的绝对值小于除数的绝对值，商为小数

【例 5-20】编写计算 0.4÷(−0.8)的程序。

```
            .title      "zh22.asm"
            .mmregs
STACK       .usect      "STACK",10H
            .bss        num,1           ;分子
            .bss        den,1           ;分母
            .bss        quot,1          ;商
            .data
table:      .word       4*32768/10      ;−128
            .word       −8*32768/10     ;1024
            .def        start
            .text
start:      STM         #num,AR1
            RPT         #1
            MVPD        table,*AR1+     ;传送两个数据至分子、分母单元
            LD          @den,16,A       ;将分母移到累加器 A(31～16)中
            MPYA        @num            ;(num)*(A(31～16))→B, 获取商的符号
;(在累加器 B 中)
            ABS         A               ;分母取绝对值
            STH         A,@den          ;分母取绝对值存回原处
            LD          @num,16,A       ;将分子移到累加器 A(32～16)中
            ABS         A               ;分子取绝对值
            RPT         #14             ;15 次减法循环, 完成除法
            SUBC        @den,A
            XC          1,BLT           ;如果 B<0(商为负数), 则需要变号
            NEG         A
            STL         A,@quot         ;保存商
end:        B           end
```

SUBC 指令仅对无符号数进行操作，因此事先必须对被除数和除数取绝对值。然后，利用乘法操作，获取商的符号。最后，通过条件执行指令给商加上适当的符号。

例 5-20 的运行结果如表 5-7 所示，其数据存储表示如图 5-14 所示。

表 5-7　小数除法运算结果

被　除　数	除　　数	商（十六进制数）	商（十进制数）
4*32768/10(0.4)	−8*32768/10(−0.8)	0C000H	−0.5
−128	1024	0F000H	−0.125

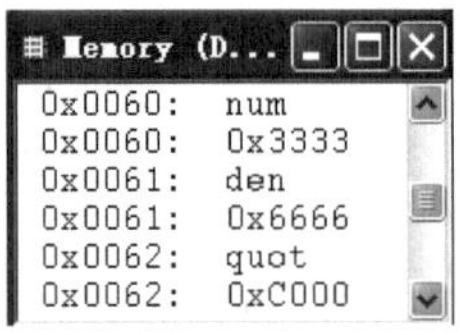

（a）十六进制数表示 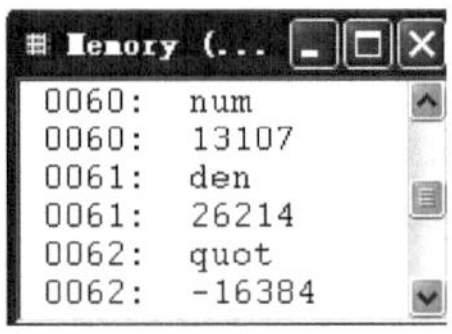　　　　　　　　（b）十进制数（扩大 32768 倍）表示

图 5-14　数据存储表示

2．被除数的绝对值大于等于除数的绝对值，商为整数

【例 5-21】编写计算 16384÷512 的程序。

可在例 5-20 程序的基础上进行修改，除输入数据外，仅有以下两处改动：

LD @num,16,A	改成	LD @num,A
RPT #14	改成	RPT #15

其他不变。

```
            .title      "zh23.asm"
            .mmregs
STACK       .usect      "STACK",10H
            .bss        num,1
            .bss        den,1
            .bss        quot,1
            .data
table:      .word       66*32768/100    ;16384
            .word       −33*32768/100   ;512
            .def        start
            .text
start:      STM         #num,AR1
            RPT         #1
            MVPD        table,*AR1+
            LD          @den,16,A
            MPYA        @num
            ABS         A
            STH         A,@den
            LD          @num,A
            ABS         A
            RPT         #15
            SUBC        @den,A
            XC          1,BLT
            NEG         A
            STL         A,@quot
end:        B           end
```

（a）十六进制数表示

（b）十进制数（扩大 32768 倍）表示

图 5-15　数据存储表示

例 5-21 运行结果的数据存储表示如图 5-15 所示。

5.10　浮点运算

在数字信号处理过程中，为了扩大数据的范围和精度，需要采用浮点运算。TMS320C54x 虽然是个定点 DSP 器件，但它支持浮点运算。

1．浮点数的表示方法

在 TMS320C54x 中，浮点数由尾数和指数两部分组成，它与定点数的关系如下：

$$定点数=尾数\times2^{指数}$$

例如，定点数 0x2000（0.25）用浮点数表示时，尾数为 0x4000（0.5），指数为 1，即

$$0.25=0.5\times2^{-1}$$

浮点数的尾数和指数可正可负，均用补码表示。指数的范围为−8～31。

2．定点数到浮点数的转换

TMS320C54x 通过三条指令可将一个定点数转化成浮点数（设定点数已在累加器 A 中）。

（1）EXP　A

这是一条提取指数的指令，指数保存在暂存器 T 中。如果累加器 A=0，则 0→T；否则，(累加器 A 的冗余符号位数−8)→T。累加器 A 中的内容不变。指数的范围为−8～31。

【例 5-22】分析 EXP　A 指令的执行情况。

执行前：	执行后：
A=FF FFFF FFCB	A=FF FFFF FFCB
T=　　　　0000	T=　　　　0019　（25）

【例 5-23】分析 EXP　B 指令的执行情况。

执行前：	执行后：
B=07 8543 2105	B=07 8543 2105
T=　　　　0007	T=　　　　FFFC　（−4）

从例 5-22 和例 5-23 可见，在提取指数时，冗余符号位数是对整个累加器的 40 位而言的，即包括 8 位保护位。这也就是为什么指数等于冗余符号位数减 8 的道理。

（2）ST　T，EXPONENT

这条紧接在 EXP 后的指令将保存在暂存器 T 中的指数存放到数据存储器的指定单元中。

（3）NORM　A

这条指令按暂存器 T 中的内容对累加器 A 进行规格化处理（左移或右移），即

(累加器 A)<<TS→A

【例 5-24】分析 NORM　A 指令的执行情况。

执行前：	执行后：
A=FF FFFF F001	A=FF 8008 0000
T=　　　　0013	T=　　　　0013　（19）

【例 5-25】分析 NORM　B,A 指令的执行情况。

执行前：	执行后：
A=FF FFFF F001	A=00 4214 1414
B=21 0A0A 0A0A	B=21 0A0A 0A0A
T=　　　　FFF9	T=　　　　FFF9　（−7）

注意：NORM 指令不能紧跟在 EXP 指令的后面。因为 EXP 指令还没有将指数送至 T 中，而 NORM 指令只能按原来的 T 值移位，造成规格化的错误。

3．浮点数到定点数的转换

知道 TMS320C54x 浮点数的定义后，就不难将浮点数转换成定点数了。因为浮点数的指数就是在规格化时左移（指数为负时是右移）的位数，所以在将浮点数转换成定点数时，只要按指数值将尾数右移（指数为负时是左移）就行了。

4．浮点乘法举例

下面举一个浮点乘法运算的例子，实现将定点数规格化成浮点数及浮点乘法运算，最后将浮点数转换成定点数。

【例 5-26】编写浮点乘法程序，完成 x_1x_2=0.3×(−0.8)运算。

程序中保留 10 个数据存储单元：

x1：被乘数	m2：乘数的尾数
x2：乘数	ep：乘积的指数
e1：被乘数的指数	mp：乘积的尾数
m1：被乘数的尾数	product：乘积
e2：乘数的指数	temp：暂存单元

程序如下：

```
                .title      "zh24.asm"
                .mmregs
                .def        start
STACK           .usect      "STACK",100        ;64H
                .bss        x1,1
                .bss        x2,1
                .bss        e1,1
                .bss        m1,1
                .bss        e2,1
                .bss        m2,1
                .bss        ep,1
                .bss        mp,1
                .bss        product,1
                .bss        temp,1
                .data
table:          .word       3*32768/10         ;0.3
                .word       -8*32768/10        ;-0.8
                .text
start:          STM         #STACK+100,SP      ;设置堆栈指针
                MVPD        table,@x1          ;将 x1 和 x2 传送至数据存储器中
                MVPD        table+1,@x2
                LD          @x1,16,A           ;将 x1 规格化为浮点数
                EXP         A
                ST          T,@e1              ;保存 x1 的指数
                NORM        A
                STH         A,@m1              ;保存 x1 的尾数
                LD          @x2,16,A           ;将 x2 规格化为浮点数
                EXP         A
                ST          T,@e2              ;保存 x2 的指数
                NORM        A
                STH         A,@m2              ;保存 x2 的尾数
                CALL        MULT               ;调用浮点乘法运算子程序
end:            B           end
MULT:           SSBX        FRCT
                SSBX        SXM
                LD          @e1,A              ;指数相加
                ADD         @e2,A
                STL         A,@ep              ;乘积指数→ep
                LD          @m1,T              ;尾数相乘
                MPY         @m2,A              ;乘积尾数在累加器 A 中
                EXP         A                  ;对尾数乘积规格化
                ST          T,@temp            ;规格化时产生的指数→temp
                NORM        A
                STH         A,@mp              ;保存乘积尾数在 mp 中
                LD          @temp,A            ;修正乘积指数
                ADD         @ep,A              ;(ep)+(temp)→ep
                STL         A,@ep              ;保存乘积指数在 ep 中
                NEG         A                  ;将浮点数乘积转换成定点数
                STL         A,@temp            ;乘积指数反号，并且加载到 T 中
                LD          @temp,T            ;再将尾数按 T 移位
                LD          @mp,16,A
```

```
NORM    A
STH     A,@product            ;保存定点乘积
RET
.end
```

程序执行结果，如图 5-16 所示。

最后得到 0.3×(−0.8)乘积浮点数为：尾数 8520H（−0.96），指数 0002H（2）。乘积定点数为：0E148H（对应的十进制数为−0.23999≈ −0.24）。

定点数的浮点表示为：

$$0.3=0.6×2^{-1} \quad -0.8=-0.8×2^{0} \quad -0.24=-0.96×2^{-2}$$

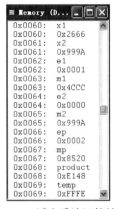

图 5-16 浮点乘法运算结果

习题 5

1．是否能用伪指令（如 data）或运算符（如 ADD）作为标号？为什么？

2．标号和注释有什么差别？它们在程序执行中的作用一样吗？

3．两个数相乘，如果结果溢出，那么 DSP 系统会报警吗？

4．伪指令起什么作用？它占用存储空间吗？

5．在堆栈操作中，PC 当前地址为 4020H，SP 当前地址为 0013H，运行 PSHM AR7 后，PC 和 SP 的值分别是多少？

6．试编写计算 0.25×(−0.1)的程序。

7．将定点数 0.00125 用浮点数表示。

8．试写出以下两条指令的运行结果：

① EXP   A
    A=FFFD876624   T=0000

则以上指令执行后，A 和 T 的值各为多少？

② NORM   B
    B=420D0D0D0D   T=FFF9

则以上指令执行后，B 和 T 的值各为多少？

9．阅读以下程序，写出运行结果。

```
         .bss     y,5
table:   .word    1,2,3,4,5
         STM      #y, AR2
         RPT      #5
         MVPD     table, *AR2+
         LD       #0,B
         LD       #81H, AR5
         STM      #0, A
         STM      #4, BRC
         STM      #y, AR5
         RPTB     sub−1
         ADD      *AR5, B, A
         STL      A, *AR5+
sub:     LD       #0, B
```

运行以上程序后，(81H)、(82H)、(83H)、(84H)和(85H)的值分别是多少？

10. 对累加器 A 的内容进行归一化，已知 A=FF FFFF FFC3H。

11. 在 $y=\sum\limits_{i=1}^{4}a_ix_i$ 的 4 项中找出最小的一项乘积，并存入累加器中。

12. 在不含循环的程序中，RPTZ　#3 语句和其前一句、后一句及其后第二句各运行多少次？

13. 一个浮点数由尾数 m、基数 b 和指数 e 三部分组成，即 mb^e。图 5-17 说明了 IEEE 标准里的浮点数表示方法。这个格式用带符号的表示方法来表示尾数，指数含有 127 的偏移。在一个 32 位表示的浮点数中，第 1 位是符号位，记为 S。接下来的 8 位表示指数，采用 127 的偏移格式（实际是 e-127）。其后的 23 位表示尾数的绝对值，考虑到最高 1 位是符号位，它也应归于尾数的范围，所以尾数一共有 24 位。

图 5-17　IEEE 标准里的浮点数表示方法

例如，十进制数-29.625 可以用二进制数表示为-11101.101B，用科学记数法表示为-1.1101101×2^4，其指数为 127+4=131，转化为二进制表示为 10000011B，故此数的浮点格式表示为：

　　　　11000001111011010000000000000000

转换成十六进制数表示为 0xC1ED0000。

试说明下面程序段各完成什么功能？

①	DLD	op1_hsw, A		②	BITF	op1se, #100H
	SFTA	A, 8			BC	testop2, NTC
	SFTA	A, -8			LD	#0, A
	BC	op1_zero, AEQ			DSUB	op1hm, A
	STH	A, -7, op1se			DST	A, op1hm
	STL	A, op1lm		testop2:	BITF	op2se, #100H
	AND	#07FH, 16, A			BC	compexp, NTC
	AND	#080H, 16, A			LD	#0, A
	STH	A, op1lm			DSUB	op2hm, A
					DST	A, op2hm

③ compexp:
```
    LD      op1se, A
    AND     #00FFH, A
    LD      op2se, B
    AND     #00FFH, A
    SUB     A, B
    BC      op1_gt_op2, BLT
    BC      op2_gt_op1, BGT
a_eq_b:
    DLD     op1hm, A
    DADD    op2hm, A
    BC      res_zero, AEQ
    LD      op1se, B
```

④ op1_gt_op2:
```
    ABS     B
    SUB     #24, B
    BC      return_op1, BGEQ
    ADD     #23, B
    STL     B, rltsign
    DLD     op2hm, A
    RPT     rltsign
    SFTA    A, -1
    BD      normalize
    LD      op1se, B
    DADD    op1hm, A
```

第 6 章　TMS320C54x 应用程序开发实例

TMS320C54x 系列芯片具有很高的性能价格比，并且具有体积小、功耗低、功能强等优点，已经在通信等许多领域得到广泛应用。TMS320C54x 系列 DSP 芯片具有丰富的软件、硬件资源，如何充分利用这些资源，提高 DSP 芯片的实际使用性能，是编程人员必须考虑的问题。本章结合数字信号处理和通信中最常见、最具有代表性的应用，介绍 TMS320C54x 系列 DSP 芯片的软件设计方法，同时给出利用 DSP 芯片实现正弦信号发生器、FIR 和 IIR 滤波器、快速傅里叶变换（FFT）等应用实例。

6.1　正弦信号发生器

在通信、仪器和控制等领域的信号处理系统中，经常用到正弦信号发生器。通常有两种方法可以产生正弦波和余弦波。

① 查表法。这种方法用于对精度要求不很高的场合。如果精度要求高，表就会很大，相应的存储器容量也要增大。

② 泰勒级数展开法。这是一种比查表法更为有效的方法。与查表法相比，这种方法需要的存储单元很少，而且精度高。

在高等数学中，要计算一个角度的正弦值和余弦值，可以展开成泰勒级数形式，取其前 5 项进行近似：

$$\sin x = x - \frac{x^3}{3!} + \frac{x^5}{5!} - \frac{x^7}{7!} + \frac{x^9}{9!} = x(1 - \frac{x^2}{2\times3}(1 - \frac{x^2}{4\times5}(1 - \frac{x^2}{6\times7}(1 - \frac{x^2}{8\times9})))) \tag{6-1}$$

$$\cos x = 1 - \frac{x^2}{2!} + \frac{x^4}{4!} - \frac{x^6}{6!} + \frac{x^8}{8!} = 1 - \frac{x^2}{2}(1 - \frac{x^2}{3\times4}(1 - \frac{x^2}{5\times6}(1 - \frac{x^2}{7\times8}))) \tag{6-2}$$

式中，x 为弧度值。

也可以由递推公式求其正弦值和余弦值：

$$\sin(nx)=2\cos(x)\sin((n-1)x) -\sin((n-2)x) \tag{6-3}$$

$$\cos(nx)=2\cos(x)\cos((n-1)x) -\cos((n-2)x) \tag{6-4}$$

利用递推公式计算正弦值和余弦值需已知 $\cos x$ 及正弦、余弦的前两个值。用这种方法，求少数几个点还可以，若要产生连续正弦波、余弦波，则积累误差太大，不可取。

下面主要介绍利用泰勒级数展开法求正弦值和余弦值，以及产生正弦波的编程方法。

1．计算角度的正弦值

利用泰勒级数展开式（6-1）计算角度的正弦值。为了方便起见，编写计算 sin$x$ 的程序 sinx.asm，调用前只要在 d_x 数据存储单元中设定 x 的弧度值就行了，计算结果在 d_sinx 单元中。程序中要分配一些存储单元用于存放数据和变量，如图 6-1 所示。

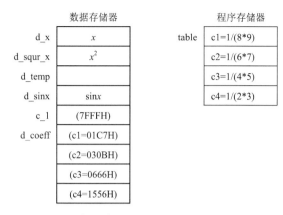

数据存储器		程序存储器	
d_x	x	table	c1=1/(8*9)
d_squr_x	x^2		c2=1/(6*7)
d_temp			c3=1/(4*5)
d_sinx	sin$x$		c4=1/(2*3)
c_1	(7FFFH)		
d_coeff	(c1=01C7H)		
	(c2=030BH)		
	(c3=0666H)		
	(c4=1556H)		

图 6-1 计算角度正弦值的存储单元分配

计算角度正弦值的程序 sinx.asm：

```
                .title    "sinx.asm"
;用泰勒级数展开式计算角度的正弦值
```

$$; \sin x = x - \frac{x^3}{3!} + \frac{x^5}{5!} - \frac{x^7}{7!} + \frac{x^9}{9!} = x(1 - \frac{x^2}{2 \times 3}(1 - \frac{x^2}{4 \times 5}(1 - \frac{x^2}{6 \times 7}(1 - \frac{x^2}{8 \times 9}))))$$

```
                .mmregs
                .def      start
                .def      sin_start,d_x,d_sinx
STACK:          .usect    "STACK",10H
start:          STM       #STACK+10,SP
                LD        #d_x,DP
                ST        #4305H,d_x          ;x→d_x
                CALL      sin_start
end:            B         end
sin_start:
                .def      sin_start
d_coeff         .usect    "coeff",4
                .data
table:          .word     01C7H               ;c1=1/(8*9)
                .word     030BH               ;c2=1/(6*7)
                .word     0666H               ;c3=1/(4*5)
                .word     1556H               ;c4=1/(2*3)
d_x             .usect    "sin_vars",1
d_squr_x        .usect    "sin_vars",1
d_temp          .usect    "sin_vars",1
d_sinx          .usect    "sin_vars",1
c_1             .usect    "sin_vars",1
                .text
                SSBX      FRCT
                STM       #d_coeff,AR5
                RPT       #3
                MVPD      #table,*AR5+
                STM       #d_coeff,AR3
                STM       #d_x,AR2
                STM       #c_1,AR4
                ST        #7FFFH,c_1
```

```
        SQUR      *AR2+,A                ;A=x^2
        ST        A,*AR2                 ;(AR2)=x^2
        ||LD      *AR4,B                 ;B=1
        MASR      *AR2+,*AR3+,B,A        ;A=1−x^2/72, T=x^2
        MPYA      A                      ;A=T*A=x^2(1−x^2/72)
        STH       A,*AR2                 ;(d_temp)=x^2(1−x^2/72)
        MASR      *AR2−,*AR3+,B,A        ;A=1−x^2/42(1−x^2/72), T=x^2(1−x^2/72)
        MPYA      *AR2+                  ;B=x^2(1−x^2/42(1−x^2/72))
        ST        B,*AR2                 ;(d_temp)=x^2(1−x^2/42(1−x^2/72))
        ||LD      *AR4,B                 ;B=1
        MASR      *AR2−,*AR3+,B,A        ;A=1−x^2/20(1−x^2/42(1−x^2/72))
        MPYA      *AR2+                  ;B=x^2(1−x^2/20(1−x^2/42(1−x^2/72)))
        ST        B,*AR2                 ;(d_temp)=B
        ||LD      *AR4,B                 ;B=1
        MASR      *AR2−,*AR3+,B,A        ;A=1−x^2/6(1−x^2/20(1−x^2/42(1−x^2/72)))
        MPYA      d_x                    ;B=x(1−x^2/6(1−x^2/20(1−x^2/42(1−x^2/72))))
        STH       B,d_sinx               ;sin(theta)
        RET
        .end
```

计算角度正弦值的链接命令文件 sinx.cmd：

```
    MEMORY  {
        PAGE 0:
            EPROM:      org=0E000H, len=1000H
            VECS :      org=0FF80H, len=0080H
        PAGE 1:
            SPRAM:      org=0060H,  len=0020H
            DARAM:      org=0080H,  len=0010H
    }
    SECTIONS  {
            .text     :>   EPROM    PAGE 0
            .data     :>   EPROM    PAGE 0
            STACK     :>   SPRAM    PAGE 1
            sin_vars  :>   DARAM    PAGE 1
            coeff     :>   DARAM    PAGE 1
            .vectors  :>   VECS     PAGE 0
    }
```

在 sinx.asm 中，给出 x 的弧度值为 $\dfrac{\pi}{4}$=6487H（0.7854）。如果改变 x（在软件仿真时可直接修改 E004H 程序存储单元中的值），便可计算其他角度的正弦值了。

执行程序结果：$\sin\left(\dfrac{\pi}{4}\right)$=5A81H（0.70706，误差在 1/10000 以内），存储在数据存储 d_sinx（0083H）单元中，如图 6-2 所示。

2. 计算角度的余弦值

利用泰勒级数展开式（6-2）计算角度的余弦值，编写程序 cosx.asm。调用前只要在 d_x 数据存储单元中设定 x 的弧度值就行了，计算结果在数据存储单元 d_cosx 中。程序中要分配一些存储单元用于存放数据和变量，如图 6-3 所示。

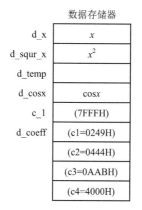

数据存储器			程序存储器	
d_x	x		table	c1=1/(7*8)
d_squr_x	x^2			c2=1/(5*6)
d_temp				c3=1/(3*4)
d_cosx	$\cos x$			c4=1/2
c_1	(7FFFH)			
d_coeff	(c1=0249H)			
	(c2=0444H)			
	(c3=0AABH)			
	(c4=4000H)			

图 6-2　计算结果　　　　　图 6-3　计算角度余弦值的存储单元分配

计算角度余弦值的程序 cosx.asm：

```
                    .title    "cosx.asm"
        ;用泰勒级数展开式计算角度的余弦值
```

$$; \cos x = 1 - \frac{x^2}{2!} + \frac{x^4}{4!} - \frac{x^6}{6!} + \frac{x^8}{8!} = 1 - \frac{x^2}{2}\left(1 - \frac{x^2}{3\times4}\left(1 - \frac{x^2}{5\times6}\left(1 - \frac{x^2}{7\times8}\right)\right)\right)$$

```
                    .mmregs
                    .def      start
                    .def      cos_start,d_x,d_cosx
        STACK:      .usect    "STACK",10H
        start:      STM       #STACK+10,SP
                    LD        #d_x,DP
                    ST        #6487H,d_x
                    CALL      cos_start
        end:        B         end
        cos_start:  .def      cos_start
        d_coeff     .usect    "coeff",4
                    .data
        table:      .word     0249H
                    .word     0444H
                    .word     0AABH
                    .word     4000H
        d_x         .usect    "cos_vars",1
        d_squr_x    .usect    "cos_vars",1
        d_temp      .usect    "cos_vars",1
        d_cosx      .usect    "cos_vars",1
        c_1         .usect    "cos_vars",1
                    .text
                    SSBX      FRCT
                    STM       #d_coeff,AR5
                    RPT       #3
                    MVPD      #table,*AR5+
                    STM       #d_coeff,AR3
                    STM       #d_x,AR2
                    STM       #c_1,AR4
                    ST        #7FFFH,c_1
```

```
            SQUR      *AR2+,A            ;A=x^2
            ST        A,*AR2             ;(AR2)=x^2
            ||LD      *AR4,B             ;B=1
            MASR      *AR2+,*AR3+,B,A    ;A=1-x^1/56,T=x^2
            MPYA      A                  ;A=T*A=x^2(1-x^2/56)
            STH       A,*AR2             ;(d_temp)=x^2(1-x^2/56)
            MASR      *AR2-,*AR3+,B,A    ;A=1-x^2/30(1-x^2/56)
                                         ;T=x^2(1-x^2/56)
            MPYA      *AR2+              ;B=x^2(1-x^2/30(1-x^2/56))
            ST        B,*AR2             ;(d_temp)=x^2(1-x^2/30(1-x^2/56))
            ||LD      *AR4,B             ;B=1
            MASR      *AR2-,*AR3+,B,A    ;A=1-x^2(1-x^2/30(1-x^2/56))
            SFTA      A,-1,A             ;-1/2
            NEG       A
            MPYA      *AR2+              ;B=-x^2/2(1-x^2/12(1-x^2/30(1-x^2/56)))
            MAR       *AR2+
            RETD
            ADD       *AR4,16,B          ;B=1-x^2/2(1-x^2/12(1-x^2/30(1-x^2/56)))
            STH       B,*AR2             ;cos(theta)
            RET
            .end
```

计算角度余弦值的链接命令文件 cosx.cmd：

```
MEMORY    {
    PAGE 0:
        EPROM:     org=0E000H,    len=1000H
        VECS :     org=0FF80H,    len=0080H
    PAGE 1:
        SPRAM:     org=0060H,     len=0020H
        DARAM:     org=0080H,     len=0010H
}
SECTIONS {
    .text       :>     EPROM      PAGE 0
    .data       :>     EPROM      PAGE 0
    STACK       :>     SPRAM      PAGE 1
    cos_vars    :>     DARAM      PAGE 1
    coeff       :>     DARAM      PAGE 1
    .vectors    :>     VECS       PAGE 0
}
```

图6-4 计算结果

执行程序结果：$\cos\dfrac{\pi}{4}$=0.70706（5A82H），存储在数据存储单元 0083H 中，如图6-4所示。

3. 产生正弦波

先用 sinx.asm 和 cosx.asm 程序计算 0°～45°（间隔为 0.5°）的正弦值和余弦值，再利用 sin(2x)=2sinxcosx 求出 0°～90°的正弦值（间隔为 1°），然后通过复制操作，获得 0°～359°（间隔为 1°）的正弦值。程序 sin.asm 清单和 sin.cmd 链接命令文件如下。

产生正弦波的程序 sin.asm：

```
                    .title    "sin.asm"
;用泰勒级数展开式产生正弦波
```

$$; \sin x = x - \frac{x^3}{3!} + \frac{x^5}{5!} - \frac{x^7}{7!} + \frac{x^9}{9!} = x(1-\frac{x^2}{2\times3}(1-\frac{x^2}{4\times5}(1-\frac{x^2}{6\times7}(1-\frac{x^2}{8\times9}))))$$

$$; \cos x = 1 - \frac{x^2}{2!} + \frac{x^4}{4!} - \frac{x^6}{6!} + \frac{x^8}{8!} = 1 - \frac{x^2}{2}(1 - \frac{x^2}{3 \times 4}(1 - \frac{x^2}{5 \times 6}(1 - \frac{x^2}{7 \times 8})))$$

;sin2x=2sinxcosx

```
                .mmregs
                .def    start
                .ref    d_xs,d_sinx,d_xc,d_cosx,sinx,cosx
sin_x:          .usect  "sin_x",360
STACK:          .usect  "STACK",10H
k_theta         .set    286                 ;theta=pi/360(0.5deg)
start:
                .text
                STM     #STACK+10H,SP
                STM     k_theta,AR0         ;AR0→k_theta(increment)
                STM     0,AR1               ;AR1=x(rad.)
                STM     #sin_x,AR6          ;AR6→sin_x
                STM     #90,BRC             ;form sin0(deg.)~sin90(deg.)
                RPTB    loop1-1
                LDM     AR1,A
                LD      #d_xs,DP
                STL     A,@d_xs
                STL     A,@d_xc
                CALL    sinx                ;d_sinx=sin(x)
                CALL    cosx                ;d_cosx=cos(x)
                LD      #d_sinx,DP
                LD      @d_sinx,16,A        ;A=sin(x)
                MPYA    @d_cosx             ;B=sin(x)*cos(x)
                STH     B,1,*AR6+           ;AR6→2*sin(x)*cos(x)
                MAR     *AR1+0
loop1:          STM     #sin_x+89,AR7       ;sin91(deg.)~sin179(deg.)
                STM     #88,BRC
                RPTB    loop2-1
                LD      *AR7-,A
                STL     A,*AR6+
loop2:          STM     #179,BRC            ;sin180(deg.)~sin359(deg.)
                STM     #sin_x,AR7
                RPTB    loop3-1
                LD      *AR7+,A
                NEG     A
                STL     A,*AR6+
loop3:          STM     #sin_x,AR6          ;generate sin wave
                STM     #1,AR0
                STM     #360,BK
                B       loop3
sinx:
                .def    d_xs,d_sinx
                .data
table_s         .word   01C7H               ;c1=1/(8*9)
                .word   030BH               ;c2=1/(6*7)
                .word   0666H               ;c3=1/(4*5)
                .word   1556H               ;c4=1/(2*3)
d_coef_s        .usect  "coef_s",4
```

```
d_xs            .usect    "sin_vars",1
d_squr_xs       .usect    "sin_vars",1
d_temp_s        .usect    "sin_vars",1
d_sinx          .usect    "sin_vars",1
d_l_s           .usect    "sin_vars",1
                .text
                SSBX      FRCT
                STM       #d_coef_s,AR5        ;move coeffs table_s
                RPT       #3
                MVPD      #table_s,*AR5+
                STM       #d_coef_s,AR3
                STM       #d_xs,AR2
                STM       #d_l_s,AR4
                ST        #7FFFH,d_l_s
                SQUR      *AR2+,A              ;A=x^2
                ST        A,*AR2               ;(AR2)=x^2
                ||LD      *AR4,B               ;B=1
                MASR      *AR2+,*AR3+,B,A      ;A=1−x^2/72,T=x^2
                MPYA      A                    ;A=T*A=x^2(1−x^2/72)
                STH       A,*AR2               ;(d_temp)=x^2(1−x^2/72)
                MASR      *AR2−,*AR3+,B,A      ;A=1−x^2/42(1−x^2/72)
                                               ;T=x^2(1−x^2/72)
                MPYA      *AR2+                ;B=x^2(1−x^2/42(1−x^2/72))
                ST        B,*AR2               ;(d_temp)=x^2(1−x^2/42(1−x^2/72))
                ||LD      *AR4,B               ;B=1
                MASR      *AR2−,*AR3+,B,A      ;A=1−x^2/20(1−x^2/42(1−x^2/72))
                MPYA      *AR2+                ;B=x^2(1−x^2/20(1−x^2/42(1−x^2/72)))
                ST        B,*AR2               ;(d_temp)=B
                ||LD      *AR4,B               ;B=1
                MASR      *AR2−,*AR3+,B,A      ;A=1−x^2/6(1−x^2/20(1−x^2/42 (1−x^2/72)))
                MPYA      d_xs                 ;B=x(1−x^2/6(1−x^2/20(1−x^2/42 (1−x^2/72))))
                STH       B,d_sinx             ;sin(theta)
                RET
cosx:
                .def      d_xc,d_cosx
d_coef_c        .usect    "coef_c",4
                .data
table_c         .word     0249H                ;c1=1/(7*8)
                .word     0444H                ;c2=1/(5*6)
                .word     0AABH                ;c3=1/(3*4)
                .word     4000H                ;c4=1/2
d_xc            .usect    "cos_vars",1
d_squr_xc       .usect    "cos_vars",1
d_temp_c        .usect    "cos_vars",1
d_cosx          .usect    "cos_vars",1
c_l_c           .usect    "cos_vars",1
                .text
                SSBX      FRCT
                STM       #d_coef_c,AR5        ;move coeffs table_c
                RPT       #3
                MVPD      #table_c,*AR5+
```

```
        STM     #d_coef_c,AR3
        STM     #d_xc,AR2
        STM     #c_1_c,AR4
        ST      #7FFFH,c_1_c
        SQUR    *AR2+,A              ;A=x^2
        ST      A,*AR2              ;(AR2)=x^2
        ||LD    *AR4,B              ;B=1
        MASR    *AR2+,*AR3+,B,A      ;A=1−x^2/56,T=x^2
        MPYA    A                   ;A=T*A=x^2(1−x^2/56)
        STH     A,*AR2              ;(d_temp)=x^2(1−x^2/56)
        MASR    *AR2−,*AR3+,B,A      ;A=1−x^2/30(1−x^2/56)
                                    ;T=x^2(1−x^2/56)
        MPYA    *AR2+               ;B=x^2(1−x^2/30(1−x^2/56))
        ST      B,*AR2              ;(d_temp)=x^2(1−x^2/30(1−x^2/56))
        ||LD    *AR4,B              ;B=1
        MASR    *AR2−,*AR3+,B,A      ;A=1−x^2/12(1−x^2/30(1−x^2/56))
        SFTA    A,−1,A              ;−1/2
        NEG     A
        MPYA    *AR2+               ;B=−x^2/2(1−x^2/12(1−x^2/30 (1−x^2/56)))
        MAR     *AR2+
        RETD
        ADD     *AR4,16,B           ;B=−x^2/2(1−x^2/12(1−x^2/30 (1−x^2/56)))
        STH     B,*AR2              ;cos(theta)
        RET
        .end
```

产生正弦波的链接命令文件 sin.cmd 如下：

```
    MEMORY  {
        PAGE 0:
            EPROM:      org=0E000H, len=1000H
            VECS :      org=0FF80H, len=0080H
        PAGE 1:
            SPRAM:      org=0060H,  len=0020H
            DARAM1:     org=0080H,  len=0010H
            DARAM2:     org=0090H,  len=0010H
            DARAM3:     org=0200H,  len=0200H
    }
    SECTIONS  {
            .text    :>     EPROM      PAGE 0
            .data    :>     EPROM      PAGE 0
            STACK    :>     SPRAM      PAGE 1
            sin_vars :>     DARAM1     PAGE 1
            coef_s   :>     DARAM1     PAGE 1
            cos_vars :>     DARAM2     PAGE 1
            coef_c   :>     DARAM2     PAGE 1
            sin_x    :align(512) { }  >  DARAM3   PAGE 1
            .vectors :>     VECS       PAGE 0
    }
```

所产生的正弦波数据存储在数据存储单元 0200H～0367H（共 360 个数据）中，如图 6-5 所示，程序中用到的数据存储单元如图 6-6 所示。

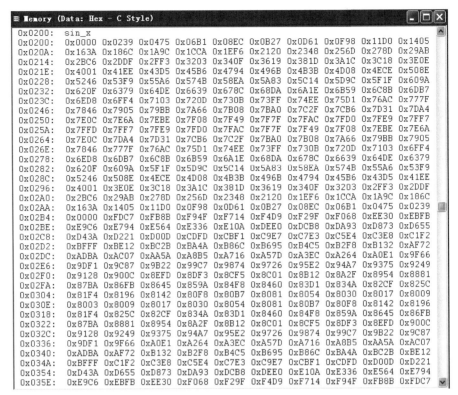

图6-5 正弦波数据

执行菜单命令"View"→"Graph"→"Time/Frequency"，可以观察到所生成的正弦波波形，如图6-7所示。

执行菜单命令"File"→"Data"→"Save"，再按图6-8进行设置，就可将正弦波数据存储在数据文件out.dat中了。

在实际应用中，正弦波是通过D/A口输出的。选择每个正弦波周期中的样点数，改变每个样点之间的延迟，就能够产生不同频率的正弦波。

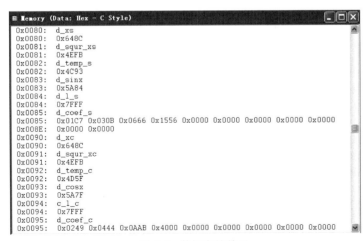

图6-6 数据存储单元

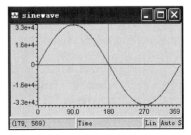

图6-7 正弦波波形

 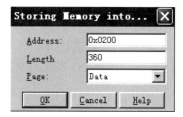

图 6-8　将正弦波数据存储在数据文件中

6.2　FIR 滤波器的 DSP 实现方法

数字滤波是 DSP 芯片最基本的应用领域。DSP 芯片执行数字滤波算法的能力反映了该芯片的功能强弱。

1．FIR 滤波器的特点

横截型 FIR 滤波器的差分方程为：

$$y(n) = \sum_{i=0}^{N-1} h_i x(n-i) \qquad (6\text{-}5)$$

对式（6-5）进行 Z 变换，整理后可以得到 FIR 滤波器的传递函数为：

$$H(z) = \frac{Y(z)}{X(z)} = \sum_{i=0}^{N-1} h_i z^{-i} \qquad (6\text{-}6)$$

如图 6-9 所示是 FIR 滤波器的一般结构。

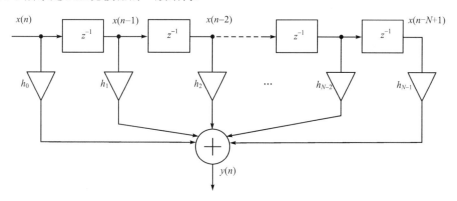

图 6-9　FIR 滤波器结构图

FIR 滤波器最主要的特点是没有反馈回路，因此它是无条件稳定系统。它的单位脉冲响应 $h(n)$ 是一个有限长序列。如果 $h(n)$ 是实数，且满足偶对称或奇对称的条件，即 $h(n)=h(N-1-n)$ 或 $h(n)=-h(N-1-n)$，则滤波器具有线性相位特性。偶对称线性相位 FIR 滤波器（N 为偶数）的差分方程表达式为：

$$y(n) = \sum_{i=0}^{\frac{N}{2}-1} h_i (x(n-i) + x(n-N+1+i)) \qquad (6\text{-}7)$$

线性相位 FIR 滤波器是用得最多的 FIR 滤波器。

由式（6-7）可见，FIR 滤波算法实际上是一种乘法累加运算。它不断地输入样本 $x(n)$，经延

时 z^{-1} 后进行乘法累加运算，再输出滤波结果 $y(n)$。

2．FIR 滤波器的 DSP 实现

TMS320C54x 内部没有 I/O 资源，CPU 通过外部译码可以寻址 64KW 的 I/O 单元。有两条指令可以实现输入和输出：

    PORTR   PA,Smem   ;PA→Smem
    PORTW   Smem,PA   ;PA←Smem

这两条指令至少要 2 个字和 2 个机器周期。如果 I/O 设备是慢速器件，则需要插入等待状态。此外，当利用长偏移间接寻址或绝对寻址 Smem 时，还要增加 1 个字和 1 个机器周期。

在 DSP 芯片中实现 z^{-1}（延时一个采样周期）算法是十分方便的，常用的方法有以下两种。

（1）用线性缓冲区法实现 z^{-1}

线性缓冲区法，又称延迟线法。

- 对于 N 级的 FIR 滤波器，在数据存储器中开辟一个称为滑窗的有 N 个单元的缓冲区，用于存放最新的 N 个输入样本。
- 从最老的样本开始，每读完一个样本后，将此样本向下移位。读完最后一个样本后，输入最新样本至缓冲区的顶部。

以上过程，可以用 $N=6$ 的线性缓冲区为例进行说明，如图 6-10 所示。图中线性缓冲区顶部为数据存储器的低地址单元，底部为高地址单元。如图 6-10（a）所示，当第一次执行 $y(n)=\sum_{i=0}^{5}h_{i}x(n-i)$ 时，由 ARx 指向线性缓冲区的底部，并开始取数、运算。每次乘法累加运算之后，还要将该数据向下（高地址）移位。求得 $y(n)$ 以后，从 I/O 口输入一个新数据 $x(n+1)$ 至线性缓冲区的顶部单元，再将 ARx 指向底部单元，开始第二次执行 $y(n+1)=\sum_{i=0}^{5}h_{i}x(n+1-i)$，如图 6-10（b）所示。之后，再计算 $y(n+2)$……

执行延时指令 DELAY，就可以将数据存储单元中的内容向较高地址单元传送，实现 z^{-1} 运算：

    DELAY   Smem   ;(Smem)→Smem+1
或者 DELAY   *AR2-   ;AR2 指向源地址

延时指令与其他指令相结合，可在同样的机器周期内完成这些操作。例如：

    LT+DELAY→LTD 指令
    MAC+DELAY→MACD 指令

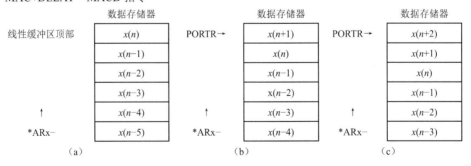

图 6-10 $N=6$ 的线性缓冲区

注意：延迟操作只能在 DARAM 中进行。

用线性缓冲区实现 z^{-1} 的优点是：新老数据在数据存储器中存放的位置直接明了。

（2）用循环缓冲区法实现 z^{-1}

循环缓冲区法有如下三个特点。

- 对于 N 级的 FIR 滤波器，在数据存储器中开辟一个也称为滑窗的有 N 个单元的缓冲区，用于存放最新的 N 个输入样本。
- 每次输入新的样本时，以新样本改写滑窗中最老的数据，而滑窗中的其他数据不需要移动。
- 利用内部的循环缓冲区长度寄存器（BK）对滑窗进行间接寻址，循环缓冲区首尾单元地址相邻。

下面，以 $N=8$ 的循环缓冲区为例，说明循环缓冲区中数据是如何寻址的，如图 6-11 所示，顶部为低地址。

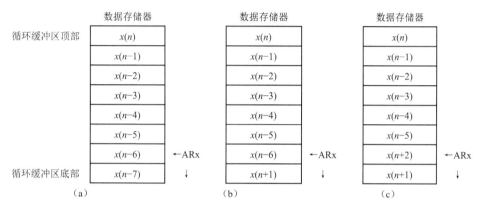

图 6-11 $N=8$ 的循环缓冲区

当第 1 次执行完 $y(n)=\sum_{i=0}^{7}h_ix(n-i)$ 之后，间接寻址的辅助寄存器 ARx 指向 $x(n-7)$。然后，从 I/O 口输入数据 $x(n+1)$，将原来存放 $x(n-7)$ 的数据存储单元改写为 $x(n+1)$，如图 6-11（a）所示。

接着，进行第 2 次乘法累加运算 $y(n+1)=\sum_{i=0}^{7}h_ix(n+1-i)$，最后 ARx 指向 $x(n-6)$，如图 6-11（b）所示。然后，从 I/O 口输入数据 $x(n+2)$，将原来存放 $x(n-6)$ 的数据存储单元改写为 $x(n+2)$，如图 6-11（c）所示。

之后，再进行第 3 次乘法累加运算 $y(n+2)=\sum_{i=0}^{7}h_ix(n+2-i)$，最后 ARx 将指向 $x(n-5)$（图 6-11中未画出）。然后，从 I/O 口输入数据 $x(n+3)$，将原来存放 $x(n-5)$ 的数据存储单元改写为 $x(n+3)$……

由上可见，虽然循环缓冲区中新老数据不容易区分，但是利用循环缓冲区实现 z^{-1} 的优点还是很明显的：它不需要移动数据，不存在一个机器周期中要求能够进行一次读和一次写的数据存储器，因而可将循环缓冲区定位在数据存储器的任何位置（线性缓冲区要求定位在 DARAM 中）。所以，在可能的情况下，建议尽量采用循环缓冲区。

实现循环缓冲区间接寻址的关键问题是：如何使 N 个循环缓冲区首尾单元地址相邻？要做到这一点，必须利用 BK 实现按模间接寻址。可用的指令如下：

```
…     *ARx+%        ;增量，按模修正 ARx:addr=ARx, ARx=circ(ARx+1)
…     *ARx-%        ;减量，按模修正 ARx:addr=ARx, ARx=circ(ARx-1)
…     *ARx+0%       ;增 AR0，按模修正 ARx:addr=ARx, ARx=circ(ARx+AR0)
…     *ARx-0%       ;减 AR0，按模修正 ARx:addr=ARx, ARx=circ(ARx-AR0)
…     *+ARx(lk)%    ;加(lk)，按模修正 ARx:addr=circ(ARx+lk), ARx=circ(ARx+lk)
```

其中，符号 circ 的含义是按照 BK 中的值（如 FIR 滤波器中的 N 值），对(ARx+1)、(ARx−1)、(ARx+AR0)、(ARx−AR0)或(ARx+lk)的值取模。这样，就能保证循环缓冲区的指针 ARx 始终指向循环缓冲区，实现循环缓冲区顶部和底部单元地址相邻。

例如，(BK)=N=6，(AR1)=0060H，用*AR1+%间接寻址。在数据存储器中，第 1 次间接寻址后，AR1 指向 0061H；第 2 次间接寻址后指向 0062H；……；第 6 次间接寻址后指向 0066H；再按 BK 中的值 6 取模，AR1 又回到 0060H（前 5 次按 BK 取模，AR1 值不变）。

循环寻址的算法可归纳如下：

```
if          0<index+step<BK:
            index=index+step
else        if index+step>BK:
            index=index+step−BK
else        if index+step<0:
            index=index+step+BK
```

在上述算法中，index 是存放在辅助寄存器中的地址指针，step 为步长（即变址值，步长可正可负，其绝对值小于或等于 BK）。依据以上循环寻址算法，就可以实现循环缓冲区首尾单元地址相邻。

为使循环寻址正常进行，除用 BK 规定循环缓冲区的长度外，循环缓冲区的起始地址的 k 个最低有效位必须为 0。k 值应满足 $2^k>N$，N 为循环缓冲区的长度。

例如，N=31，最小的 k 值为 5，循环缓冲区的起始地址必须有 5 个最低有效位为 0，即
×××× ×××× ×××0 0000$_2$

如果 N=32，则最小的 k 值为 6，循环缓冲区的起始地址必须有 6 个最低有效位为 0，即
×××× ×××× ××00 0000$_2$

如果同时有几个循环缓冲区，N 分别为 188、38 和 10，则建议先安排长的循环缓冲区，再安排短的，这样可以节省存储空间。要是倒过来安排循环缓冲区，就要占用 444 个存储单元，如图 6-12 所示。

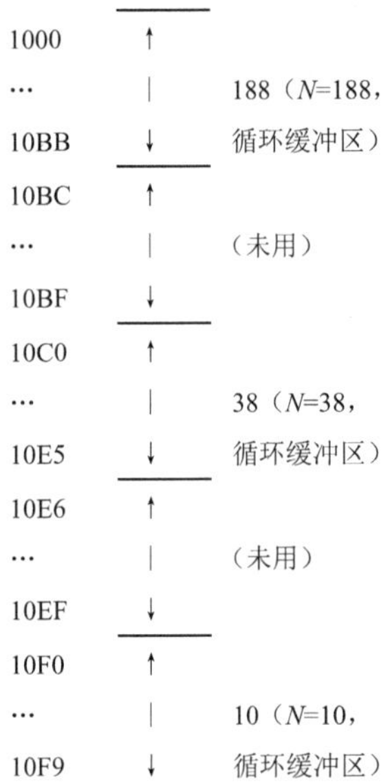

对循环寻址的上述要求是通过.asm 文件和.cmd 文件实现的。假定 N=32，辅助寄存器用 AR3，循环缓冲区自定义段名为 D_LINE，则.asm 和.cmd 两个文件中应包含如下内容：

```
fir.asm
x0      .usect    "D_LINE",32
        .text
        STM   #32,BK          ;BK=循环缓冲区的长度
        …     *AR3+%          ;循环寻址指令
link.cmd
SECTIONS
{
        D_LINE:align (64){ }>RAM    PAGE 1
}
```

地址		说明
1000	↑	
…	│	188（N=188，
10BB	↓	循环缓冲区）
10BC	↑	
…	│	（未用）
10BF	↓	
10C0	↑	
…	│	38（N=38，
10E5	↓	循环缓冲区）
10E6	↑	
…	│	（未用）
10EF	↓	
10F0	↑	
…	│	10（N=10，
10F9	↓	循环缓冲区）

图 6-12　倒排循环缓冲区

3．FIR 滤波器的实现方法

（1）用线性缓冲区和直接寻址方法实现 FIR 滤波器

【例 6-1】设 N=5，输出方程为 $y(n)=h_0x(n)+h_1x(n-1)+h_2x(n-2)+h_3x(n-3)+h_4x(n-4)$。

在数据存储器中存放系数 $h_0 \sim h_4$，并设置线性缓冲区用于存放输入数据，如图 6-13 所示。

直接寻址 FIR 滤波器实现程序如下：

```
            .title      "fir1.asm"
            .mmregs
            .def        start
            .bss        y,1
XN          .usect      "XN",1
XNM1        .usect      "XN",1
XNM2        .usect      "XN",1
XNM3        .usect      "XN",1
XNM4        .usect      "XN",1
H0          .usect      "H0",1
H1          .usect      "H0",1
H2          .usect      "H0",1
H3          .usect      "H0",1
H4          .usect      "H0",1
PA0         .set        0
PA1         .set        1
            .data
table:      .word       1*32768/10
            .word       -3*32768/10
            .word       5*32768/10
            .word       -3*32768/10
            .word       1*32768/10
            .text
start:      SSBX        FRCT
            STM         #H0,AR1
RPT         #4
            MVPD        table,*AR1+
            STM         #XN+4,AR3
            STM         #H0+4,AR4
            STM         #5,BK
            STM         #-1,AR0
            LD          #XN,DP
            PORTR       PA1,@XN         ;input x(n)
FIR1:       LD          @XNM4,T         ;x(n-4)→T
            MPY         @H4,A           ;H4*x(n-4)→A
            LTD         @XNM3           ;x(n-3)→T
                                        ;x(n-3)→x(n-4)
            MAC         @H3,A           ;A+H3*x(n-3)→A
            LTD         @XNM2
            MAC         @H2,A
            LTD         @XNM1
            MAC         @H1,A
            LTD         @XN
            MAC         @H0,A
            STH         A,@y            ;save y(n)
            PORTW       @y,PA0          ;output y(n)
            BD          FIR1            ;循环
            PORTR       PA1,@XN         ;input x(n)
            .end
/* solution file for fir1.cmd   */
vectors.obj
fir1.obj
```

图 6-13　直接寻址线性缓冲区

数据存储器	
y	$y(n)$
XN	$x(n)$
XNM1	$x(n-1)$
XNM2	$x(n-2)$
XNM3	$x(n-3)$
XNM4	$x(n-4)$
H0	h_0
H1	h_1
H2	h_2
H3	h_3
H4	h_4

```
                -o fir1.out
                -m fir1.map
                -e start
                MEMORY    {
                    PAGE 0:
                                EPROM:   org=0E000H,   len=1000H
                                VECS:    org=0FF80H,   len=0080H
                    PAGE 1:
                                SPRAM:   org=0060H,   len=0020H
                                DARAM:   org=0080H,   len=1380H
                        }
                SECTIONS            {
                        .text: >            EPROM   PAGE 0
                        .data: >            EPROM   PAGE 0
                        .bss: >             SPRAM   PAGE 1
                        XN: align (8) { } >   DARAM   PAGE 1
                        H0: align (8) { } >   DARAM   PAGE 1
                        .vectors: >         VECS    PAGE 0
                        }
```

注意：上述程序中出现了两个 I/O 口地址，PA0 为输出口，PA1 为输入口，必须在汇编语言源程序中对 PA0 和 PA1 的口地址加以定义，例如：

```
PA0       .set   0000H
PA1       .set   0001H
```

PA0 的口地址为 0000H，PA1 的口地址为 0001H。

在用软件仿真器调试时，首先要准备一个十六进制数据输入文件 in.dat 用于存放输入数据，其中每行均为一个十六进制数据。同时，命名一个输出数据文件 out.dat，以便存放输出结果，将结果绘制成曲线或做其他用途。为此，要在仿真初始化命令文件 siminit.cmd 中增加以下命令：

```
ma    0x0000, 2, 0x0001, W
ma    0x0001, 2, 0x0001, R
mc    0x0000, 2, 0x0001, out.dat, W
mc    0x0001, 2, 0x0001, in.dat, R
```

上述 4 条命令为软件仿真器设定：0000H 为输出口，0001H 为输入口，且将输出数据文件 out.dat 和输入数据文件 in.dat 分别与输出口和输入口相连。

输入数据 $x(n)$ 存放在数据文件 in.dat 中，具体为：

```
7FFF
0
0
0
0
0
```

输出数据 $y(n)$ 在数据文件 out.dat 中，用画图命令可以得到 FIR 滤波器的输出，如图 6-14 所示。

（2）用线性缓冲区和间接寻址方法实现 FIR 滤波器

【例 6-2】 设 $N=5$，输出方程为 $y(n)=h_0x(n)+h_1x(n-1)+h_2x(n-2)+h_3x(n-3)+h_4x(n-4)$。

与例 6-1 方法一样，在数据存储器中存放系数 $h_0 \sim h_4$，并设置线性缓冲区用于存放输入数据，如图 6-15 所示。利用 AR1 和 AR2 分别作为间接寻址线性缓冲区和系数区的辅助寄存器。

间接寻址 FIR 滤波器实现程序如下：

```
.title           "fir2.asm"
.mmregs
```

```
            .def        start
            .bss        y,1
x           .usect      "x",5
h           .usect      "h",5
PA0         .set        0
PA1         .set        1
            .data
table:      .word       2*32768/10
            .word       −3*32768/10
            .word       4*32768/10
            .word       −3*32768/10
            .word       2*32768/10
            .text
start:      STM         #h,AR2
            RPT         #4
            MVPD        table,*AR2+
            STM         #x+4,AR1        ;AR1 指向 x(n-4)
            STM         #h+4,AR2        ;AR2 指向 h4
            STM         #4,AR0          ;指针复位值 4→AR0
            SSBX        FRCT            ;小数相乘
            LD          #x,DP
            PORTR       PA1,@x          ;输入 x(n)
FIR2:       LD          *AR1−,T
            MPY         *AR2−,A
            LTD         *AR1−
            MAC         *AR2−,A
            LTD         *AR1−
            MAC         *AR2−,A
            LTD         *AR1−
            MAC         *AR2−,A
            LTD         *AR1
            MAC         *AR2+0,A        ;AR2 复原，指向 h4
            STH         A,@y            ;保存 y(n)
            PORTW       @y,PA0          ;输出 y(n)
            BD          FIR2            ;循环
            PORTR       PA1,*AR1+0      ;输入 x(n)
            .end
```

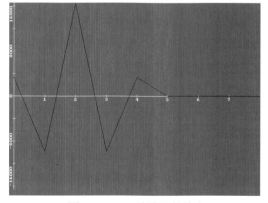

图 6-14   FIR 滤波器的输出

数据存储器

y	y(n)
x	x(n)
	x(n−1)
	x(n−2)
	x(n−3)
AR1→	x(n−4)
h	h_0
	h_1
	h_2
	h_3
AR2→	h_4

图 6-15   间接寻址线性缓冲区

相应的链接命令文件如下：

```
                    /* solution file for fir2.cmd   */
vectors.obj
fir2.obj
-o fir2.out
-m fir2.map
-e start
MEMORY   {
    PAGE 0:
            EPROM:          org=0E000H,     len=1000H
            VECS:           org=0FF80H,     len=0080H
    PAGE 1:
            SPRAM:          org=0060H,      len=0020H
            DARAM:          org=0080H,      len=1380H
            }
SECTIONS   {
            .text : >       EPROM       PAGE 0
            .data : >       EPROM       PAGE 0
            .bss : >        SPRAM       PAGE 1
            x : align (8) { } > DARAM   PAGE 1
            h : align (8) { } > DARAM   PAGE 1
            .vectors: >     VECS        PAGE 0
            }
```

输入数据 $x(n)$ 存放在数据文件 in.dat 中，具体为：

7FFF
0
0
0
0
0

输出数据 $y(n)$ 在数据文件 out.dat 中，用画图命令可以得到 FIR 滤波器的输出，如图 6-16 所示。

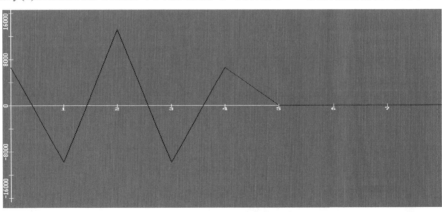

图 6-16　FIR 滤波器的输出

（3）用线性缓冲区和带移位双操作数寻址方法实现 FIR 滤波器

【例 6-3】设 N=5，输出方程为 $y(n)=h_0x(n)+h_1x(n-1)+h_2x(n-2)+h_3x(n-3)+h_4x(n-4)$。

本例中，系数存放在程序存储器中，输入数据存放在数据存储器线性缓冲区中，如图 6-17 所示。乘法累加使用 MACD（数据存储单元与程序存储单元相乘、累加、移位运算）指令。

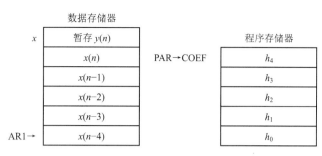

数据存储器

x	暂存 $y(n)$
	$x(n)$
	$x(n-1)$
	$x(n-2)$
	$x(n-3)$
AR1→	$x(n-4)$

PAR→COEF

程序存储器

h_4
h_3
h_2
h_1
h_0

图 6-17 双操作数寻址线性缓冲区数据分配

带移位双操作数 FIR 滤波器实现程序如下:

```
           .title    "fir3.asm"
           .mmregs
           .def      start
x          .usect    "x",5
PA0        .set      0
PA1        .set      1
           .data
COEF:      .word     1*32768/10        ;h4
           .word     -4*32768/10       ;h3
           .word     3*32768/10        ;h2
           .word     -4*32768/10       ;h1
           .word     1*32768/10        ;h0
           .text
start:     SSBX      FRCT              ;小数相乘
           STM       #x+5,AR1          ;AR1 指向 x(n-4)
           STM       #4,AR0            ;设置 AR1 复位值
           LD        #x+1,DP
           PORTR     PA1,@x+1          ;输入 x(n)
FIR3:      RPTZ      A,#4              ;累加器 A 清 0,共迭代 5 次
           MACD      *AR1-,COEF,A      ;乘法累加并移位
           STH       A,*AR1            ;暂存 y(n)
           PORTW     *AR1+,PA0         ;输出 y(n)
           BD        FIR3              ;循环
           PORTR     PA1,*AR1+0        ;输入新数据 x(n),AR1 指向 x(n-4)
           .end
```

相应的链接命令文件如下:

```
                  /* solution file for fir3.cmd   */
    vectors.obj
    fir3.obj
    -o fir3.out
    -m fir3.map
    -e start
    MEMORY   {
        PAGE 0:
                   EPROM:   org=0E000H,  len=1000H
                   VECS:    org=0FF80H,  len=0080H
        PAGE 1:
                   SPRAM:   org=0060H,   len=0020H
                   DARAM:   org=0080H,   len=1380H
             }
```

```
SECTIONS {
        .text : >           EPROM           PAGE 0
        .data : >           EPROM           PAGE 0
        .bss : >            SPRAM           PAGE 1
        x : align (8) { } > DARAM           PAGE 1
        .vectors: >         VECS            PAGE 0
        }
```

输入数据 $x(n)$ 存放在数据文件 in.dat 中，具体为：

```
7FFF
0
0
0
0
0
0
```

输出数据 $y(n)$ 在数据文件 out.dat 中，用画图命令可以得到 FIR 滤波器的输出，如图 6-18 所示。

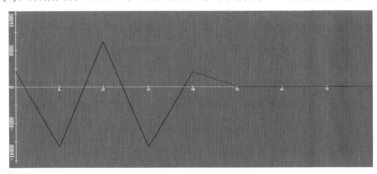

图 6-18　FIR 滤波器的输出

（4）用循环缓冲区和双操作数寻址方法实现 FIR 滤波器

【例 6-4】设 $N=80$，输出方程为 $y(n) = \sum_{i=0}^{79} h_i x(n-i)$，存放 $h_0 \sim h_{79}$ 的系数区及存放数据的循环缓冲区均设在 DARAM 中，如图 6-19 所示。

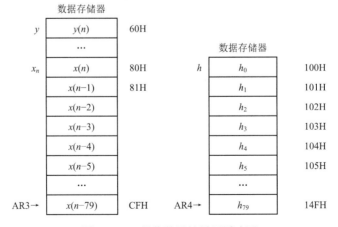

图 6-19　双操作数寻址循环缓冲区

首先利用 MATLAB，选择海明窗设计截止频率为 $\omega_p=0.2\pi$，$\omega_t=0.283\pi$ 的低通滤波器，其单位脉冲响应如下（s155.m）：

$h=$-0.0006	-0.0005	-0.0001	0.0004	0.0009	0.0009	0.0003	-0.0007
-0.0016	-0.0018	-0.0009	0.0010	0.0029	0.0035	0.0020	-0.0012
-0.0047	-0.0061	-0.0040	0.0012	0.0071	0.0100	0.0074	-0.0006
-0.0103	-0.0159	-0.0131	-0.0012	0.0146	0.0256	0.0234	0.0056
-0.0218	-0.0449	-0.0475	-0.0185	0.0417	0.1195	0.1920	0.2357
0.2357	0.1920	0.1195	0.0417	-0.0185	-0.0475	-0.0449	-0.0218
0.0056	0.0234	0.0256	0.0146	-0.0012	-0.0131	-0.0159	-0.0103
-0.0006	0.0074	0.0100	0.0071	0.0012	-0.0040	-0.0061	-0.0047
-0.0012	0.0020	0.0035	0.0029	0.0010	-0.0009	-0.0018	-0.0016
-0.0007	0.0003	0.0009	0.0009	0.0004	-0.0001	-0.0005	-0.0006

低通滤波器单位脉冲响应与幅度响应如图 6-20 所示。

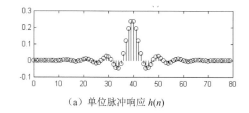 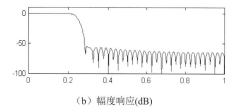

（a）单位脉冲响应 $h(n)$　　　　　　　　　　　（b）幅度响应(dB)

图 6-20　低通滤波器单位脉冲响应与幅度响应

利用上面低通滤波器的单位脉冲响应，采用循环缓冲区实现 FIR 滤波器的程序如下：

```
            .title   "fir41.asm"
            .mmregs
            .def     start
            .bss     y,1
xn          .usect   "xn",80                     ;自定义数据空间
h           .usect   "h",80                      ;自定义数据空间
PA0         .set     0
PA1         .set     1
            .data
table:      .word    -6*32768/10000,-5*32768/10000    ;h0,h1
            .word    -1*32768/10000,4*32768/10000     ;h2,h3
            .word    9*32768/10000,9*32768/10000      ;h4,h5
            .word    3*32768/10000,-7*32768/10000     ;h6,h7
            .word    -16*32768/10000,-18*32768/10000  ;h8,h9
            .word    -9*32768/10000,10*32768/10000
            .word    29*32768/10000,35*32768/10000
            .word    20*32768/10000,-12*32768/10000
            .word    -47*32768/10000,-61*32768/10000
            .word    -40*32768/10000,12*32768/10000
            .word    71*32768/10000,100*32768/10000
            .word    74*32768/10000,-6*32768/10000
            .word    -103*32768/10000,-159*32768/10000
            .word    -131*32768/10000,-12*32768/10000
            .word    146*32768/10000,256*32768/10000
            .word    234*32768/10000,56*32768/10000
            .word    -218*32768/10000,-449*32768/10000
            .word    -475*32768/10000,-185*32768/10000
            .word    417*32768/10000,1195*32768/10000
            .word    1920*32768/10000,2357*32768/10000
            .word    2357*32768/10000,1920*32768/10000
            .word    1195*32768/10000,417*32768/10000
```

```
            .word    -185*32768/10000,-475*32768/10000
            .word    -449*32768/10000,-218*32768/10000
            .word    56*32768/10000,234*32768/10000
            .word    256*32768/10000,146*32768/10000
            .word    -12*32768/10000,-131*32768/10000
            .word    -159*32768/10000,-103*32768/10000
            .word    -6*32768/10000,74*32768/10000
            .word    100*32768/10000,71*32768/10000
            .word    12*32768/10000,-40*32768/10000
            .word    -61*32768/10000,-47*32768/10000
            .word    -12*32768/10000,20*32768/10000
            .word    35*32768/10000,29*32768/10000
            .word    10*32768/10000,-9*32768/10000
            .word    -18*32768/10000,-16*32768/10000
            .word    -7*32768/10000,3*32768/10000
            .word    9*32768/10000,9*32768/10000
            .word    4*32768/10000,-1*32768/10000
            .word    -5*32768/10000,-6*32768/10000
            .text
start:      SSBX     FRCT
            STM      #h,AR1
            RPT      #79
            MVPD     table,*AR1+
            STM      #xn+79,AR3
            STM      #h+79,AR4
            STM      #80,BK
            STM      #-1,AR0
            LD       #xn,DP
            PORTR    PA1,@xn
FIR41:      RPTZ     A,#79
            MAC      *AR3+0%,*AR4+0%,A
            STH      A,@y
            PORTW    @y,PA0
            BD       FIR41
            PORTR    PA1,*AR3+0%
            .end
```

相应的链接命令文件如下：

```
            /* solution file for fir41.cmd   */
    vectors.obj
    fir41.obj
    -o fir41.out
    -m fir41.map
    -e start
    MEMORY   {
        PAGE 0:
                EPROM:  org=0E000H,   len=1000H
                VECS:   org=0FF80H,   len=0080H
        PAGE 1:
                SPRAM:  org=0060H,    len=0020H
                DARAM:  org=0080H,    len=1380H
            }
    SECTIONS   {
```

```
.text: >               EPROM       PAGE 0
.data: >               EPROM       PAGE 0
.bss: >                SPRAM       PAGE 1
xn: align (128) { } > DARAM        PAGE 1
h: align (128) { } >  DARAM        PAGE 1
.vectors: >            VECS        PAGE 0
}
```

当给定输入数据 $x(n)$={ 1,1,…,1,1,0,0,…,0,0 }（方波）时，可得到 FIR 滤波器的输出如图 6-21

$\underbrace{\qquad}_{40 \text{ 个 } 1} \underbrace{\qquad}_{60 \text{ 个 } 0}$

所示，数据在存储器中的分配结果如图 6-22 所示。

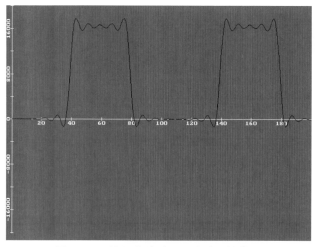

图 6-21   输入方波时 FIR 滤波器的输出

```
MEMORY
0060 0000 0000 0000 0000 0000 0000 0000 0000 0000 0000 0000 0000 0000 0000 0000 0000
0070 0000 0000 0000 0000 0000 0000 0000 0000 0000 0000 0000 0000 0000 0000 0000 0000
0080 3fff 3fff 3fff 3fff 3fff 3fff 3fff 3fff 3fff 3fff 3fff 3fff 3fff 3fff 3fff 3fff
0090 3fff 3fff 3fff 3fff 3fff 3fff 3fff 3fff 3fff 3fff 3fff 3fff 3fff 3fff 3fff 3fff
00a0 0000 0000 0000 0000 0000 0000 0000 0000 0000 0000 0000 0000 0000 0000 0000 0000
00b0 0000 0000 0000 0000 0000 0000 0000 0000 0000 0000 0000 0000 3fff 3fff 3fff 3fff
00c0 3fff 3fff 3fff 3fff 3fff 3fff 3fff 3fff 3fff 3fff 3fff 3fff 3fff 3fff 3fff 3fff
00d0 0000 0000 0000 0000 0000 0000 0000 0000 0000 0000 0000 0000 0000 0000 0000 0000
00e0 2f18 0000 0000 0000 0000 0000 0000 0000 0000 0000 0000 0000 0000 0000 0000 0000
00f0 0000 0000 0000 0000 0000 0000 0000 0000 0000 0000 0000 0000 0000 0000 0000 0000
0100 ffed fff0 fffd 000d 001d 001d 0009 ffea ffcc ffc6 ffe3 0020 005f 0072 0041 ffd9
0110 ff66 ff39 ff7d 0027 00e8 0147 00f2 ffed feaf fdf7 fe53 ffd9 01de 0346 02fe 00b7
0120 fd36 fa41 f9ec fda2 0556 0f4b 1893 1e2b 1e2b 1893 0f4b 0556 fda2 f9ec fa41 fd36
0130 00b7 02fe 0346 01de ffd9 fe53 fdf7 feaf ffed 00f2 0147 00e8 0027 ff7d ff39 ff66
0140 ffd9 0041 0072 005f 0020 ffe3 ffc6 ffcc ffea 0009 001d 001d 000d fffd fff0 ffed
0150 0000 0000 0000 0000 0000 0000 0000 0000 0000 0000 0000 0000 0000 0000 0000 0000
0160 0000 0000 0000 0000 0000 0000 0000 0000 0000 0000 0000 0000 0000 0000 0000 0000
```

图 6-22   数据在存储器中的分配结果

（5）实现系数对称的 FIR 滤波器

系数对称的 FIR 滤波器，由于具有线性相位的特性，因此应用很广，特别是对相位失真要求很高的场合，如调制解调器（Modem）。

【例 6-5】N=8 的 FIR 滤波器，若 $h(n)=h(N-1-n)$，就是对称 FIR 滤波器，其输出方程为：

$$y(n)=h_0x(n)+h_1x(n-1)+h_2x(n-2)+h_3x(n-3)+h_3x(n-4)+h_2x(n-5)+h_1x(n-6)+h_0x(n-7)$$

这里总共需要进行 8 次乘法运算和 7 次加法运算。如果改写成：

$$y(n)=h_0(x(n)+x(n-7))+h_1(x(n-1)+x(n-6))+h_2(x(n-2)+x(n-5))+h_3(x(n-3)+x(n-4))$$

则变成 4 次乘法运算和 7 次加法运算。可见，乘法运算的次数减少了一半，这是系数对称 FIR 滤波器的又一个优点。系数对称 FIR 滤波器的 TMS320C54x 实现步骤如下。

① 在数据存储器中开辟两个循环缓冲区：New 循环缓冲区中存放 N/2=4 个新数据，Old 循环

缓冲区中存放老数据。循环缓冲区的长度为 $N/2$，如图 6-23 所示。

②设置循环缓冲区指针：AR2 指向 New 循环缓冲区中最新的数据，AR3 指向 Old 循环缓冲区中最老的数据。

③在程序存储器中设置系数区，如图 6-24 所示。

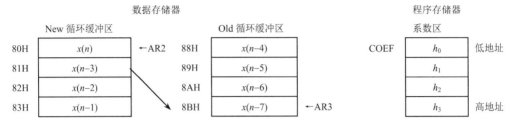

图 6-23 新、旧循环缓冲区对比   图 6-24 程序存储器系数区

④
$(AR2)+(AR3) \rightarrow AH$（累加器 A 的高位）
$(AR2) -1 \rightarrow AR2, (AR3) -1 \rightarrow AR3$

⑤将累加器 B 清 0，重复执行 4 次（$i=0,1,2,3$）：
$(AH) \times$ 系数 $h_i+(B) \rightarrow B$，系数指针(PAR)加 1
$(AR2)+(AR3) \rightarrow AH$，AR2 和 AR3 减 1

⑥保存和输出结果（结果在 BH 中）。

⑦修正数据指针，让 AR2 和 AR3 分别指向 New 循环缓冲区最新的数据和 Old 循环缓冲区中最老的数据。

⑧用 New 循环缓冲区中最老的数据替代 Old 循环缓冲区中最老的数据，Old 循环缓冲区指针减 1。

⑨输入一个新数据替代 New 循环缓冲区中最老的数据。

重复执行第①～⑨步。

在编程中要用到 FIRS（系数对称有限脉冲响应滤波器）指令，其语法格式如下：

```
FIRS     Xmem,Ymem,pmad
执行      pmad→PAR
若        (RC)≠0
则        (B)+(A(32～16))×(由 PAR 寻址 Pmem)→B
          ((Xmem)+(Ymem))<<16→A
          (PAR)+1→PAR
          (RC)−1→RC
```

FIRS 指令在同一个机器周期内，通过 C 和 D 总线读两次数据存储器，同时通过 P 总线读一个系数。

实现系数对称 FIR 滤波器（$N=8$）的程序如下：

```
            .title    "fir5.asm"
            .mmregs
            .def      start
            .bss      y,1
x_new       .usect    "DATA1",4        ;自定义初始化段，段名 DATA1
x_old       .usect    "DATA2",4        ;自定义初始化段，段名 DATA2
size        .set      4                ;符号及 I/O 口地址赋值
PA0         .set      0
PA1         .set      1
            .data
COEF        .word     1*32768/10,2*32768/10    ;系数对称，只给出 N/2=4 个
```

```
               .word     3*32768/10,4*32768/10
               .text
start:    LD        #x_new,DP
          SSBX      FRCT
          STM       #x_new,AR2              ;AR2 指向新缓冲区第 1 个单元
          STM       #x_old+(size-1),AR3    ;AR3 指向老缓冲区最后 1 个单元
          STM       #size,BK               ;循环缓冲区长度=size
          STM       #-1,AR0                ;仿效*ARn-%
          PORTR     PA1,@x_new             ;输入 x(n)
FIR5:     ADD       *AR2+0%,*AR3+0%,A      ;AH=x(n)+x(n-7)(第一次)
          RPTZ      B,#(size-1)            ;B=0,下条指令执行 size 次
          FIRS      *AR2+0%,*AR3+0%,COEF   ;B=B+AH*h0,AH=x(n-1)+x(n-6)…
          STH       B,@y                   ;保存结果
          PORTW     @y,PA0                 ;输出结果
          MAR       *+AR2(2)%              ;修正 AR2, 指向新缓冲区最老的数据
          MAR       *AR3+%                 ;修正 AR3, 指向老缓冲区最老的数据
          MVDD      *AR2,*AR3+0%           ;新缓冲区向老缓冲区传送一个数
          BD        FIR5
          PORTR     PA1,*AR2               ;输入新数据至新缓冲区中
          .end
```

相应的链接命令文件为：

```
               /* solution file for fir5.cmd   */
fir5.obj
vectors.obj
-o fir5.out
-m fir5.map
-e start
MEMORY   {
      PAGE 0:
            EPROM:   org=0E000H,        len=01F80H
            VECS:    org=0FF80H,        len=00080H
      PAGE 1:
            SPRAM:   org=00060H,        len=00020H
            DARAM:   org=00080H,        len=01380H
      }
SECTIONS   {
            .vectors: >      VECS          PAGE 0
            .text    : >     EPROM         PAGE 0
            .data    : >     EPROM         PAGE 0
            .bss     : >     SPRAM         PAGE 1
            DATA1 : align (8) { } > DARAM  PAGE 1
            DATA2 : align (8) { } > DARAM  PAGE 1
            }
```

输入数据 $x(n)$ 存放在数据文件 in.dat 中，例如：

```
7FFF
0
0
0
0
0
0
0
0
0
```

输出数据 $y(n)$ 在数据文件 out.dat 中，用画图命令可以得到 FIR 滤波器的单位脉冲响应，如图 6-25 所示。当输入方波时，FIR 滤波器的输出如图 6-26 所示。

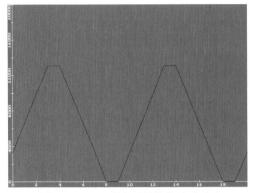

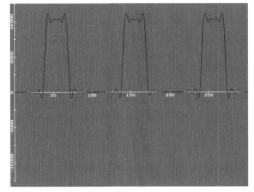

图 6-25　FIR 滤波器的单位脉冲响应　　　　　图 6-26　输入方波时 FIR 滤波器的输出

6.3　IIR 滤波器的 DSP 实现方法

N 阶无限冲激响应（IIR）滤波器的脉冲传递函数可以表达为：

$$H(z) = \frac{\sum_{i=0}^{M} b_i z^{-i}}{1 - \sum_{i=1}^{N} a_i z^{-i}} \tag{6-8}$$

它的差分方程为：

$$y(n) = \sum_{i=0}^{M} b_i x(n-i) + \sum_{i=1}^{N} a_i y(n-i) \tag{6-9}$$

由式（6-9）可见，$y(n)$ 由两部分构成：第一部分 $\sum_{i=0}^{M} b_i x(n-i)$ 是一个对 $x(n)$ 的 M 节延时链结构，每节延时抽头后加权相加，是一个横向结构网络；第二部分 $\sum_{i=1}^{N} a_i y(n-i)$ 也是一个 N 节延时链的横向结构网络，不过它是对 $y(n)$ 延时，因此是一个反馈网络。

若 $a_i=0$，则是 FIR 滤波器，其脉冲传递函数只有零点，系统总是稳定的，其单位脉冲响应为有限长序列。而 IIR 滤波器的脉冲传递函数在 Z 平面上有极点存在，其单位脉冲响应为无限长序列。

IIR 滤波器可用较少的阶数获得很高的选择特性，所用的存储单元少，运算次数少，具有经济、高效的特点。但是，在有限精度的运算中，可能会出现不稳定现象。而且，选择性越好，相位的非线性越严重，不像 FIR 滤波器可以得到严格的线性相位。因此，在线性相位要求不敏感的场合，如语音通信等，选用 IIR 滤波器较为合适；而对于图像信号处理、数据传输等以波形携带信息的系统，对线性相位要求较高，在条件许可的情况下，采用系数对称的 FIR 滤波器较好。

1．二阶 IIR 滤波器的实现方法

一个高阶 IIR 滤波器，总可转化成多个二阶基本节（或称二阶节）相互级联或并联的形式。如图 6-27 所示的 6 阶 IIR 滤波器由 3 个二阶节级联构成。

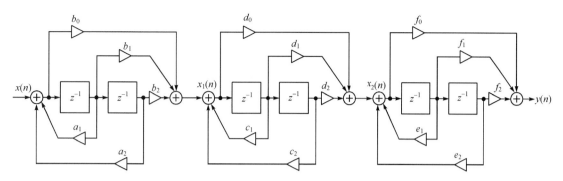

图 6-27　由 3 个二阶节级联构成的 6 阶 IIR 滤波器

如图 6-28 所示是二阶 IIR 滤波器的标准形式。

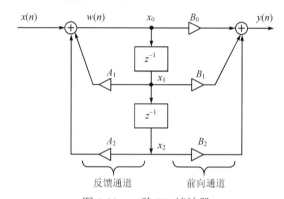

图 6-28　二阶 IIR 滤波器

由图 6-28 可以写出反馈通道和前向通道的差分方程如下：

$$反馈通道：\quad x_0=w(n)=x(n)+A_1 \cdot x_1+A_2 \cdot x_2 \tag{6-10}$$

$$前向通道：\quad y(n)=B_0 \cdot x_0+B_1 \cdot x_1+B_2 \cdot x_2 \tag{6-11}$$

下面，通过实例介绍二阶 IIR 滤波器的 DSP 实现方法。

（1）二阶 IIR 滤波器的单操作数指令实现

根据图 6-28 所示的二阶 IIR 滤波器结构编制程序，先设置数据存放单元和系数区，如图 6-29 所示。

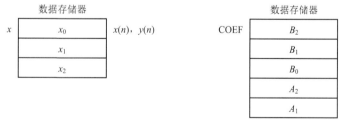

图 6-29　IIR 滤波器数据存放单元和系数区

注意，x_0 单元有三个作用：存放输入数据 $x(n)$、暂时存放加法器的输出 x_0 和输出数据 $y(n)$。

二阶 IIR 滤波器的实现程序如下：

```
.title    "iir1.asm"
.mmregs
.def      start
```

```
x0          .usect      "x",1
x1          .usect      "x",1
x2          .usect      "x",1
B2          .usect      "COEF",1
B1          .usect      "COEF",1
B0          .usect      "COEF",1
A2          .usect      "COEF",1
A1          .usect      "COEF",1
PA0         .set        0
PA1         .set        1
            .data
table:      .word       0               ;x(n-1)
            .word       0               ;x(n-2)
            .word       1*32768/10      ;B2
            .word       2*32768/10      ;B1
            .word       3*32768/10      ;B0
            .word       5*32768/10      ;A2
            .word       -4*32768/10     ;A1
            .text
start:      LD          #x0,DP
            SSBX        FRCT
            STM         #x1,AR1         ;传送初始化数据 x(n-1),x(n-2)
            RPT         #1
            MVPD        #table,*AR1+     ;传送系数 B2,B1,B0,A2,A1
            STM         #B2,AR1
            RPT         #4
            MVPD        #table+2,*AR1+
IIR1:       PORTR       PA1,@x0         ;输入数据 x(n)
            LD          @x0,16,A        ;计算反馈通道
            LD          @x1,T
            MAC         @A1,A
            LD          @x2,T
            MAC         @A2,A
            STH         A,@x0
            MPY         @B2,A           ;计算前向通道
            LTD         @x1
            MAC         @B1,A
            LTD         @x0
            MAC         @B0,A
            STH         A,@x0           ;暂存 y(n)
            BD          IIR1            ;循环
            PORTW       @x0,PA0         ;输出结果 y(n)
            .end
```

相应的链接命令文件为：

```
                /* solution file for iir1.cmd    */
vectors.obj
iir1.obj
-o iir1.out
-m iir1.map
-e start
MEMORY   {
    PAGE 0:
```

· 170 ·

```
        EPROM:    org=0E000H,       len=1000H
        VECS:     org=0FF80H,       len=0080H
    PAGE 1:
        SPRAM:    org=0060H,        len=0020H
        DARAM:    org=0080H,        len=1380H
    }
SECTIONS    {
        .text: >          EPROM             PAGE 0
        .data: >          EPROM             PAGE 0
        x: align (4) {} > DARAM             PAGE 1
        COEF: align (8) {} > DARAM          PAGE 1
        .vectors: >       VECS              PAGE 0
    }
```

计算结果如图 6-30 所示。

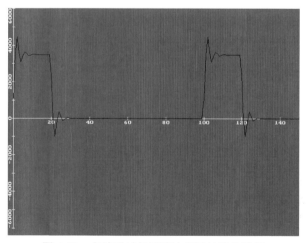

图 6-30　计算结果

不难看出，上述二阶 IIR 滤波器程序中，先按式（6-10）计算反馈通道，然后按式（6-11）计算前向通道，并输出结果 $y(n)$，重复循环。这种结构的一个特点是先增益后衰减。而即将介绍的直接形式 IIR 滤波算法则与此相反，其动态范围和鲁棒性可能好一些，但程序会长一些。

【例6-6】用双线性变换法设计的数字低通滤波器为（指标：$\omega_{\mathrm{p}}=0.2\pi$，$A_{\mathrm{p}}=3\mathrm{dB}$；$\omega_{\mathrm{r}}=0.4\pi$，$A_{\mathrm{r}}=10\mathrm{dB}$）

$$H(z)=\frac{0.0676(1+2z^{-1}+z^{-2})}{1-1.4142z^{-1}+0.4142z^{-2}}$$

方波通过此滤波器后的输出结果如图 6-31 所示（iir1.asm）。

图 6-31　方波通过低通滤波器后的输出结果

（2）二阶 IIR 滤波器的双操作数指令实现

根据图 6-28 及式（6-10）和式（6-11），对二阶 IIR 滤波器进行编程，其中乘法累加运算采用双操作数指令，数据和系数区在数据存储器（DARAM）中的排列如图 6-32 所示。

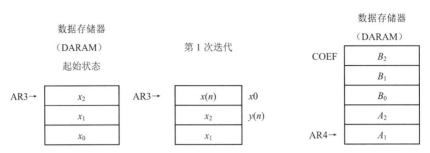

图 6-32 数据和系数区

实现的主要程序如下：

```
            .title    "iir2.asm"
            .mmregs
            .def      start
x2          .usect    "x",1
x1          .usect    "x",1
x0          .usect    "x",1
COEF        .usect    "COEF",5
PA0         .set      0
PA1         .set      1
            .data
table:      .word     0                    ;x(n-2)
            .word     0                    ;x(n-0)
            .word     676*32768/10000      ;B2
            .word     1352*32768/10000     ;B1
            .word     676*32768/10000      ;B0
            .word     -4142*32768/10000    ;A2
            .word     707*32768/10000      ;A1/2
            .text
start:      SSBX      FRCT
            STM       #x2,AR1
            RPT       #1
            MVPD      #table,*AR1+
            STM       #COEF,AR1
            RPT       #4
            MVPD      #table+2,*AR1+
            STM       #x2,AR3
            STM       #COEF+4,AR4          ;AR4 指向 A1
            MVMM      AR4,AR1              ;保存地址值在 AR1 中
            STM       #3,BK                ;设置循环缓冲区长度
            STM       #-1,AR0              ;设置变址寻址步长
IIR2:       PORTR     PA1,*AR3            ;从 PA1 口输入数据 x(n)
            LD        *AR3+0%,16,A        ;计算反馈通道, A=x(n)
            MAC       *AR3,*AR4,A         ;A=x(n)+A1*x1
            MAC       *AR3+0%,*AR4-,A     ;A=x(n)+A1*x1+A1*x1
            MAC       *AR3+0%,*AR4-,A     ;A=x(n)+2*A1*x1+A2*x2=x0
            STH       A,*AR3              ;保存 x0
            MPY       *AR3+0%,*AR4-,A     ;计算前向通道, A=B0*x0
            MAC       *AR3+0%,*AR4-,A     ;A=B0*x0+B1*x1
            MAC       *AR3,*AR4-,A        ;A=B0*x0+B1*x1+B2*x2=y(n)
            STH       A,*AR3              ;保存 y(n)
```

```
        MVMM     AR1,AR4              ;AR4 重新指向 A1
        BD       IIR2                 ;循环
        PORTW    *AR3,PA0             ;向 PA0 口输出数据
        .end
```

相应的链接命令文件为：

```
                    /* solution file for iir2.cmd   */
vectors.obj
iir2.obj
-o iir2.out
-m iir2.map
-e start
MEMORY   {
    PAGE 0:
        EPROM:      org=0E000H,     len=1000H
        VECS:       org=0FF80H,     len=0080H
    PAGE 1:
        SPRAM:      org=0060H,      len=0020H
        DARAM:      org=0080H,      len=1380H
        }
SECTIONS   {
        .text: >               EPROM       PAGE 0
        .data: >               EPROM       PAGE 0
        x: align (4) {} >      DARAM       PAGE 1
        COEF : align (8) {} > DARAM        PAGE 1
        .vectors: >            VECS        PAGE 0
        }
```

下面，对以上程序中的数据存储单元进行简要说明。参看图 6-28 和图 6-32，运算中的有用数据 x_0、x_1 和 x_2 存放在 BK=3 的循环缓冲区中。一开始，AR3 指向 x_2。当进行第一次迭代运算时，x_2 已经没有用了，就将输入数据 $x(n)$ 暂存在这个单元中，而原先的数据 x_1 和 x_0 在新一轮迭代运算中延迟一个机器周期，已成为 x_2 和 x_1。在迭代运算中，首先按式（6-10）计算反馈通道值，求得 x_0 后保存在 $x(n)$ 单元中，再按式（6-11）计算前向通道值 $y(n)$。为了便于输出，将 $y(n)$ 暂存在 x_2 单元中（在一下轮迭代运算中，x_2 已经用不着了），……，如此继续下去，进行以后的各轮迭代运算。

输入方波，经例 6-6 给出的低通滤波器后，输出结果如图 6-33 所示。

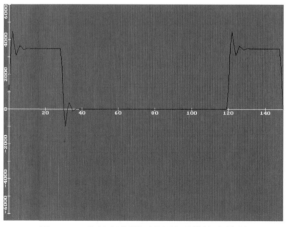

图 6-33　方波经低通滤波器后的输出结果

（3）直接形式二阶 IIR 滤波器的实现

二阶 IIR 滤波器可以化成直接形式，其优点是在迭代运算过程中先衰减后增益，系统的动态范围和鲁棒性都要好一些。图 6-34 所示是直接形式二阶 IIR 滤波器的结构，其脉冲传递函数为

$$H(z) = \frac{B_0 + B_1 z^{-1} + B_2 z^{-2}}{1 - A_1 z^{-1} - A_2 z^{-2}} \tag{6-12}$$

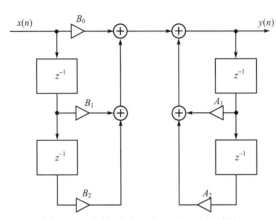

图 6-34　直接形式二阶 IIR 滤波器结构

可以证明，上述脉冲传递函数与图 6-28 所示二阶 IIR 滤波器的脉冲传递函数是相同的。直接形式二阶 IIR 滤波器的差分方程为：

$$y(n)=B_0x(n)+B_1x(n-1)+B_2x(n-2)+A_1y(n-1)+A_2y(n-2) \tag{6-13}$$

在编程时，将数据和系数都存放在 DARAM 中，并采用循环缓冲区方式寻址，共需开辟 4 个循环缓冲区。这 4 个循环缓冲区的结构如图 6-35 所示。

图 6-35　4 个循环缓冲区的结构

直接形式二阶 IIR 滤波器的程序如下：

```
        .title    "iir3.asm"
        .mmregs
        .def      start
X       .usect    "X",3
Y       .usect    "Y",3
B       .usect    "B",3
A       .usect    "A",3
PA0     .set      0
PA1     .set      1
        .data
table:  .word     0                    ;x(n-2)
        .word     0                    ;x(n-1)
        .word     0                    ;y(n-2)
        .word     0                    ;y(n-1)
        .word     1*32768/10           ;B2
        .word     2*32768/10           ;B1
```

· 174 ·

```
                .word       3*32768/10              ;B0
                .word       5*32768/10              ;A2
                .word       -4*32768/10             ;A1
                .text
start:          SSBX        FRCT
                STM         #X,AR1                  ;传送初始数据 x(n-2), x(n-1)
                RPT         #1
                MVPD        #table,*AR1+
                STM         #Y,AR1                  ;传送初始数据 y(n-2), y(n-1)
                RPT         #1
                MVPD        #table+2,*AR1+
                STM         #B,AR1                  ;传送系数 B2, B1, B0
                RPT         #2
                MVPD        #table+4,*AR1+
                STM         #A,AR1                  ;传送系数 A2, A1
                RPT         #1
                MVPD        #table+7,*AR1+
                STM         #X+2,AR2                ;辅助寄存器指针初始化
                STM         #A+1,AR3
                STM         #Y+1,AR4
                STM         #B+2,AR5
                STM         #3,BK                   ;(BK)=3
                STM         #-1,AR0                 ;(AR0)=-1
IIR:            PORTR       PA1,*AR2                ;输入 x(n)
                MPY         *AR2+0%,*AR5+0%,A       ;计算前向通道
                MAC         *AR2+0%,*AR5+0%,A
                MAC         *AR2,*AR5+0%,A
                MAC         *AR4+0%,*AR3+0%,A       ;计算反馈通道
                MAC         *AR4+0%,*AR3+0%,A
                MAR         *AR3+0%
                STH         A,*AR4                  ;保存 y(n)
                BD          IIR
                PORTW       *AR4,PA0                ;输出 y(n)
                .end
```

相应的链接命令文件为:

```
                        /* solution file for iir3.cmd   */
vectors.obj
iir3.obj
-o iir3.out
-m iir3.map
-e start
MEMORY   {
    PAGE 0:
            EPROM:  org=0E000H,     len=1000H
            VECS:   org=0FF80H,     len=0080H
    PAGE 1:
            SPRAM:  org=0060H,      len=0020H
            DARAM:  org=0080H,      len=1380H
        }
SECTIONS   {
            .text : >       EPROM    PAGE 0
            .data : >       EPROM    PAGE 0
```

```
X: align (4) {} > DARAM      PAGE 1
Y: align (4) {} > DARAM      PAGE 1
B: align (4) {} > DARAM      PAGE 1
A: align (4) {} > DARAM      PAGE 1
.vectors: >          VECS     PAGE 0
}
```

2．高阶 IIR 滤波器的实现

一个高阶 IIR 滤波器可以由若干二阶节级联构成。由于调整每个二阶节的系数只涉及这个二阶节的一对极点和零点，不影响其他零点和极点，因此便于调整系统的性能。此外，由于字长有限，每个二阶节运算后都会带来一定的误差，因此合理安排各二阶节的前后次序，将使系统的精度得到优化。

（1）系数大于等于 1 时的定标方法

在设计 IIR 滤波器时，可能出现一个或一个以上系数大于等于 1 的情况。在这种情况下，当然可以用此系数来定标，即用大数去除所有的系数，但是不如将此系数分解成两个小于 1 的数，例如，B_0=1.2，则

$$x(n)B_0=x(n)(B_0/2)+x(n)(B_0/2)=0.6x(n)+ 0.6x(n)$$

这样，将使所有的系数保持相同的精度，而仅仅多开销一个机器周期。

（2）对输入数据定标

一般，从外设口输入一个数据加载到累加器 A 中，可用以下指令：

```
PORTR     0001H, @Xin
LD        @Xin, 16, A
```

考虑滤波运算过程中可能出现大于等于 1 的输出值，可在输入数据时将其缩小，例如：

```
PORTR     0001H, @Xin
LD        @Xin, 16-3, A
```

将输入数据除以 8，将使输出值小于 1。

6.4 快速傅里叶变换的 DSP 实现方法

傅里叶变换是一种将信号从时域到频域的变换形式，是声学、语音、电信和信号处理等领域一种重要分析工具。离散傅里叶变换（DFT）是连续傅里叶变换在离散系统中的表现形式，但由于 DFT 的计算量很大，因此在很长一段时间内其应用受到很大的限制。快速傅里叶变换（FFT）是离散傅里叶变换的一种高效运算方法。FFT 使 DFT 的运算大大简化，运算时间一般可以缩短 1～2 个数量级。FFT 的出现大大提高了 DFT 的运算速度，从而使 DFT 得到广泛的应用。

DSP 芯片的出现使 FFT 的实现方法变得更为方便。由于多数 DSP 芯片都能在一个指令周期内完成一次乘法和一次加法，而且提供专门的 FFT 指令，使得 FFT 算法在 DSP 芯片上实现的速度更快。

1．FFT 算法简介

离散信号 $x(n)$ 的傅里叶变换可以表示为：

$$X(k) = \sum_{n=0}^{N-1} x(n)W_N^{nk} \qquad k = 0,1,2,\cdots,N-1$$

式中，$W_N = \mathrm{e}^{-\mathrm{j}2\pi/N}$，称为旋转因子。

FFT 算法可以分为按时间抽取 FFT 和按频率抽取 FFT 两大类，输入也有实数和复数之分。在一般情况下，都假定输入序列为复数。FFT 算法利用旋转因子的对称性和周期性，加快了运算速度。用定点 DSP 芯片实现 FFT 程序时，一个比较重要的问题是防止中间结果的溢出。防止中间结果的溢出的方法是对中间数值进行归一化。但是，对每级都进行归一化会降低运算速度，为了避免这种情况，最好的方法是只对可能溢出的结果进行归一化，而对不可能溢出的则不进行归一化。

2．FFT 算法实现

FFT 运算时间是衡量 DSP 芯片性能的一个重要指标，因此提高 FFT 算法的运算速度是非常重要的。在用 DSP 芯片实现 FFT 算法时，应充分利用 DSP 芯片所提供的各种软、硬件资源，如内部 RAM、位翻转寻址方式。256 点实序列 FFT 的程序 fft.asm 和链接命令文件 fft.cmd 如下。

fft.asm 程序：

```
                .title      "fft.asm"
                .mmregs
                .global     reset,start,sav_sin,sav_idx,sav_grp
                .def        start,_c_int00
;输入数据的旋转因子表由文件输入
                .data
DATA        .space      1024                    ;输出数据的起始地址
                .copy       "mdata.inc"             ;输入数据
N            .set        128                     ;复数点数
LOGN        .set        7                       ;蝶形级数(=logN/log2)
                                                ;为输入数据和旋转因子表定义变量
sav_grp     .usect      "tempv",3               ;定义组变量值
sav_sin     .set        sav_grp+1               ;定义旋转因子表索引值
sav_idx     .set        sav_grp+2               ;定义输入数据索引值
OUTPUT      .usect      "OUTPUT",256            ;定义输出数据大小
BOS         .usect      "stack",0FH             ;定义堆栈
TOS         .usect      "stack",1
                .copy       "twiddle1.inc"          ;旋转因子正弦系数
                .copy       "twiddle2.inc"          ;旋转因子余弦系数
;以下为程序代码
                .text
_c_int00
            B start
            NOP
            NOP
start:
            STM         #TOS,SP
            LD          #0,DP
            SSBX        FRCT                    ;允许小数乘
* * * * * * * * * * * * * * * * * * * * * * * * * * * * * * *
;输入数据位码倒置
;所使用寄存器定义如下:
;           AR0——位翻转寻址索引
;           AR2——以位翻转顺序指向已处理的数据
;           AR3——指向原始输入数据
;           AR7——数据的起始地址
* * * * * * * * * * * * * * * * * * * * * * * * * * * * * * *
            STM         #2*N,BK
            STM         #INPUT,AR3              ;AR3 指向第一个输入 XR[0]
```

```
        STM         #DATA,AR7              ;AR7 中存储数据的起始地址
        MVMM        AR7,AR2                ;AR2 指向第一个被处理的数据 R[0]
        STM         #N-1,BRC
        RPTBD       plend-1
        STM         #N,AR0                 ;AR0 赋值为循环缓冲区长度的一半
        LDM         AR3,A
        READA       *AR2+
        ADD         #1,A
        READA       *AR2+
        MAR         *AR3+0B                ;位翻转寻址
plend:
```
****
;蝶形运算
;每一级蝶形运算的所有输出都除以 2 以防止溢出, 所使用寄存器定义如下:
;第一级和第二级蝶形运算
;   AR0——到下一个蝶形运算的偏移量
;   AR2——指向第一个蝶形的输入数据 PR 和 PI
;   AR3——指向第二个蝶形的输入数据 QR 和 QI
;   AR7——数据的起始地址
;剩余级的蝶形运算
;   AR0——旋转因子索引
;   AR1——组计数器
;   AR2——指向 WR(余弦系数)
;   AR3——指向 WI(正弦系数)
;   AR6——蝶形运算次数计数器
;   AR7——蝶形级数计数器
****
;第一级蝶形运算
```
        STM         #0,BK                  ;循环缓冲区长度 BK=0
        LD          #-1,ASM                ;每一级的输出都除以 2
        MVMM        AR7,AR2                ;AR2 指向第一个运算蝶形的输入数据实部 PR
        STM         #DATA+2,AR3            ;AR3 指向第二个运算蝶形的输入数据实部 QR
        STM         #N/2-1,BRC
        LD          *AR2,16,A
        RPTBD       s1end-1                ;A:=PR
        STM         #3,AR0                 ;块重复
        SUB         *AR3,16,A,B            ;B:=PR-QR
        ADD         *AR3,16,A              ;A:=PR+QR
        STH         A,ASM,*AR2+            ;PR':=(PR+QR)/2
        ST          B,*AR3+                ;QR':=(PR-QR)/2
        ||LD        *AR2,A                 ;A:=PI
        SUB         *AR3,16,A,B            ;B:=PI-QI
        ADD         *AR3,16,A              ;A:=PI+QI
        STH         A,ASM,*AR2+0           ;PI':=(PI+QI)/2
        ST          B,*AR3+0%              ;QI':=(PI-QI)/2
        ||LD        *AR2,A                 ;A:=PR
s1end:
;第二级蝶形运算
        MVMM        AR7,AR2                ;AR2 指向 PR
        STM         #DATA+4,AR3            ;AR3 指向 QR
        STM         #N/4-1,BRC
        LD          *AR2,16,A              ;A:=PR
```

```
        RPTBD       s2end-1
        STM         #5,AR0
;第一个蝶形运算
        SUB         *AR3,16,A,B         ;B:=PR-QR
        ADD         *AR3,16,A           ;A:=PR+QR
        STH         A,ASM,*AR2+         ;PR':=(PR+QR)/2
        ST          B,*AR3+             ;QR':=(PR-QR)/2
        ||LD        *AR2,A              ;A:=PI
        SUB         *AR3,16,A,B         ;B:=PI-QI
        ADD         *AR3,16,A           ;A:=PI+QI
        STH         A,ASM,*AR2+         ;PI':=(PI+QI)/2
        STH         B,ASM,*AR3+         ;QI':=(PI-QI)/2
;第二个蝶形运算
        MAR         *AR3+
        ADD         *AR2,*AR3,A         ;A:=PR+QI
        SUB         *AR2,*AR3-,B        ;B:=PR-QI
        STH         A,ASM,*AR2+         ;PR':=(PR+QI)/2
        SUB         *AR2,*AR3,A         ;A:=PI-QR
        ST          B,*AR3              ;QR':=(PR-QI)/2
        ||LD        *AR3+,B             ;B:=QR
        ST          A,*AR2              ;PI':=(PI-QR)/2
        ||ADD       *AR2+0%,A           ;A:=PI+QR
        ST          A,*AR3+0%           ;QI':=(PI+QR)/2
        ||LD        *AR2,A              ;A:=PR
s2end:
;第三级到最后一级蝶形运算
        STM         #512,BK             ;循环缓冲区长度 BK=512
        ST          #128,@sav_sin       ;初始化旋转因子
                                        ;如第 3 级为 128, ……, 第 8 级为 4
        STM         #128,AR0            ;第 3 级的旋转因子
        STM         #TWI2,AR4           ;AR4 指向 WR
        STM         #TWI1,AR5           ;AR5 指向 WI
        STM         #-3+LOGN,AR7        ;初始化级计数器
        ST          #-1+N/8,@sav_grp    ;初始化组计数器
        STM         #3,AR6              ;初始化蝶形运算计数器
        ST          #8,@sav_idx         ;初始化输入数据索引
stage:
        STM         #DATA,AR2           ;AR2 指向 PR
        LD          @sav_idx,A
        ADD         *(AR2),A
        STLM        A,AR3               ;AR3 指向 QR
        MVDK        @sav_grp,AR1        ;AR1 等于组计数器
group:
        MVMD        AR6,BRC             ;每一组的蝶形运算数
        RPTBD       bend-1
        LD          *AR4,T              ;T:=WR
        MPY         *AR3+,A             ;A:=QR*WR||AR3→QI
        MACR        *AR5+0%,*AR3-,A     ;A:=QR*WR+QI*WI||AR3→QR
        ADD         *AR2,16,A,B         ;B:=(QR*WR+QI*WI)+PR
        ST          B,*AR2              ;PR':=((QR*WR+QI*WI)+PR)/2
        ||SUB       *AR2+,B             ;B:=PR-(QR*WR+QI*WI)|| AR2→PI
        ST          B,*AR3              ;QR':=(PR-QR*WR+QI*WI)/2
```

```
        ||MPY      *AR3+,A              ;A:=QR*WI[T=WI]|| AR3→QI
        MASR      *AR3,*AR4+0%,A       ;A:=QR*WI–QI*WR
        ADD       *AR2,16,A,B          ;B:=(QR*WI–QI*WR)+PI
        ST        B,*AR3+              ;QI':=((QR*WI–QI*WR)+PI)/2|| AR3→QR
        ||SUB     *AR2,B               ;B:=PI–(QR*WI–QI*WR)
        LD        *AR4,T               ;T:=WR
        ST        B,*AR2+              ;PI':=(PI–(QR*WI–QI*WR))/2|| AR2→PR
        ||MPY     *AR3+,A              ;A:=QR*WR||AR3→QI
bend:
;为下一组的计算更新指针
        PSHM      AR0                  ;保留 AR0
        MVDK      sav_idx,AR0
        MAR       *AR2+0               ;为下一组增加 P 指针
        MAR       *AR3+0               ;为下一组增加 Q 指针
        BANZD     group,*AR1–
        POPM      AR0                  ;恢复 AR0
        MAR       *AR3–
;为下一级更新计数器和索引
        LD        sav_idx,A
        SUB       #1,A,B               ;B=A–1
        STLM      B,AR6                ;更新蝶形计数器
        STL       A,1,sav_idx          ;更新数据索引
        LD        sav_grp,A
        STL       A,ASM,sav_grp        ;更新组偏移量
        LD        sav_sin,A
        STL       A,ASM,sav_sin        ;更新旋转因子索引
        BANZD     stage,*AR7–
        MVDK      sav_sin,AR0          ;AR0 等于旋转因子索引
*************************************************
;N 点输出序列的重组
;所使用寄存器定义如下:
;          AR0——旋转因子索引
;          AR2——指向 R[k],I[k],RP[k],IP[k]
;          AR3——指向 R[N–k],I[N–k],RP[N–k],IP[N–k]
;          AR6——指向 RM[k],IM[k]
;          AR7——指向 RM[N–k],IM[N–k]
*************************************************
        STM       #DATA+2,AR2          ;AR2 指向 R[k]
        STM       #DATA+2*N–2,AR3      ;AR3 指向 R[N–k]
        STM       #DATA+2*N+3,AR7      ;指向 RM[N–k]
        STM       #DATA+4*N–1,AR6      ;指向 RM[k]
        STM       #–2+N/2,BRC
        RPTBD     p3end–1
        STM       #3,AR0
;计算 RP, RM, IP, IM 的中间值
        ADD       *AR2,*AR3,A          ;A:=R[k]+ R[N–k]=2*RP[k]
        SUB       *AR2,*AR3,B          ;B:=R[k]–R[N–k]=2*RM[k]
        STH       A,ASM,*AR2+          ;存储 RP[k]到 AR[k]
        STH       A,ASM,*AR3+          ;存储 RP[N–k]到 AR[N–k]
        STH       B,ASM,*AR6–          ;存储 RM[k]到 AI[k]
        NEG       B                    ;B:=R[N–k]–R[k]=2*RM[N–k]
        STH       B,ASM,*AR7–          ;存储 RM[N–k]到 AI[N+k]
```

```
            ADD      *AR2,*AR3,A       ;A:=I[k]+I[N−k]=2*IP[k]
            SUB      *AR2,*AR3,B       ;B:=I[k]−I[N−k]=2*IM[k]
            STH      A,ASM,*AR2+       ;存储 IP[k]到 AI[k]
            STH      A,ASM,*AR3−0      ;存储 IP[N−k]=IP[k]到 AI[N−k]
            STH      B,ASM,*AR6−       ;存储 IM[k]到 AR[N−k]
            NEG      B                 ;B:=I[N−k]−I[k]=2*IM[N−k]
            STH      B,ASM,*AR7+0      ;存储 IM[N−k]到 AR[N+k]
p3end:
            ST       #0,*AR6−          ;PM[N/2]=0
            ST       #0,*AR6           ;IM[N/2]=0
p3test:
*********************************************
;2N 点输出序列的形成
;所使用寄存器定义如下:
;          AR0——旋转因子索引
;          AR2——指向 RP[k],IP[k],AR[k],AI[k]
;          AR3——指向 RM[k],IM[k],AR[2N−k],AI[2N−k]
;          AR4——指向 cos(k*pi/N),AI[0]
;          AR5——指向 sin(k*pi/N),AR[N],AI[N]
*********************************************
;计算 AR[0],AI[0],AR[N],AI[N]的值
            STM      #DATA,AR2         ;AR2 指向 AR[0]
            STM      #DATA+1,AR4       ;AR4 指向 AI[0]
            STM      #DATA+2*N+1,AR5   ;AR5 指向 AI[N]
            ADD      *AR2,*AR4,A       ;A:=RP[0]+IP[0]
            SUB      *AR2,*AR4,B       ;B:=RP[0]−IP[0]
            STH      A,ASM,*AR2+       ;AR[0]=(RP[0]+IP[0])/2
            ST       #0,*AR2           ;AI[0]=0
            MVDD     *AR2+,*AR5−       ;AI[N]=0
            STH      B,ASM,*AR5        ;AR[N]=(RP[0]−IP[0])/2
;计算最终的输出值 AR[k],AI[k]
            STM      #DATA+4*N−1,AR3   ;AR3 指向 AI[2N−1]
            STM      #TWI2+512/N,AR4   ;AR4 指向 cos(k*pi/N)
            STM      #TWI1+512/N,AR5   ;AR5 指向 sin(k*pi/N),
            STM      #N−2,BRC
            RPTBD    p4end−1
            STM      #512/N,AR0        ;旋转因子索引
            LD       *AR2+,16,A        ;A:=RP[k]‖AR2→IP[k]
            MACR     *AR4,*AR2,A       ;A:=A+cos(k*pi/N)*IP[k]
            MASR     *AR5,*AR3−,A      ;A:=A−sin(k*pi/N)*RM[k]‖AR3→IM[k]
            LD       *AR3+,16,B        ;B:=IM[k]‖AR3→RM[k]
            MASR     *AR5+0%,*AR2−,B   ;B:=B−sin(k*pi/N)*IP[k]‖AR2→RP[k]
            MASR     *AR4+0%,*AR3,B    ;B:=B−cos(k*pi/N)*RM[k]
            STH      A,ASM,*AR2+       ;AR[k]=A/2
            STH      B,ASM,*AR2+       ;AI[k]=B/2
            NEG      B                 ;B:=−B
            STH      B,ASM,*AR3−       ;AI[2N−k]=−AI[k]=B/2
            STH      A,ASM,*AR3−       ;AR[2N−k]=AR[k]=A/2
p4end:
power:
            STM      #OUTPUT,AR3       ;AR3 指向输出缓冲区地址
            STM      #255,BRC          ;块循环计数器设置为255
```

```
        RPTBD       power_end-1             ;带延迟方式的重复执行指令
        STM         #DATA,AR2              ;AR2 指向 AR[0]
        SQUR        *AR2+,A               ;A:=AR2
        SQURA       *AR2+,A               ;A:=AR2 + AI2
        STH         A,7,*AR3              ;将 A 中的数据存入输出缓冲区中
        ANDM        #7FFFH,*AR3+          ;避免输出数据过大显示错误
power_end:B                               ;power_end
        .end
/*fft.cmd*/
MEMORY   {
    PAGE 0:
        ROM(RIX)              :origin=5000H,length=1000H
        ROM1                 :origin =6000H,length=0200H
    PAGE 1:
        B2A(RW)              :origin =0060H,length=10H
        B2B(RW)              :origin =0070H,length=10H
        INTRAM1(RW)          :origin =0400H,length=0200H
        INTRAM2(RW)          :origin =0800H,length=0200H
        INTRAM3(RW)          :origin =1400H,length=0800H
        OTHER                :origin =2000H,length=800H
}
SECTIONS   {
        .text       :    {}>ROM        PAGE 0
        INPUT       :    {}>ROM1       PAGE 0
        .data       :    {}>INTRAM3    PAGE 1
        twiddle1    :    {}>INTRAM1    PAGE 1
        twiddle2    :    {}>INTRAM2    PAGE 1
        tempv       :    {}>B2A        PAGE 1
        stack       :    {}>B2B        PAGE 1
        OUTPUT :         {}>OTHER      PAGE 1
        .stack      :    {}>OTHER      PAGE 1
}
```

正弦系数文件 twiddle1.inc（512 个数据）：

```
TWI1: .sect    "twiddle1"
      .int     0,201,402,603,804,1005,1206,1407,1607,1808,2009,2210
      .int     2410,2611,2811,3011,3211,3411,3611,3811,4011,4210,4409,4609
      .int     4808,5006,5205,5403,5602,5800,5997,6195,6392,6589,6786,6983
      .int     7179,7375,7571,7766,7961,8156,8351,8545,8739,8933,9126,9319
      .int     9512,9704,9896,10087,10278,10469,10659,10849,11039,11228,11416,11605
      .int     11793,11980,12167,12353,12539,12725,12910,13094,13278,13462,13645,13828
      .int     14010,14191,14372,14552,14732,14912,15090,15269,15446,15623,15800,15976
      .int     16151,16325,16499,16673,16846,17018,17189,17360,17530,17700,17869,18037
      .int     18204,18371,18537,18703,18868,19032,19195,19358,19519,19681,19841,20001
      .int     20159,20318,20475,20631,20787,20942,21097,21250,21403,21555,21706,21856
      .int     22005,22154,22301,22448,22594,22740,22884,23027,23170,23312,23453,23593
      .int     23732,23870,24007,24144,24279,24414,24547,24680,24812,24943,25073,25201
      .int     25330,25457,25583,25708,25832,25955,26077,26199,26319,26438,26557,26674
      .int     26790,26905,27020,27133,27245,27356,27466,27576,27684,27791,27897,28002
      .int     28106,28208,28310,28411,28511,28609,28707,28803,28898,28993,29086,29178
      .int     29269,29359,29447,29535,29621,29707,29791,29874,29956,30037,30117,30196
      .int     30273,30350,30425,30499,30572,30644,30714,30784,30852,30919,30985,31050
      .int     31114,31176,31237,31298,31357,31414,31471,31526,31581,31634,31685,31736
```

```
        .int    31785,31834,31881,31927,31971,32015,32057,32098,32138,32176,32214,32250
        .int    32285,32319,32351,32383,32413,32442,32469,32496,32521,32545,32568,32589
        .int    32610,32629,32647,32663,32679,32693,32706,32718,32728,32737,32745,32752
        .int    32758,32762,32765,32767,32767,32767,32765,32762,32758,32752,32745,32737
        .int    32728,32718,32706,32693,32679,32663,32647,32629,32610,32589,32568,32545
        .int    32521,32496,32469,32442,32413,32383,32351,32319,32285,32250,32214,32176
        .int    32138,32098,32057,32015,31971,31927,31881,31834,31785,31736,31685,31634
        .int    31581,31526,31471,31414,31357,31298,31237,31176,31114,31050,30985,30919
        .int    30852,30784,30714,30644,30572,30499,30425,30350,30273,30196,30117,30037
        .int    29956,29874,29791,29707,29621,29535,29447,29359,29269,29178,29086,28993
        .int    28898,28803,28707,28609,28511,28411,28310,28208,28106,28002,27897,27791
        .int    27684,27576,27466,27356,27245,27133,27020,26905,26790,26674,26557,26438
        .int    26319,26199,26077,25955,25832,25708,25583,25457,25330,25201,25073,24943
        .int    24812,24680,24547,24414,24279,24144,24007,23870,23732,23593,23453,23312
        .int    23170,23027,22884,22740,22594,22448,22301,22154,22005,21856,21706,21555
        .int    21403,21250,21097,20942,20787,20631,20475,20318,20159,20001,19841,19681
        .int    19519,19358,19195,19032,18868,18703,18537,18371,18204,18037,17869,17700
        .int    17530,17360,17189,17018,16846,16673,16499,16325,16151,15976,15800,15623
        .int    15446,15269,15090,14912,14732,14552,14372,14191,14010,13828,13645,13462
        .int    13278,13094,12910,12725,12539,12353,12167,11980,11793,11605,11416,11228
        .int    11039,10849,10659,10469,10278,10087,9896,9704,9512,9319,9126,8933
        .int    8739,8545,8351,8156,7961,7766,7571,7375,7179,6983,6786,6589
        .int    6392,6195,5997,5800,5602,5403,5205,5006,4808,4609,4409,4210
        .int    4011,3811,3611,3411,3211,3011,2811,2611,2410,2210,2009,1808
        .int    1607,1407,1206,1005,804,603,402,201
```

余弦系数文件 twiddle2.inc（512 个数据）：

```
TWI2: .sect   "twiddle2"
        .int    32767,32767,32765,32762,32758,32752,32745,32737,32728,32718,32706,32693
        .int    32679,32663,32647,32629,32610,32589,32568,32545,32521,32496,32469,32442
        .int    32413,32383,32351,32319,32285,32250,32214,32176,32138,32098,32057,32015
        .int    31971,31927,31881,31834,31785,31736,31685,31634,31581,31526,31471,31414
        .int    31357,31298,31237,31176,31114,31050,30985,30919,30852,30784,30714,30644
        .int    30572,30499,30425,30350,30273,30196,30117,30037,29956,29874,29791,29707
        .int    29621,29535,29447,29359,29269,29178,29086,28993,28898,28803,28707,28609
        .int    28511,28411,28310,28208,28106,28002,27897,27791,27684,27576,27466,27356
        .int    27245,27133,27020,26905,26790,26674,26557,26438,26319,26199,26077,25955
        .int    25832,25708,25583,25457,25330,25201,25073,24943,24812,24680,24547,24414
        .int    24279,24144,24007,23870,23732,23593,23453,23312,23170,23027,22884,22740
        .int    22594,22448,22301,22154,22005,21856,21706,21555,21403,21250,21097,20942
        .int    20787,20631,20475,20318,20159,20001,19841,19681,19519,19358,19195,19032
        .int    18868,18703,18537,18371,18204,18037,17869,17700,17530,17360,17189,17018
        .int    16846,16673,16499,16325,16151,15976,15800,15623,15446,15269,15090,14912
        .int    14732,14552,14372,14191,14010,13828,13645,13462,13278,13094,12910,12725
        .int    12539,12353,12167,11980,11793,11605,11416,11228,11039,10849,10659,10469
        .int    10278,10087,9896,9704,9512,9319,9126,8933,8739,8545,8351,8156
        .int    7961,7766,7571,7375,7179,6983,6786,6589,6392,6195,5997,5800
        .int    5602,5403,5205,5006,4808,4609,4409,4210,4011,3811,3611,3411
        .int    3211,3011,2811,2611,2410,2210,2009,1808,1607,1407,1206,1005, 804,603
        .int    402,201,0,201,−402,−603,−804,−1005,−1206,−1407, −1607,−1808,−2009
        .int    −2210,−2410,−2611,−2811,−3011,−3211,−3411,−3611,−3811,−4011, −4210
        .int    −4409,−4609,−4808,−5006,−5205,−5403,−5602,−5800,−5997,−6195,−6392,−6589
```

```
        .int    −6786,−6983,−7179,−7375,−7571,−7766,−7961,−8156,−8351, −8739
        .int    −8933,−9126,−9319,−9512,−9704,−9896,−10087,−10278,−10469,−10659,−10849
        .int    −11039,−11228,−11416,−11605,−11793,−11980,−12167,−12353,−12539,−12725
        .int    −12910,−13094,−13278,−13462,−13645,−13828,−14010,−14191,−14372,−14552
        .int    −14732,−14912,−15090,−15269,−15446,−15623,−15800,−15976,−16151,−16325
        .int    −16499,−16673,−16846,−17018,−17189,−17360,−17530,−17700,−17869,−18037
        .int    −18204,−18371,−18537,−18703,−18868,−19032,−19195,−19358,−19519,−19681
        .int    −19841,−20001,−20159,−20318,−20475,−20631,−20787,−20942,−21097,−21250
        .int    −21403,−21555,−21706,−21856,−22005,−22154,−22301,−22448,−22594,−22740
        .int    −22884,−23027,−23170,−23312,−23453,−23593,−23732,−23870,−24007,−24144
        .int    −24279,−24414,−24547,−24680,−24812,−24943,−25073,−25201,−25330,−25457
        .int    −25583,−25708,−25832,−25955,−26077,−26199,−26319,−26438,−26557,−26674
        .int    −26790,−26905,−27020,−27133,−27245,−27356,−27466,−27576,−27684,−27791
        .int    −27897,−28002,−28106,−28208,−28310,−28411,−28511,−28609,−28707,−28803
        .int    −28898,−28993,−29086,−29178,−29269,−29359,−29447,−29535,−29621,−29707
        .int    −29791,−29874,−29956,−30037,−30117,−30196,−30273,−30350,−30425,−30499
        .int    −30572,−30644,−30714,−30784,−30852,−30919,−30985,−31050, −31114,−31176
        .int    −31237,−31298,−31357,−31414,−31471,−31526,−31581,−31634,−31685,−31736
        .int    −31785,−31834,−31881,−31927,−31971,−32015,−32057,−32098, −32138,−32176
        .int    −32214,−32250,−32285,−32319,−32351,−32383,−32413,−32442,−32469,−32496
        .int    −32521,−32545,−32568,−32589,−32610,−32629,−32647,−32663,−32679,−32693
        .int    −32706,−32718,−32728,−32737,−32745,−32752,−32758,−32762,−32765,−32767
```

输入数据文件 mdata.inc（256 个）：

```
INPUT .sect    "INPUT"
        .word   8000,8000,8000,8000,8000,8000,8000,8000,8000,8000
        .word   −8000,−8000,−8000,−8000,−8000,−8000,−8000,−8000,−8000,−8000
        .word   8000,8000,8000,8000,8000,8000,8000,8000,8000,8000
        .word   −8000,−8000,−8000,−8000,−8000,−8000,−8000,−8000,−8000,−8000
        .word   8000,8000,8000,8000,8000,8000,8000,8000,8000,8000
        .word   −8000,−8000,−8000,−8000,−8000,−8000,−8000,−8000,−8000,−8000
        .word   8000,8000,8000,8000,8000,8000,8000,8000,8000,8000
        .word   −8000,−8000,−8000,−8000,−8000,−8000,−8000,−8000,−8000,−8000
        .word   8000,8000,8000,8000,8000,8000,8000,8000,8000,8000
        .word   −8000,−8000,−8000,−8000,−8000,−8000,−8000,−8000,−8000,−8000
        .word   8000,8000,8000,8000,8000,8000,8000,8000,8000,8000
        .word   −8000,−8000,−8000,−8000,−8000,−8000,−8000,−8000,−8000,−8000
        .word   8000,8000,8000,8000,8000,8000,8000,8000,8000,8000
        .word   −8000,−8000,−8000,−8000,−8000,−8000,−8000,−8000,−8000,−8000
        .word   8000,8000,8000,8000,8000,8000,8000,8000,8000,8000
        .word   −8000,−8000,−8000,−8000,−8000,−8000,−8000,−8000,−8000,−8000
        .word   8000,8000,8000,8000,8000,8000,8000,8000,8000,8000
        .word   −8000,−8000,−8000,−8000,−8000,−8000,−8000,−8000,−8000,−8000
        .word   8000,8000,8000,8000,8000,8000,8000,8000,8000,8000
        .word   −8000,−8000,−8000,−8000,−8000,−8000,−8000,−8000,−8000,−8000
        .word   8000,8000,8000,8000,8000,8000,8000,8000,8000,8000
        .word   −8000,−8000,−8000,−8000,−8000,−8000,−8000,−8000,−8000,−8000
        .word   8000,8000,8000,8000,8000,8000,8000,8000,8000,8000
        .word   −8000,−8000,−8000,−8000,−8000,−8000
```

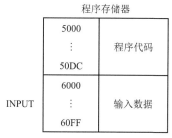

程序存储器

图 6-36　程序空间分配

有关 FFT 程序说明如下：

（1）fft.asm 程序由以下部分组成，即

- 输入数据位码倒置
- 第一级蝶形运算
- 第二级蝶形运算
- 第三级到第 $\log_2 N$ 级（最后一级）蝶形运算
- 求功率谱及输出程序

（2）程序空间的分配如图 6-36 所示。

（3）数据空间的分配如图 6-37 所示。

（4）正弦系数和余弦系数由文件（twiddle1.inc 和 twiddle2.inc）给出，主程序通过.copy 汇编命令将正弦系数和余弦系数与程序代码汇编在一起（也可以用 include 指令从 twiddle1.inc 和 twiddle2.inc 文件中读入系数，此时系数将不出现在.lst 文件中）。

数据文件 twiddle1.inc 和 twiddle2.inc 分别给出 FFT 的正弦系数、余弦系数各 512 个。利用这两个文件可以完成 8～1024 点 FFT 运算。

3. FFT 算法的模拟信号输入

FFT 算法的模拟信号输入也可以通过 C 程序来生成一个文本文件 sindata，然后在汇编子程序中用.copy 汇编命令将生成的文本文件中的数据复制到数据存储器中参与运算。这种方法的优点是程序的可读性强，缺点是当输入数据修改后，必须重新进行编译、汇编和链接。

生成 FFT 模拟信号输入数据文件的 C 程序如下：

```
/*          文件名:sindatagen.c          */
#include"stdio.h"
#include"math.h"
main()
{
    int i;
    float f[256];
    FILE *fp;
    if((fp=fopen("C:\\tms320c54\\sindata","wt"))==NULL)
    {
        printf("can't open file!\n");
        exit(0);
    }
    for(i=0;i<=255;i++)
    {
        f[i]=sin(2*3.14159265*i/256.0);
        fprintf(fp,"          .word          %ld\n",(log)(f[i]*16384));
    }
    fclose(fp);
}
```

将生成的文件复制到目标系统数据存储器中的语句为：

```
    .copy          "sindata.inc"
```

图 6-37　数据空间分配图

4．在 CCS 下的程序调试和结果显示

① 启动 CCS。

② 创建 fft.pjt 工程。将已编写好的 fft.asm 和 fft.cmd 文件添加到工程中并进行汇编、编译和链接，产生 fft.out 文件。注意：将 fft.asm、fft.cmd、mdata.inc（模拟输入信号数据）、twiddle1.inc（正弦系数）、twiddle1.inc（余弦系数）和 fft.pjt 工程文件放在同一个文件夹下，如图 6-38 所示。

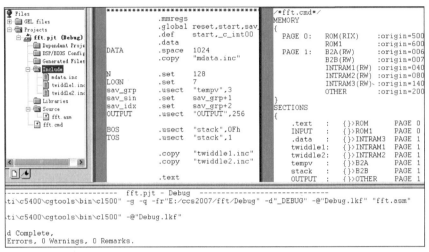

图 6-38　创建 fft.pjt 工程

③ 加载 fft.out 文件，如图 6-39 所示。

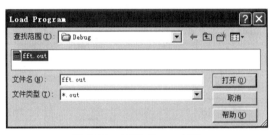

图 6-39　加载 fft.out 文件

④ 显示输入信号的时域波形。由配置文件可知，输入信号的数据放在程序存储器从 0x6000 开始的 256 个单元中，按照图 6-40 设置各选项，单击 OK 按钮，则显示输入信号的时域波形，如图 6-41 所示。

图 6-40　输入信号时域波形属性设置

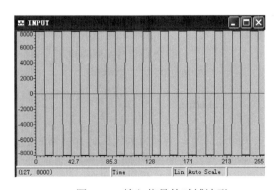

图 6-41　输入信号的时域波形

⑤ 显示输入信号的频域波形。按照图 6-42 设置各选项，单击 OK 按钮，则显示输入信号的频域波形，如图 6-43 所示。

图 6-42 输入信号频域波形属性设置

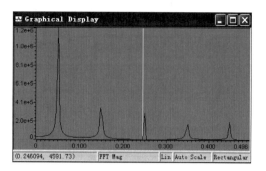

图 6-43 输入信号的频域波形

⑥ 运行程序。由配置文件可知，经程序计算得到的信号功率谱放在数据存储器从 0x2000 开始的 256 个单元中。按照图 6-44 设置各选项，单击 OK 按钮，则显示经程序计算得到的输出信号功率谱，如图 6-45 所示。

图 6-44 信号波形属性设置

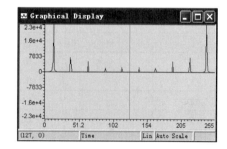

图 6-45 输出信号功率谱

6.5 语音信号压缩的 DSP 实现方法

随着数字信号处理算法在 DSP 芯片中的实现，DSP 芯片被越来越广泛地应用于各种工业应用中。其中，语音信号处理是使用较为广泛和成熟的应用之一。语音信号具有信号频谱较全、采样率较低、随机性强、应用场合多、实时性要求高等特点。语音信号的μ律和 A 律压缩是最简单的语音信号压缩方式。

1. 语音信号的μ律和 A 律压缩简介

语音信号一般采用 PCM（Pulse Code Modulation）编码。采用 DSP 芯片可以直接对 PCM 编码后的语音信号进行μ律和 A 律压缩。

PCM 编码即脉冲编码调制，也就是将模拟信号转换成数码，然后再转换成二进制数字信号的方法。几种常用的二进制编码格式列于表 6-1 中。

μ/A 律压缩解压编码是国际电报电话协会最早推出的 G.711 语音压缩解压编码的一种格式的主

要内容。欧洲各国和中国等采用 A 律压缩解压编码，美国和日本等采用 μ 律压缩解压编码。

如图 6-46 所示为 DSP 硬件实现数据压缩解压的简单流程。DSP 芯片将传输来的压缩数据解压成 16 位或者 32 位数据，然后对解压后的数据进行分析、处理，最后将处理后的数据按照要求压缩成 8 位的数据输出到相应设备中，供其他设备读取。

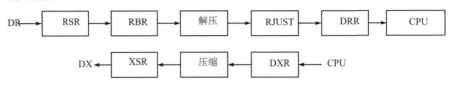

图 6-46　DSP 硬件实现数据压缩解压的简单流程

表 6-1　几种常用的二进制编码格式

量化电平	自然二进制数	偏移二进制数	2 的补码	反射二进制数	折叠二进制数
+7	111	1111	0111	1000	0111
+6	110	1110	0110	1001	0110
+5	101	1101	0101	1011	0101
+4	100	1100	0100	1010	0100
+3	011	1011	0011	1110	0011
+2	010	1010	0010	1111	0010
+1	001	1001	0001	1101	0001
+0	000	1000	0000	1100	0000
−0	—	—	—	—	1000
−1	—	0111	1111	0100	1001
−2	—	0110	1110	0101	1010
−3	—	0101	1101	0111	1011
−4	—	0100	1100	0110	1100
−5	—	0011	1011	0010	1101
−6	—	0010	1010	0011	1110
−7	—	0001	1001	0001	1111
−8	—	0000	1000	0000	—

如图 6-47 所示为将 A 律压缩的 8 位数据解压成 16 位的 DSP 通用数据格式，其中高 13 位为解压后的数据，低 3 位补 0。这是因为，G.711 的 A 律压缩只能对 13 位数据进行操作。DSP 将解压后的数据放在缓冲串口的发送寄存器中，只要运行发送指令，缓冲串口就会将数据发送出去。缓冲串口对接收数据的解压过程和压缩过程完全相反。图 6-48 所示为 μ 律数据解压的示意图。

图 6-47　A 律数据解压　　　　　　　　　　　图 6-48　μ 律数据解压

DSP 内部的缓冲串口带有硬件实现的 μ/A 律数据解压功能，用户只要在相应的寄存器中进行设置就可以了。

在进行 A 律压缩时，采样后的 12 位数据，默认其最高位为符号位，压缩时要保持最高位即符号位不变，原数据的后 11 位要压缩成 7 位。这 7 位码由 3 位段落码和 4 位段内码组成。A 律的编译码表见表 6-2。

表 6-2 A 律的编译码表

12 位码（十进制数）	量　　阶	符　号　位	段落码（二进制数）	段内码（二进制数）
0～15	1	0	000	0000～1111
16～31	1	0	001	0000～1111
32～63	2	0	010	0000～1111
64～127	4	0	011	0000～1111
128～255	8	0	100	0000～1111
256～511	16	0	101	0000～1111
512～1023	32	0	110	0000～1111
1024～2047	64	0	111	0000～1111

压缩后的数据，其最高位（第 7 位）表示符号；量阶分别为 1、1、2、4、8、16、32、64，由第 4～6 位决定；第 0～3 位是段内码。压缩后的数据有一定的失真，有些数据不能表示出来，只能取最接近该数据的值。例如，数据 125，其压缩后的值为 00111111，如图 6-49 所示。

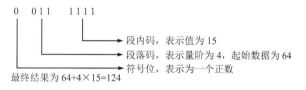

图 6-49 数据压缩示意图

2. 语音信号的 A 律压缩 DSP 实现

源程序 a_law.asm 如下：

```
            .title      "a_law.asm"
            .mmregs
            .def        start
            .data
            .bss        speechin,1024,0,0      ;为变量 speechin 申请 1024 个空间
            .bss        speechsave,1024,0,0    ;为变量 speechsave 申请 1024 个空间
            .bss        speechout,1024,0,0     ;为变量 speechout 申请 1024 个空间
            .text
start:      LD          #1023,A                ;A 为 speechin 数据个数
            STM         speechin,AR3           ;AR3 指向 speechin 的首地址
loop:       STL         A,*AR3+                ;初始化 speechin 的内容为 1～1024
            SUB         #1,A
            BC          loop,ANEQ
            NOP
            STM         1D02H,AR7              ;初始化 AR7 寄存器
            STM         #1023,*AR7
            STM         speechin,AR3
            STM         speechsave,AR4         ;AR4 指向 speechsave 的首地址
loop1:
            STM         0,AR2
            BIT         *AR3,15-9
            RSBX        OVM                    ;判断数据的正负
            NOP
```

```
            BC          positive,NTC        ;正数直接通过，送positive
            STM         #1,AR2              ;对负数进行符号处理
            NEG         A
            LD          #1FFH,B             ;1FFH=1023/2 的取整
            AND         B,A
            STL         A,*AR3
positive:
            BIT         *AR3,15-8           ;测试第8位
            NOP
            NOP
            BC          next1,NTC
            LD          #0F0H,B             ;0F0H=1FFH/2 的取整

            LD          *AR3,A
            AND         B,A
            ST          7,*AR4
            B           cmpssover
next1:      BIT         *AR3,15-7           ;测试第7位
            NOP
            NOP
            BC          next2,NTC
            LD          #78H,B              ;78H=0F0H/2 的取整
            AND         B,A
            RSBX        C
            ROL   A
            ST          6,*AR4
            B           cmpssover
next2:      BIT         *AR3,15-6           ;测试第6位
            NOP
            NOP
            BC          next3,NTC
            LD          #3CH,B              ;3CH=78H/2 的取整
            AND         B,A
            RSBX        C
            ROL         A
            ROL         A
            ST          5,*AR4
            B           cmpssover
next3:      BIT         *AR3,15-5           ;测试第5位
            NOP
            NOP
            BC          next4,NTC
            LD          #1EH,B              ;1EH=3CH/2 的取整
            AND         B,A
            RSBX        C
            RPT         #2
            ROL         A
            ST          4,*AR4
            B           cmpssover
next4:      BIT         *AR3,15-4           ;测试第4位
            NOP
            NOP
```

```
        BC         next5,NTC
        LD         #0FH,B                  ;0FH=1EH/2 的取整
        AND        B,A
        RSBX       C
        RPT        #3
        ROL        A
        ST         3,*AR4
        B          cmpssover
next5:  BIT        *AR3,15-3               ;测试第 3 位
        NOP
        NOP
        BC         next6,NTC
        LD         #7H,B                   ;7H=0FH/2 的取整
        AND        B,A
        RSBX       C
        RPT        #4
        ROL        A
        ST         2,*AR4
        B          cmpssover
next6:  BIT        *AR3,15-2               ;测试第 2 位
        NOP
        NOP
        BC         next7,NTC
        LD         #3H,B                   ;3H=7H/2 的取整
        AND        B,A
        RSBX       C
        RPT        #5
        ROL        A
        ST         1,*AR4
        B          cmpssover
next7:  LD         #1H,B                   ;1H=3H/2 的取整
        AND        B,A
        RSBX       C
        RPT        #6
        ROL        A
        ST         0,*AR4
cmpssover:                                 ;压缩子程序
        LDM        AR2,B
        BC         nchgsign,BEQ
        LD         *AR4,B
        RSBX       OVM
        NEG        B
        STL        B,*AR4
nchgsign: LD       #0FH,B
        AND        *AR4,B
        OR         B,A
        STL        A,*AR4
        NOP
        LD         *AR3+,A
        LD         *AR4+,A
        LD         *AR7,A
        SUB        #1,A
```

```
         STL      A,*AR7
         BC       loop1,ANEQ
         NOP
         STM      #1023,*AR7
         STM      speechsave,AR4
         STM      speechout,AR3
loop2:   STM      0,AR2
         LD       #0FH,B
         LD       *AR4,A
         AND      B,A
         BIT      *AR4,15-1           ;测试第 1 位
         NOP
         NOP
         BC       nchgsign2,NTC
         STM      1,AR2
         RSBX     OVM
         NEG      A
         AND      B,A
nchgsign2:
         BC       dcmpssover,AEQ
         STM      1D00H,AR5
         STL      A,*AR5
         STM      1D01H,AR6
         LD       #7,A
         SUB      *AR5,A
         STL      A,*AR6

         LD       *AR4,A
         LD       #0F0H,B
         AND      B,A
         LD       #2,B
         RSBX     C
         RPT      *AR5
         ROL      B
         ROR      B
         RPT      *AR6
         ROR      A
         ROL      A
dcmpssover:
         ADD      A,B
         LDM      AR2,A
         BC       nchgsign3,AEQ
         RSBX     OVM
         NEG      B
nchgsign3:
         STL      B,*AR3
         NOP
         LD       *AR3+,A
         LD       *AR4+,A
         LD       *AR7,A
         SUB      #1,A
         STL      A,*AR7
```

```
                BC              loop2,ANEQ
                NOP
finish:   B               finish
```

链接命令文件 a_law.cmd 如下：

```
/*   a_law.cmd      */
MEMORY      {
    PAGE 0:
            vectorram:          org=1C00H,      len=0080H
            textram:            org=0100H,      len=0F00H
    PAGE 1:
            bssram:             org=5000H,      len=1000H
            stackram:           org=1100H,      len=0400H
            constram:           org=1500H,      len=0100H
            dataram:            org=1600H,      len=0100H
            userram:            org=1D00H,      len=3000H
}
SECTIONS   {
            .text       :>      textram         PAGE 0
            .bss        :>      bssram          PAGE 1
            .stack      :>      stackram        PAGE 1
            .const      :>      constram        PAGE 1
            .data       :>      dataram         PAGE 1
}
```

3. 语音信号压缩结果

程序首先将 1～1024 的 1024 个数据进行压缩，然后再解压。如图 6-50 所示为程序产生的 1024 个数据。数据开始地址为 0x5000 单元，程序运行完第一个循环 loop 后，可以得到这 1024 个数据。继续运行程序，这 1024 个数据被程序改写成如图 6-51 所示的数据，程序对改写后的数据进行压缩和解压。

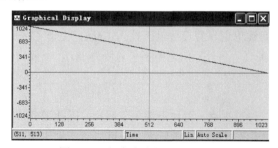

图 6-50   程序产生的 1024 个数据

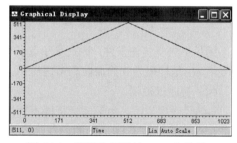

图 6-51   程序改写后的 1024 个数据

6.6   数字基带信号的 DSP 实现方法

数字通信系统具有抗噪性能好、传输质量高、便于保密等诸多优点，近些年来得到了迅速发展。数字通信系统有两种传输方式：基带传输和频带传输。

1. 数字基带信号传输系统简介

一个典型的数字基带信号传输系统如图 6-52 所示，它是很多实际应用的基带传输系统的概括。

图 6-52　数字基带信号传输系统框图

（1）脉冲形成器

数字基带信号传输系统的输入通常是码元速率为 R_B，码元宽度为 T_B 的二进制脉冲序列，用符号 $\{d_k\}$ 表示。一般终端设备送出（接收）的都是 1、0 的二进制数据序列，通常，1 代表正电平，0 代表负电平，这种序列称为单极性码，如图 6-53（a）所示。而单极性码由于有直流成分等原因不适合基带信道的传输，所以需要将其变换成比较适合于信道传输的各种码型，这个任务就是由脉冲形成器来完成的。如图 6-53（b）所示为相同二进制数据序列下双极性码的示意图。此时脉冲形成器的输出可以用下式表示：

$$x(t) = \sum_{k=-\infty}^{+\infty} a_k P_g(t - kT_B) \tag{6-14}$$

式中，P_g 是矩形脉冲，其宽度为 T_B，高度为 1，而

$$a_k = \begin{cases} a, & d_k = 1 \\ -a, & d_k = 0 \end{cases} \tag{6-15}$$

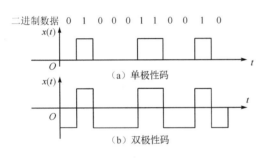

图 6-53　单/双极性码

（2）发送滤波器

脉冲形成器输出的各种码型是以矩形脉冲为基础的码型，一般低频分量比较大，占用频带也比较宽（高频成分较丰富）。为了更适应信道传输等要求，可以通过发送滤波器把它们变换为变化比较平滑的波形，一般采用升余弦滤波器。

（3）信道

基带传输系统的信道通常采用电缆、架空明线等有线信道，假设传输函数为 $C(\omega)$，由于 $C(\omega)$ 一般不满足不失真传输条件，因此要引起传输波形的失真。另外，信道中要引入噪声 $n(t)$，一般均假设噪声 $n(t)$ 是均值为 0 的加性高斯白噪声。

（4）接收滤波器

$x_T(t)$ 经过信道时，由于信道特性不理想可能引起波形失真，再加上混入了噪声，因此送到接收滤波器输入端的波形与 $x_T(t)$ 的差别比较大，此时如果马上进行抽样判决，很可能会产生比较多的错码。因此，一般系统在判决前要先经过一个接收滤波器，接收滤波器一方面滤除大量的带外噪声，另一方面对失真的波形进行均衡，以便得到有利于抽样判决器判决的波形。

（5）抽样判决码元再生

接收滤波器输出波形 $y(t)$ 一般没有必要与 $x(t)$ 相同。在接收数字信号时，接收端只要在规定时刻（由定时脉冲控制）判别出它是 1 码还是 0 码即可，随后再用码元再生电路实现码型反变换，还原输出响应波形序列。

2. 数字基带信号的 DSP 实现

源程序 bpsk.asm 如下：

```
            .title      "bpsk.asm"
            .mmregs
```

```
Data_I2b:        .usect     "Data_I2b",128
Data_I2:         .usect     "Data_I2",128
Data_I3:         .usect     "Data_I3",128
fbpsk:           .usect     "fbpsk",128
noise:           .usect     "noise",128
                 .def       start
SIN18K           .set       10H
TONERL           .set       11H
TEMP             .set       12H
K_SINSTP         .set       32
K_DP             .set       500H/128
                 .text
start:           LD         #K_DP,DP
                 SSBX       FRCT
                 STM        #128,BK
                 STM        #Data_I2b,AR3
                 STM        #Data_I2,AR2
                 MVDD       *AR2+,*AR3
                 STM        #Data_I3,AR5
                 STM        #Data_I2b+63,AR1
                 STM        #fbpsk,AR4
                 STM        #noise,AR6
                 STM        #fbpsk,AR7
FIR:             RPTZ       A,#63
                 MACD       *AR1-,coeff,A
                 STH        A,-2,*AR5+%
                 STM        #Data_I2b,AR3
                 MVDD       *AR2+,*AR3
                 MAR        *AR2+%
                 STM        #Data_I2b+63,AR1
BPSK
                 STH        A,-2,TEMP
                 CALL       Carrier
                 LD         #7FFFH,15,A
                 LD         TEMP,16,A
                 RPT        #10
                 NOP
                 MPYA       TONERL
                 RPT        #10
                 NOP
                 ADD        *AR6+%,13,B,A
                 STH        A,*AR4+%
                 B          FIR
Carrier:
                 LD         SIN18K,A
                 ADD        #K_SINSTP,A
                 AND        #7FH,A
                 STL        A,SIN18K
                 ADD        #SIN_TABLE,A
                 READA      TONERL
                 LD         TONERL,A
                 STL        A,-1,TONERL
```

```
                    RET
                    .data
coeff:
            .word       100,19,-82,-156,-163,-94,27,143
            .word       189,128,-31,-221,-340,-296,-51,343
            .word       738,937,764,152,-800,-1808,-2464,-2341
            .word       -1133,1223,4484,8130,11469,13813,14656,13813
            .word       11469,8130,4484,1223,-1122,-2341,-2464,-1808
            .word       -800,152,764,937,738,343,-51,-296
            .word       -340,-221,-31,128,189,143,27,-94
            .word       -163,-156,-82,19,100,0,0,0
SIN_TABLE
            .word       07FFFH,07FD8H,07F61H,07E9CH,07D89H,07C29H,07A7CH,07884H
            .word       07641H,073B5H,070E2H,06DC9H,06A6DH,066CFH,062F1H,05ED7H
            .word       05A82H,055F5H,05133H,04C3FH,0471CH,041CEH,03C56H,036BAH
            .word       030FBH,02B1FH,02528H,01F1AH,018F9H,012C8H,00C8CH,00648H
            .word       00000H,0F9B8H,0F374H,0ED38H,0E707H,0E0E6H,0DAD8H,0D4E1H
            .word       0CF05H,0C946H,0C3AAH,0BE32H,0B8E4H,0B3C1H,0AECDH,0AA0BH
            .word       0A57EH,0A129H,09D0FH,09931H,09593H,09237H,08F1EH,08C4BH
            .word       089BFH,0877CH,08584H,083D7H,08277H,08164H,0809FH,08028H
            .word       08001H,08028H,0809FH,08164H,08277H,083D7H,08584H,0877CH
            .word       089BFH,08C4BH,08F1EH,09237H,09593H,09931H,09D0FH,0A129H
            .word       0A57EH,0AA0BH,0AECDH,0B3C1H,0B8E4H,0BE32H,0C3AAH,0C946H
            .word       0CF05H,0D4E1H,0DAD8H,0E0E6H,0E707H,0ED38H,0F374H,0F9B8H
            .word       00000H,00648H,00C8CH,012C8H,018F9H,01F1AH,02528H,02B1FH
            .word       030FBH,036BAH,03C56H,041CEH,0471CH,04C3FH,05133H,055F5H
            .word       05A82H,05ED7H,062F1H,066CFH,06A6DH,06DC9H,070E2H,073B5H
            .word       07641H,07884H,07A7CH,07C27H,07D89H,07E9CH,07F61H,07FD8H
            .word       07FFFH
            .end
```

链接命令文件 bpsk.cmd 如下：

```
/* bpsk.cmd */
MEMORY   {
    PAGE 0:
                EPROM: org=02000H,len=1000H
    PAGE 1:
                SPRAM: org=0100H,len=0200H
                DPRAM: org=0300H,len=0300H
}
SECTIONS   {
                .data       :> EPROM PAGE 0
                .text       :> EPROM PAGE 0
                Data_I2b    :> SPRAM PAGE 1
                Data_I2     :> DPRAM PAGE 1
                Data_I3     :> DPRAM PAGE 1
                fbpsk:> DPRAM PAGE 1
                noise :> DPRAM PAGE 1
}
```

3．数字基带信号实现结果

　　加载数据 DATA_I.dat 到数据区 0x300～0x380 中，利用 Graph 菜单命令即可观察到输入数据的时域和频域特性。运行程序可观察成形滤波后的数据，成形后数据区为 0x380～0x400，带内载波调制数据区为 0x400～0x480。

加入噪声数据 noise.dat 到数据区 0x480～0x500 中，在运行程序时，可以观察噪声对成形滤波后波形的影响；通过模拟码间串扰，可以分析码间串扰对波形的影响。

习题 6

1．FIR 和 IIR 滤波器都有哪些设计方法？每种设计方法的具体操作步骤是什么？

2．与 FIR 滤波器相比，IIR 滤波器有哪些优缺点？

3．二阶 IIR 滤波器，又称为二阶基本节，其结构图可分为几种类型？各有什么特点？

4．FIR 滤波器的算法为 $y(n)=h_0x(n)+h_1x(n-1)+h_2x(n-2)+h_3x(n-3)+h_4x(n-4)$，试用线性缓冲区和直接寻址方法实现。

5．试用线性缓冲区和间接寻址方法实现上题算法的 FIR 滤波器。

6．FIR 低通滤波器的截止频率为 $\omega_p=0.2\pi$，其输出方程为

$$y(n) = \sum_{i=0}^{79} h_i x(n-i)$$

存放 $h_0～h_{79}$ 的系数区及存放数据的循环缓冲区设置在 DARAM 中，如图 6-54 所示。试用 MATLAB 中的 fir1 函数确定各系数 h_i，并用循环缓冲区法实现它。

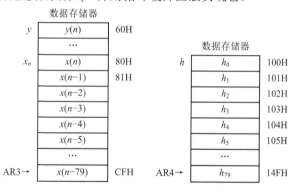

图 6-54　数据存储

7．修改 fft.asm 程序中的复数点数 N，体会阶数对产生的频谱特性的影响。

8．修改 fft.asm 程序中输入波形的幅度和频率，修改复数点数 N，观察各参数对产生的频谱特性的影响。

9．参照正弦波的实现方法，编写实现余弦波的程序。

第 7 章　TMS320C54x 内部外设及其应用

7.1　中断系统

中断是由外设（如 A/D 转换器）向 CPU 传送数据，或者由外设（如 D/A 转换器）向 CPU 提取数据产生的，可以用于发送信号，表明一个特别事件（如定时/计数器完成计数）的开始或结束。由硬件或软件驱动的中断信号可使 CPU 中断当前程序，并且执行另一个子程序（如中断服务程序）。中断系统是计算机系统中提供实时操作及多任务多进程操作的关键部分。TMS320C54x 的中断系统根据芯片型号的不同，共有 24～27 个软件及硬件中断源，分为 11～14 个中断优先级，可以实现多层任务嵌套。对于可屏蔽中断，用户可以通过软件实现中断的关断或开启。下面从应用的角度阐述 TMS320C54x 中断系统的工作过程及其编程方法。

7.1.1　中断请求

TMS320C54x 的中断请求按 CPU 的控制级别不同分为不可屏蔽中断和可屏蔽中断两大类。

（1）不可屏蔽中断

不可屏蔽中断无法通过软件屏蔽，只要此类中断发生，CPU 就立即响应。在 TMS320C54x 中，这类中断共有 16 个，其中 2 个可以通过硬件控制，其他 14 个只能通过软件控制。可以通过硬件控制的两个不可屏蔽中断分别是优先级最高（1 级）的复位中断 $\overline{\text{RS}}$ 及优先级为 2 的 NMI。$\overline{\text{RS}}$ 对芯片的所有操作均会产生影响，而 NMI 不会对任何 CPU 的现行操作产生影响，但是会禁止其他中断的响应。同时，这两个中断也可通过软件控制。因此，在 TMS320C54x 的 16 个不可屏蔽中断中，优先级分为两级：复位中断 $\overline{\text{RS}}$ 为 1 级，其他中断全部为 2 级。

（2）可屏蔽中断

可屏蔽中断是指可以通过软件屏蔽或开放的硬件和软件中断。TMS320C54x 最多可以支持 16 个可屏蔽中断。这些中断全部可以通过软件或者硬件对它们进行初始化和控制。这里的软件中断是指利用指令，如 INTR、TRAP、RESET 等进行中断触发。硬件中断有两种形式：① 由外部信号触发的外部硬件中断；② 由内部外设触发的内部硬件中断。

TMS320C54x 中断源的中断向量及优先级的排列顺序见表 7-1。表中，按各个中断的优先级顺序给出中断号、中断名称、中断在内存中的地址、中断的功能。由表 7-1 可见，优先级为 2 的不可屏蔽中断有 15 个，全部可以用软件中断，只有其中一个可以用硬件中断。显然，在这 15 个中断中，1 号中断为硬件触发，它可能与软件触发的其余任何一个同等级中断发生冲突，因此，使用优先级相同的中断时应在软件上做相应的处理。

对于其他不可屏蔽中断，不同的芯片可以使用的中断不同，尤其是串口通信的缓冲区中断和硬件接口中断，有些芯片上没有提供。最后 4 个中断号目前保留，不能使用。

表 7-1 TMS320C54x 中断源说明

中 断 号	中 断 名 称	中 断 地 址	中 断 功 能	优 先 级
0	RS/SINTR	00H	复位（硬件/软件）	1
1	NMI/SINTR	04H	不可屏蔽	2
2	SINT17	08H	软件中断#17	2
3	SINT18	0CH	软件中断#18	2
4	SINT19	10H	软件中断#19	2
5	SINT20	14H	软件中断#20	2
6	SINT21	18H	软件中断#21	2
7	SINT22	1CH	软件中断#22	2
8	SINT23	20H	软件中断#23	2
9	SINT24	24H	软件中断#24	2
10	SINT25	28H	软件中断#25	2
11	SINT26	2CH	软件中断#26	2
12	SINT27	30H	软件中断#27	2
13	SINT28	34H	软件中断#28	2
14	SIN29	38H	软件中断#29	2
15	SIN30	3CH	软件中断#30	2
16	INT0/SINT0	40H	外部中断 0	3
17	INT1/SINT1	44H	外部中断 1	4
18	INT2/SINT2	48H	外部中断 2	5
19	TINT/SINT3	4CH	定时器中断	6
20	RNT0/SINT4	50H	串口 0 接收中断	7
21	XINT0/SINT5	54H	串口 0 发送中断	8
22	RINT1/SINT6	58H	串口 1 接收中断	9
23	XINT1/SINT7	5CH	串口 1 发送中断	10
24	INT3/SINT8	60H	外部中断 3	11
25	HPINT/SINT9	64H	HPI 中断	12
26	BRINT1/SINT10	68H	缓冲串口接收中断	13
27	BXINT1/SINT11	6CH	缓冲串口发送中断	14
28～31	—	70～7FH	保留	—

7.1.2 中断寄存器

中断寄存器有中断标志寄存器和中断屏蔽寄存器两种。

1．中断标志寄存器

中断标志寄存器（Interrupt Flag Register，IFR）是一个存储器映射寄存器，当某个中断触发时，寄存器的相应位置 1，直到中断处理完毕为止。TMS320C5402 IFR 中各位的含义如图 7-1 所示。

15 14	13	12	11	10	9	8	7	6	5	4	3	2	1	0
保留	DMAC5	DMAC4	BXINT1	BRINT1	HPINT	INT3	TINT1	DMAC0	BXINT0	BRINT0	TINT0	INT2	INT1	INT0

第 15、14 位：保留位，总为 0。　　　　　　第 6 位：DMA 通道 0 中断标志。
第 13 位：DMA 通道 5 中断标志。　　　　　第 5 位：缓冲串口发送中断 0 标志。
第 12 位：DMA 通道 4 中断标志。　　　　　第 4 位：缓冲串口接收中断 0 标志。
第 11 位：缓冲串口发送中断 1 标志。　　　第 3 位：定时器中断 0 标志。
第 10 位：缓冲串口接收中断 1 标志。　　　第 2 位：外部中断 2 标志。
第 9 位：HPI 中断标志。　　　　　　　　　第 1 位：外部中断 1 标志。
第 8 位：外部中断 3 标志。　　　　　　　　第 0 位：外部中断 0 标志。
第 7 位：定时器中断 1 标志。

图 7-1　TMS320C5402 IFR 中各位的含义

不同型号芯片的 IFR 中，第 5～0 位对应的中断源完全相同，均为外部中断和通信中断标志位。其他第 15～6 位中断源根据芯片的不同，定义的中断源类型不同。当对芯片进行复位、中断处理完毕，写 1 于 IFR 中的某位上，执行 INTR 指令等硬件或软件中断操作时，IFR 中的相应位置 1，表示中断发生。通过读 IFR 可以了解是否有已经被挂起的中断，通过写 IFR 可以清除被挂起的中断。在以下三种情况下，将清除被挂起的中断。

① 复位（包括软件和硬件复位）。

② 将 1 写入相应的 IFR 标志位。

③ 使用相应的中断号响应该中断，即使用 INTR #K 指令。若有挂起的中断，在 IFR 中该标志位为 1，通过写 IFR 的当前内容，即可清除所有正被挂起的中断；为了避免来自串口的重复中断，应在相应的中断服务程序中清除 IFR 中的各位。

2. 中断屏蔽寄存器

中断屏蔽寄存器（Interrupt Mask Register，IMR）是用于屏蔽外部和内部的硬件中断。通过读 IMR 可以检查相应的中断是否被屏蔽，通过写可以屏蔽中断（或解除中断屏蔽），将 IMR 中的相应位清 0，则屏蔽该中断。IMR 不包含 $\overline{RS}$ 和 NMI。复位时，IMR 中的各位均设为 0。TMS320C5402 IMR 各位的含义如图 7-2 所示。

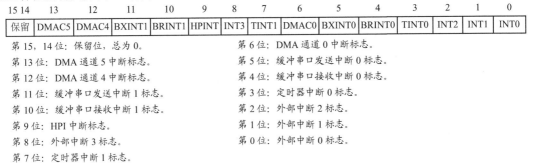

15 14	13	12	11	10	9	8	7	6	5	4	3	2	1	0
保留	DMAC5	DMAC4	BXINT1	BRINT1	HPINT	INT3	TINT1	DMAC0	BXINT0	BRINT0	TINT0	INT2	INT1	INT0

第 15、14 位：保留位，总为 0。　　　　　　　第 6 位：DMA 通道 0 中断标志。

第 13 位：DMA 通道 5 中断标志。　　　　　　第 5 位：缓冲串口发送中断 0 标志。

第 12 位：DMA 通道 4 中断标志。　　　　　　第 4 位：缓冲串口接收中断 0 标志。

第 11 位：缓冲串口发送中断 1 标志。　　　　　第 3 位：定时器中断 0 标志。

第 10 位：缓冲串口接收中断 1 标志。　　　　　第 2 位：外部中断 2 标志。

第 9 位：HPI 中断标志。　　　　　　　　　　第 1 位：外部中断 1 标志。

第 8 位：外部中断 3 标志。　　　　　　　　　第 0 位：外部中断 0 标志。

第 7 位：定时器中断 1 标志。

图 7-2　TMS320C5402 IMR 各位的含义

7.1.3　中断控制

中断控制的目的主要是执行正常的中断流程或屏蔽某些中断，避免其他中断对当前运行程序的干扰，以及防止同级中断之间的响应竞争。

1. 接收中断请求

当一个硬件设备或一个外部引脚提交中断请求后，无论中断请求是否被 DSP 确认，DSP 均将在相应的 IFR 标志位置位。

软件中断请求一般为下列情形之一。

（1）INTR。INTR 指令允许执行任何的可屏蔽中断，包括用户定义的中断（SINT0～SINT30）。指令操作数 K 表示 CPU 将转移到哪个中断向量单元上。当 INTR 中断被确认时，ST1 寄存器的中断方式（INTM）位置 1，以便禁止其他可屏蔽中断。INTR 指令不影响 IFR 标志位，当使用 INTR 指令启动一个中断时，它既不设置，也不清除该标志位。软件与操作不能设置 IFR 标志位，只有适当的硬件请求可以设置它。如果一个硬件请求已经设置了中断标志位而又使用 INTR 指令启动该中断，则 INTR 指令将不清除 IFR 标志位。实际上，INTR 指令只是强行将 PC（程序指针）跳转到该 ISR 的入口处。

（2）TRAP。TRAP 与 INTR 指令的不同之处是，TRAP 指令启动中断时，ST1 寄存器的中断方式（INTM）位不受影响。所以在 TRAP 指令启动中断服务时，该中断服务程序可被其他硬件中断所中断。

一般为了避免与中断服务程序产生冲突，在 TRAP 指令的中断服务程序中由软件将 INTM 位置 1。

（3）RESET。复位指令可在程序的任何时候产生，它使处理器返回一个预定状态。复位指令会影响 ST0 和 ST1 寄存器，但对 PMST 寄存器没有影响。

2．中断确认

对于软件中断和非屏蔽中断，CPU 将立即响应，进入相应的中断服务程序。对于硬件可屏蔽中断，只有满足以下三个条件后 CPU 才能响应中断。

（1）当前优先级为最高级。如果同时发生一个以上硬件中断请求，则 TMS320C54x 根据所设置的优先级对它们进行处理。对于可屏蔽中断，一般不采用中断嵌套。

（2）IMR 中的位为 1。在 IMR 中，中断的相应位为 1，表明允许该中断。

（3）INTM（中断方式）位为 0，允许可屏蔽中断；INTM 位为 1，禁止可屏蔽中断。若中断响应后 INTM 位自动置 1，则其他中断将不被响应。在 ISR 中，当程序以 RETE 指令返回时，INTM 位自动清 0，INTM 位可用软件置位，如指令 SSBX INTM（置 1）和 RSBX INTM（清 0）。

满足上述条件后，CPU 响应中断，终止当前正进行的操作， PC 自动转向相应的中断向量地址，取出中断服务程序地址，并发出硬件中断响应信号 $\overline{\text{IACK}}$ ，清除相应的中断标志位。

3．中断服务程序

CPU 执行中断服务程序（ISR）的步骤如下：

① 保护现场，将 PC 值压入栈顶。

② 载入中断向量表，将中断向量表地址送入 PC。

③ 执行中断向量表，程序将进入 ISR 入口。

④ 执行 ISR，直至遇到返回指令为止。

⑤ 恢复现场，将栈顶值弹回 PC。

⑥ 继续主程序。

在中断响应时，程序计数器扩展寄存器（XPC）不会自动压入堆栈。因此，如果 ISR 在程序空间的扩展页上，程序必须使用软件将 XPC 压入堆栈，此时中断返回必须使用 FRET[E] 远程返回指令。一般建议中断服务程序放在 DSP 内部程序空间。如果程序过大，则需要外扩程序空间。建议在进入中断服务程序时，只执行改变栈顶 PC 值的操作，返回程序中即可，最后跳转到中断点。

响应中断时，所有程序中所涉及的寄存器都应该被保存起来，返回中断时恢复这些值。例如，定时/计数器在响应中断时，不需要计时，在 ISR 中应保护定时/计数器当前值，屏蔽定时中断；在 ISR 返回时恢复定时/计数器的值，允许定时中断。

执行中断服务程序前，必须将中断服务程序中用到的寄存器全部保存到堆栈中，执行完中断服务程序返回时，应该按压栈相反的顺序依次恢复寄存器内容。块循环计数器（BRC）应比状态寄存器（ST1）中的 BRAF（块循环有效标志）位先恢复。如果在 BRC 恢复前，中断服务程序中的 BRC=0，则先恢复的 BRAF 位将被清 0，出现运行错误。

中断响应过程如图 7-3 所示。

4．中断向量地址

TMS320C54x 中，中断向量地址由 PMST 寄存器中的 9 位中断向量地址指针 IPTR 和左移 2 位后的中断向量序号（中断向量序号为 0～31，左移 2 位后变成 7 位）组成。

【例 7-1】已知中断向量序号 INT0=0001 0000B=10H，中断向量地址指针 IPTR=0 0000 0001B，求中断向量地址。

因为中断向量序号左移 2 位后变成 100 0000B=40H，所以中断向量地址为 0000 0000 1100

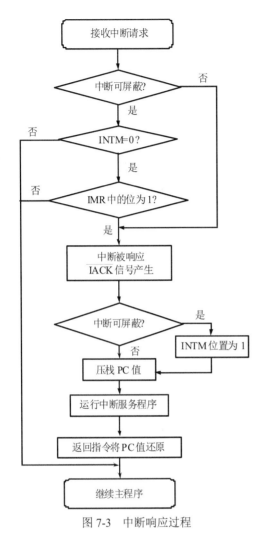

图 7-3　中断响应过程

0000B=00C0H。中断向量地址形成过程如图7-4所示。

复位时，IPTR 位全部置 1（IPTR=1FFH），并按此值将复位中断向量映射到程序空间的 511 页上。所以硬件复位后，程序地址总为 PC=1111 1111 1000 0000B=FF80H，即总是从 FF80H 开始执行程序。而且，硬件复位地址是固定不变的，其他中断向量可以通过改变内容来重新安排中断服务程序的地址。例如，中断向量地址指针 IPTR=0001H，中断向量就被移到从 0080H 开始的程序空间。

5．外部中断响应时间

外部中断输入电平在每个机器周期被采样，并被锁存到 IFR 中，这个新置入的状态在下一个机器周期被查询到。如果中断发生，并且满足响应条件，CPU 接着执行一条硬件指令转移到中断服务程序入口，这条指令需要 2 个机器周期。这样，从外部中断请求到开始执行中断服务程序的第一条指令之间至少需要 3 个完整的机器周期。

如果中断请求的 3 个条件中有一个不满足，可能需要更长的响应时间。如果已经在处理同级或更高级中断，额外的等待时间取决于正在进行的中断服务程序的处理时间。如果正在处理的指令没有执行到后面的机器周期，则所需额外等待时间不会多于 6 个机器周期，因为最长的指令也只有 6 个机器周期。如果正在执行的指令为 RETE，或访问 IE、IP，额外的等待时间也不会多于 6 个机器周期。因此，在单一的中断系统里，外部中断响应的时间基本上在 3～8 个机器周期之间。

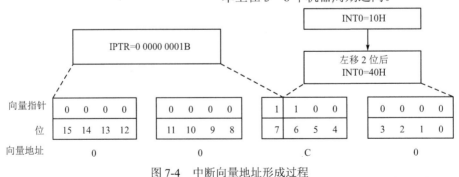

图 7-4　中断向量地址形成过程

6．外部中断触发

外部中断触发方式有两种，分别是电平触发和边沿触发。

电平触发方式是指外部的硬件中断源产生的中断用电平表示。例如，高电平表示中断请求，CPU 可以通过采集硬件信号电平响应中断。但这种触发方式要求在中断服务程序返回之前，外部中断请求输入必须无效，否则，CPU 会反复中断。因此，在这种触发方式下，CPU 必须发出应答硬件信号通知外部中断源，当中断处理完成后，取消中断请求。

边沿触发方式是指以负脉冲方式输入的外部中断源产生的中断请求。在边沿触发方式下，外部中断请求触发器能锁存外部中断输入线上的负跳变。即使 CPU 不能及时响应中断，中断请求标志也不会丢失。但是，输入脉冲宽度至少要保持 3 个时钟周期，才能被 CPU 采样到。外部中断的边沿触发方式适用于以负脉冲方式输入的外部中断源。

7. 中断服务程序

标准的中断服务程序如下：

```
* * * * * * * * * * * * * * * * * * * * * * * * * * * * * * *
*              中断服务程序 vector.asm                      *
* * * * * * * * * * * * * * * * * * * * * * * * * * * * * * *
           .sect      "vectors"         ;定义段的名称为 vectors
           .ref       start             ;程序入口，主程序中必须有 start 标号
           .align     0x80              ;程序必须分配到整页，一般为 FF80H
RESET:                                  ;复位引起的中断
           BD         start             ;程序无条件跳到入口起始点处
           STM        #200,SP           ;设置堆栈长度
nmi:       RETE                         ;使能 NMI 中断
           NOP
           NOP
           NOP
           sint17     .space 4*16       ;程序内部的软件中断
           sint18     .space 4*16
           sint19     .space 4*16
           sint20     .space 4*16
           sint21     .space 4*16
           sint22     .space 4*16
           sint23     .space 4*16
           sint24     .space 4*16
           sint25     .space 4*16
           sint26     .space 4*16
           sint27     .space 4*16
           sint28     .space 4*16
           sint29     .space 4*16
           sint30     .space 4*16
;以下代码为外部中断
int0:      B    INT_PROGRAM            ;外部中断 0，相应中断跳到标号 INT_PROGRAM 处
;在主程序中必须有这个标号
           NOP
           NOP
           NOP
int1:      RETE                        ;外部中断 1
           NOP
           NOP
           NOP
int2:      RETE                        ;外部中断 2
           NOP
           NOP
           NOP
tint:      RETE                        ;定时器中断
           NOP
           NOP
           NOP
```

rint0:	RETE	;串口接收中断 0
	NOP	
	NOP	
	NOP	
xint0:	RETE	;串口发送中断 0
	NOP	
	NOP	
	NOP	
rint1:	RETE	;串口接收中断 1
	NOP	
	NOP	
	NOP	
xint1:	RETE	;串口发送中断 1
	NOP	
	NOP	
	NOP	
int3:	RETE	;外部中断 3
	NOP	
	NOP	
	NOP	
	.end	;程序结束

7.1.4 中断系统应用

如果系统有多个外部中断源,首先要按这些中断源响应时间要求的轻重缓急进行排队,然后按规定中断源的优先级顺序连接到系统中。TMS320C54x 系列的外部中断引脚只有 4 个,为了扩展外部中断源的个数,可以用"或"的方法将多个中断源连接到中断引脚上,同时将各个中断源连接到 I/O 口上。中断产生后,处理器读 I/O,判断是哪个中断源在申请中断。

这种方法原则上可以处理任意多个同优先级的中断源,也可利用软件对 I/O 口的中断源优先级编程。实际上,具体芯片可以扩展的中断源个数由系统的可用 I/O 口数限定。

【例 7-2】有 8 个外部中断源,分别表示为 IR1,IR2,…,IR8,各中断源采用边沿触发方式,试用 TMS320C5402 建立相应的中断系统。

构建硬件中断系统如图 7-5 所示,每两个一组相"与"后,分别接入 4 个外部中断引脚 $\overline{INT0}$, $\overline{INT1}$, $\overline{INT2}$, $\overline{INT3}$。每组将两根线分别接于 HPI 口上,此时 HPI 口作为 I/O 口用。

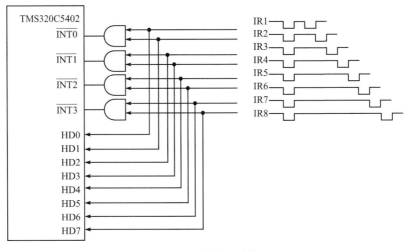

图 7-5 硬件中断系统

中断服务程序如下：

```
    ;外部中断 INT0 中断服务子程序
    INT0ISR:
        PSHM    ST0                 ;保存寄存器
        PSHM    ST1
        PSHM    AG
        PSHM    AH
        PSHM    AL
        PORTR   HPIPORT,*(HPI_VAR)  ;读 HPI 口
        STL     *(HPI_VAR),A
        AND     #01B,A
        BC      IR2,ANEQ            ;首先判断是否为 IR1。是，执行其服务程序
                                    ;否，跳转至对 IR2 的判断
    ;扩展中断 IR0 的服务程序主体
    IR2:
        STL     *(HPI_VAR),A
        AND     #010B,A
        BC      INT0ED,ANEQ         ;判断是否为 IR2。是，执行其服务程序
                                    ;否，跳转至结束
    ;扩展中断 IR1 的服务程序主体
    INT0ED:
        POPM    AL
        POPM    AH
        POPM    AG
        POPM    ST1
        POPM    ST0
        RETE
    ;外部中断 INT1 中断服务子程序
    INT1ISR:
        PSHM    ST0                 ;保存寄存器
        PSHM    ST1
        PSHM    AG
        PSHM    AH
        PSHM    AL
        PORTR   HPIPORT,*(HPI_VAR);读 HPI 口
        STL     *(HPI_VAR),A
        AND     #0100B,A
        BC      IR4,ANEQ            ;首先判断是否为 IR3。是，执行其服务程序
                                    ;否，跳转至对 IR4 的判断
    ;中断 IR3 的服务程序主体
    IR4:
        STL     *(HPI_VAR),A
        AND     #01000B,A
        BC      INT0ED,ANEQ         ;判断是否为 IR4。是，执行其服务程序
                                    ;否，跳转至结束
    ;中断 IR4 的服务程序主体
    INT1ED:
        POPM    AL
        POPM    AH
        POPM    AG
        POPM    ST1
        POPM    ST0
```

```
        RETE
;外部中断 INT2 中断服务子程序
INT2ISR:
    PSHM        ST0                         ;保存寄存器
    PSHM        ST1
    PSHM        AG
    PSHM        AH
    PSHM        AL
    PORTR       HPIPORT,*(HPI_VAR);读 HPI 口
    STL         *(HPI_VAR),A
    AND         #010000B,A
    BC          IR6,ANEQ                    ;首先判断是否为 IR5。是，执行其服务程序
                                            ;否，跳转至对 IR6 的判断
;中断 IR5 的服务程序主体
IR6:
    STL         *(HPI_VAR),A
    AND         #0100000B,A
    BC          INT2ED,ANEQ                 ;判断是否为 IR6。是，执行其服务程序
                                            ;否，跳转至结束
    ;中断 IR6 的服务程序主体
    INT2ED:
    POPM        AL
    POPM        AH
    POPM        AG
    POPM        ST1
    POPM        ST0
    RETE
;外部中断 INT3 中断服务子程序
INT3:
    PSHM        ST0                         ;保存寄存器
    PSHM        ST1
    PSHM        AG
    PSHM        AH
    PSHM        AL
    PORTR       HPIPORT,*(HPI_VAR);读 HPI 口
    STL         *(HPI_VAR),A
    AND         #01000000B,A
    BC          IR8,ANEQ                    ;首先判断是否为 IR7。是，执行其服务程序
                                            ;否，跳转至对 IR8 的判断
;中断 IR7 的服务程序主体
IR8:
    STL         *(HPI_VAR),A
    AND         #010000000B,A
    BC          INT3ED,ANEQ                 ;首先判断是否为 IR8。是，执行其服务程序
                                            ;否，跳转至结束
;中断 IR8 的服务程序主体
INT3ED:
    POPM        AL
    POPM        AH
    POPM        AG
```

```
POPM      ST1
POPM      ST0
RETE
```

由 $\overline{INT0}$，$\overline{INT1}$，$\overline{INT2}$，$\overline{INT3}$ 的中断优先级顺序可知，前面的中断扩展出来的中断源高于后面的。又由于软件中先查询的中断比后查询的中断有更高的优先级，因此可以得知扩展后的 8 个中断的优先级顺序由高至低依次为 IR1,IR2,IR3,IR4,IR5,IR6,IR7,IR8。

扩展的外部中断源，使用时应注意如下三个问题。

① 中断响应时间。TMS320C54x 的外部中断响应时间比较长。因为 CPU 在为实际的中断源服务之前需要执行一段引导程序，因此，对扩展的外部中断源而言，实际的中断响应时间一定要把引导程序的时间计算在内。

② 中断请求信号宽度。对于扩展的外部中断源，其中断请求信号应采用负脉冲形式，且负脉冲要求有一定的宽度，这与引导程序的执行时间有关。

③ 堆栈深度。因为外部中断源的增多，会使压栈、弹栈的操作变得频繁，因此，堆栈的长度一定要慎重考虑，否则，会出现运行错误，造成程序混乱。

7.2　定时/计数器

在工业应用中，定时/计数器常用于监测及控制的时序协调。TMS320C54x 的定时/计数器随所选型号不同有 2～3 个不等，这些定时/计数器可以通过软件编程或硬件锁相环精确定时。本节将对 TMS320C54x 定时/计数器及其应用进行详细介绍。

7.2.1　定时/计数器结构

TMS320C54x 系列 DSP 都有一个或两个预标定的内部定时/计数器。这种定时/计数器是一个倒数计数器，它可以由特定的状态位控制，实现停止、重启动、重设置或禁止。定时/计数器在复位后一直处于运行状态，为了降低功耗，可以禁止定时/计数器工作。可以利用定时/计数器产生周期性的 CPU 中断或脉冲输出。定时/计数器结构如图 7-6 所示。定时/计数器由主计数器 TIM，定时周期寄存器 PRD，定时控制寄存器 TCR（包括预标定分频系数寄存器 TDDR、预标定计数器 PSC、控制位 TRB 和 TSS 等），以及相应的逻辑控制电路组成。

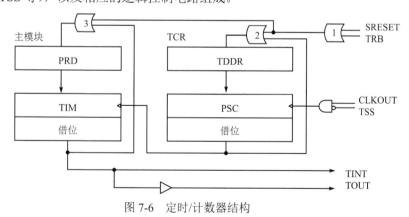

图 7-6　定时/计数器结构

图 7-6 中信号 SRESET 是在器件复位时，DSP 向内部外设（包括定时/计数器）发送的一个信号。此信号将在定时/计数器上产生以下效果：TIM 和 PRD 装载最大值（FFFFH）；TCR 中的所有

位清 0。结果是分频系数为 0，定时/计数器启动，TCR 的 free 和 soft 位为 0。

实际上，定时/计数器是 20bit 的周期寄存器。它对 CLKOUT 信号计数，先将 PSC（TCR 中的 D6～D9 位）减 1，直到 PSC 减为 0；然后把 TDDR（TCR 中的低 4 位）重新装入 PSC，同时将 TIM 减 1，直到 TIM 减为 0。这时 CPU 发出 TINT（定时器中断）信号，同时在 TOUT 引脚输出一个脉冲信号，脉冲宽度与 CLKOUT 一致。然后将 PRD 重新装入 TIM，重复下去，直到系统或定时/计数器复位。

定时/计数器由 TIM、PRD、TCR 三个寄存器组成：

① TIM 在数据空间中的地址为 0024H，是减 1 计数器。

② PRD 地址为 0025H，用于存储定时时间常数。

③ TCR 地址为 0026H，用于存储定时/计数器的控制及状态位。

定时/计数器产生中断的计算公式如下：

$$定时中断周期 = CLKOUT \times (TDDR+1) \times (PRD+1)$$

定时/计数器是一个内部减计数器，用于周期性地产生 CPU 中断。

在正常操作模式下，当 TIM 自减至 0 时，TIM 将被 PRD 内的数值重新装载。在硬件复位或定时/计数器单独复位（TCR 中 TRB 位置 1）的情况下，TIM 也会装载 PRD 值。TIM 被 TCR 定时，因此每个来自 TCR 的输出时钟都将使 TIM 自动减 1，主模块的输出是 TINT 信号。该中断被发送至 CPU，同时由 TOUT 引脚输出。TOUT 的脉冲宽度等于 CLKOUT 的时钟宽度。

TCR 由两个类似于 TIM 和 PRD 的单元构成，它们是预标定计数器（PSC）和预标定分频系数寄存器（TDDR）。在正常操作时，PSC 自减为 0，TDDR 被装入 PSC，同样在硬件复位或定时/计数器单独复位的情况下，TDDR 也被装入 PSC。PSC 被 CPU 时钟定时，即在每个 CPU 时钟周期 PSC 自减 1。PSC 可被 TCR 读取，但不能直接写入。

当 TSS 置位时，定时/计数器停止工作。若不需要定时/计数器工作，可使芯片工作于低功耗模式，并且可以使用与定时/计数器相关的两个寄存器（TIM 和 PRD）作为通用的存储器单元，可在任意周期对它们进行读/写操作。

TIM 的当前值可被读取，PSC 也可以通过 TCR 读取。因为读取这两个寄存器需要两个指令周期，但是在两次读取之间，因为自减，数值可能发生改变，因此，PSC 两次读取的结果可能有差别，不够准确。要精确测量时序，在读取这两个寄存器之前可先停止定时/计数器操作。对 TSS 置 1，清 0 后，可重新开始定时。

通过 TOUT 信号或中断，定时/计数器可以产生周边设备的采样时钟，如模拟接口。对于有多个定时/计数器的 DSP 芯片，GPIOCR 寄存器中的第 15 位控制使用哪个定时/计数器产生 TOUT 信号。

定时/计数器初始化步骤如下：

① TCR 的 TSS 位置 1，以停止定时/计数器。

② 装载 PRD。

③ 初始化 TCR 中的 TDDR，且通过对 TCR 中的 TSS 位置 0，TRB 位置 1 来重装载定时/计数器周期。

设置定时/计数器中断方法（INTM=1）如下：

① IFR 中的 TINT 位置 1，以清除挂起的定时/计数器中断。

② IMR 中的 TINT 位置 1，启动定时/计数器中断。

③ 启动全部中断，INTM 位清 0。

在 SRESET 后，TIM 和 PRD 被设置为最大值（FFFFH），TCR 中的 TDDR 清 0，定时/计数器启动。

TCR 为一个映射到内部的 16 位寄存器，它可以控制：

① 定时/计数器的工作方式。

② 设定 PSC 中的当前数值。

③ 启动或停止定时/计数器。

④ 重新装载定时/计数器。

⑤ 设置定时/计数器的分频系数。

TCR 中的位如图 7-7 所示。

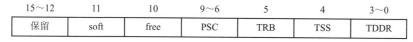

15～12	11	10	9～6	5	4	3～0
保留	soft	free	PSC	TRB	TSS	TDDR

图 7-7　TCR 中的位

第 15～12 位：保留位，在通常情况下读成 0。

第 11～10 位：soft 和 free 为软件调试组合控制位，用于控制调试程序断点情况下的定时/计数器工作状态。当 free=0 且 soft=0 时，定时/计数器立即停止工作；当 free=0 且 soft=1 且 TIM 减为 1 时，定时/计数器停止工作；当 free=1 且 soft=X（表示 soft 被忽略）时，定时/计数器继续工作。

第 9～6 位：CLKOUT 的预标定计数器 PSC 的预置值，其标定范围为 1～16。

第 5 位：TRB 为定时/计数器重新加载控制位，用于复位定时/计数器。当 TRB=1 时，TDDR 和 PRD 中的数据分别加载至 PSC 和 TIM 中。通常，TRB=0。

第 4 位：TSS 为定时/计数器停止控制位，用于停止或启动定时/计数器。当 TSS=0 时，定时/计数器启动，开始工作；当 TSS=1 时，定时/计数器停止工作。

第 3～0 位：为定时/计数器的预标定分频系数寄存器 TDDR，最大预标定值为 16，最小预标定值为 1。按照这个分频系数，定时/计数器对 CLKOUT 进行分频。分频是通过 PSC 进行的。当复位或减为 0 时，TDDR 自动加载至 PSC 中，开始新一轮计数。在 CLKOUT 的控制下，PSC 在每个 CPU 时钟周期自减 1。

【例 7-3】定时/计数器初始化和开放定时中断的步骤。

```
STM     #0000H,SWWSR      ;不插入等待周期
STM     #0010H,TCR        ;TSS=1 关定时/计数器
STM     #0100H,PRD        ;加载 PRD
                          ;定时中断周期=CLKOUT*(TDDR+1)*(PRD+1)
STM     #0C20H,TCR        ;TDDR 初始化为 0
                          ;TSS=0, 启动定时/计数器
                          ;TRB=1, 当 TIM 减到 0 后, 重新加载 PRD
                          ;soft=0, free=1, 定时/计数器遇到断点后继续运行
STM     #0008H,IFR        ;清除尚未处理完的定时/计数器中断
STM     #0008H,IMR        ;开放定时/计数器中断
RSBX    INTM             ;开放中断
...
```

7.2.2　时钟发生器

TMS320C54x 的时钟发生器要求硬件有一个参考时钟输入，其内部由振荡器和锁相环（PLL）电路组成。因此，TMS320C54x 的实际工作时钟频率可通过软件编程或外部硬件电路在给定外部时钟频率的基础上进行调整控制。

TMS320C54x 的外部参考时钟输入可使用如下两种方式提供。

① 与内部振荡器共同构成时钟振荡电路，如图 7-8（a）所示。将内部振荡器跨接于 X1 和

X2/CLKIN 之间，构成内部振荡器的反馈电路。图中电路工作在基波方式下，$C_1=C_2=10$pF。如果工作在谐波方式下，则还要加一些元件。

② 直接利用外部晶振给定参考时钟输入，如图 7-8（b）所示，此时内部振荡器不起作用。

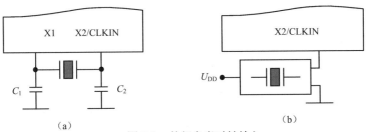

图 7-8 外部参考时钟输入

芯片内部的锁相环（PLL）电路利用高稳定的内部锁相环锁定时钟振荡频率，可以提高时钟信号的频率纯度，提供稳定的振荡频率源，还可通过控制锁相环的倍频，锁定调节时钟振荡器的振荡频率。因此 TMS320C54x 的实际运行频率可比外部参考时钟输入的频率高，降低了高速开关时钟造成的高频噪声，使硬件布线工作更容易。

PLL 的配置分为硬件和软件两种。

（1）硬件 PLL

通过设定芯片的三个时钟模式引脚 CLKMD1、CLKMD2 和 CLKMD3 的电位，可以选择内部振荡时钟与外部参考时钟的倍频关系，见表 7-2。

表 7-2 硬件 PLL 时钟方式

引 脚 状 态			时 钟 方 式	
CLKMD1	CLKMD2	CLKMD3	方案 1	方案 2
0	0	0	用外部时钟源，PLL×3	用外部时钟源，PLL×5
1	1	0	用外部时钟源，PLL×2	用外部时钟源，PLL×4
1	0	0	用内部时钟源，PLL×3	用内部时钟源，PLL×5
0	1	0	用外部时钟源，PLL×1.5	用外部时钟源，PLL×4.5
0	0	1	用外部时钟源，频率除以 2	用外部时钟源，频率除以 2
1	1	1	用内部时钟源，频率除以 2	用内部时钟源，频率除以 2
1	0	1	用外部时钟源，PLL×1	用外部时钟源，PLL×1
0	1	1	停止方式	停止方式

表 7-2 中的时钟方案选择是针对不同 TMS320C54x 芯片的，对于同样的 CLKMD 连接方式，所选定的工作频率不同。因此在使用硬件 PLL 时，应根据所选用芯片来选择正确的连接方式。另外，表 7-2 中的停止方式与 IDEL3 指令的省电方式相同。但是，这种工作方式必须通过改变硬件连接的方法使时钟正常工作。用 IDEL3 指令产生的停止工作方式，可以通过复位及外部中断的到来使 CPU 恢复正常工作。

不用 PLL 时，CPU 的时钟频率等于晶体振荡频率或外部时钟频率的一半；使用 PLL 时，CPU 的时钟频率等于 PLL×N，N 为系数。

（2）软件可编程 PLL

软件可编程 PLL 具有高度的灵活性。它的时钟定标器可以提供各种时钟乘法系数，并能直接接通和关断 PLL。PLL 的锁定定时/计数器可以用于延迟转换 PLL 的时钟方式，直到锁定为止。

通过软件编程，可以选择以下两种时钟方式中的一种。

● PLL 倍数方式。输入时钟（CLKIN）乘以 31 个系数中的一个，这是靠 PLL 电路来完成的。

- DIV 分频器方式。输入时钟（CLKIN）除以 2 或 4。当采用 DIV 方式时，所有的模拟电路，包括 PLL 电路，都被关断，以使功耗最小。

紧随复位后，时钟方式由 3 个外部引脚（CLKMD1、CLKMD2 和 CLKMD3）的状态所决定。复位时设置的时钟方式见表 7-3。

表 7-3　复位时设置的时钟方式

引脚状态			CLKMD 复位值	时 钟 方 式
CLKMD1	CLKMD2	CLKMD3		
0	0	0	0000H	用外部时钟源，频率除以 2
0	0	1	1000H	用外部时钟源，频率除以 2
0	1	0	2000H	用外部时钟源，频率除以 2
1	0	0	4000H	用内部时钟源，频率除以 2
1	1	0	6000H	用外部时钟源，频率除以 2
1	1	1	7000H	用内部时钟源，频率除以 2
1	0	1	0007H	用外部时钟源，PLL×1
0	1	1	—	停止方式

PLL 有一个时钟模式寄存器 CLKMD，地址为 0058H，可以提供各种时钟乘法系数。CLKMD 定义 PLL 的时钟配置，其各位的定义如图 7-9 所示。

15～12	11	10～3	2	1	0
PLLMUL	PLLDIV	PLLCOUNT	PLLON/OFF	PLLNDIV	PLLSTATUS

图 7-9　CLKMD

CLKMD 中各位的含义如下。

第 15～12 位：PLLMUL 为 PLL 的倍频乘系数。

第 11 位：PLLDIV 为 PLL 的分频除系数。

第 10～3 位：PLLCOUNT 为 PLL 计数器，这是一个减法计数器，每 16 个输入时钟 CLKIN 到来后减 1。对从 PLL 开始工作之后到 PLL 成为处理器时钟之前的一段时间进行计数定时，保证频率转换的可靠性。

第 2 位：PLLON/OFF 是 PLL 的通断位，与 PLLNDIV 一起决定 PLL 是否工作。当 PLLON/OFF=0 且 PLLNDIV=0 时，PLL 断开；其他任何组合，PLL 都处于工作状态。

第 1 位：PLLNDIV 为 PLL 时钟发生器工作方式选择位。PLLNDIV=0，采用分频方式；PLLNDIV=1，采用倍频方式。同时，此位与 PLLMUL 及 PLLDIV 同时定义频率的系数。

第 0 位：PLLSTATUS 为只读位，可以用于指示时钟发生器的工作方式。PLLSTATUS=0，表示时钟发生器工作于 DIV 分频方式；PLLSTATUS=1，表示时钟发生器工作于 PLL 倍频方式。

分频及倍频系数分别由 PLLNDIV、PLLDIV、PLLMUL 的不同组合决定，见表 7-4。

表 7-4　PLL 分频及倍频系数配置表

PLLNDIV	PLLDIV	PLLMUL	系　数
0	×	0～14	0.5
0	×	15	0.25
1	0	0～14	PLLMUL+1
1	0	15	1
1	1	0 或偶数	PLLMUL/2+0.5
1	1	奇数	PLLMUL/4

注：CLKOUT=CLKIN×系数。

另外，PLL 锁定之前是不能用作 TMS320C54x 的时钟的。因此，通过对 PLLCOUNT 编程实现自动延时，直至 PLL 锁定为止。锁定时间的设定范围为(0～255)×16×CLKIN 个时钟周期。PLL 锁定时间与 CLKOUT 频率的关系如图 7-10 所示。

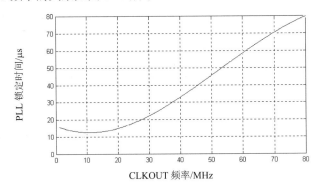

图 7-10 PLL 锁定时间与 CLKOUT 频率的关系

输出所需锁定时间最短约为 8μs，随着频率的增大，所需锁定时间线性增大。当要求输出 CLKOUT=50MHz 时，所需锁定时间达到 44μs。可以根据锁定时间给 PLLCOUNT 赋值：

$$PLLCOUNT（十进制数）> \frac{锁定时间}{16×T_{CLKIN}}$$

式中，T_{CLKIN} 为输入时钟周期。

利用软件加载 CLKMD，可以实现两种不同的软件 PLL 工作方式。一种为 PLL 倍频方式，实际的芯片工作时钟 CLKOUT 可由输入时钟 CLKIN 乘以表 7-4 中不同 PLLDIV 和 PLLMUL 组合得出的 31 个系数（0.25,0.5,1,2,3,4,5,6,7,8,9,10,11,12,13,14,15,1.5,2.5,3.5,4.5,5.5,6.5,8.5,0.75,1.25,1.75,2.25,2.75,8.25,8.75）中的任何一个系数来决定。另一种为 DIV 分频方式，CLKIN 除以 2 或 4，在这种工作方式下，所有模拟电路都关断，以使功率最小。

当时钟发生器从 DIV 分频方式转入 PLL 倍频方式时，锁定定时/计数器在转换过程中，时钟发生器继续工作于原来的状态。当锁定定时/计数器减为 0 后，时钟发生器才转入 PLL 倍频工作方式。

如果要从 DIV 分频方式转到 PLL×3 倍频方式，已知 CLKIN 的频率为 13MHz，可以求得 PLLCOUNT=41（十进制数），只要在程序中加入如下指令即可：

```
STM    #0010 0001 0100 1111B, CLKMD
```

其中，PLLMUL=0010B，PLLDIV=0，PLLNDIV=1，故系数为 3；PLLON/OFF=1，PLL 为工作状态；PLLCOUNT=00101001B，十进制计数值为 41。

7.2.3 定时/计数器应用

1．方波发生器

复位时，TIM 和 PRD 的内容为最大值 FFFFH，TCR 的 TDDR=0。假设时钟频率为 0.4MHz，在 XF 引脚输出一个时钟周期为 4ms 的方波，方波周期由内部定时/计数器确定，采用中断方法实现，设计步骤如下。

（1）定时/计数器初始化
● 关闭定时/计数器，TCR 中的 TSS=1。
● 加载 PRD。因为输出脉冲周期为 4ms，所以定时中断周期应该为 2ms，每中断一次，输出端电平取反一次。

- 启动定时/计数器，初始化 TDDR，TSS=0，TRB=1。

（2）中断初始化

- IFR 中的 TINT=1，清除未处理完的定时中断。
- IMR 中的 TINT=1，开放定时中断。
- ST1 寄存器中的 INTM 位清 0，开放全部中断。

（3）方波发生器程序

① 周期为 4ms 的方波发生器（以 TMS320C5402 为例）

```
;fangbo1.asm
;定时/计数器 0 寄存器地址
TIM0                .set   0024H
PRD0                .set   0025H
TCR0                .set   0026H
;K_TCR0:设置定时/计数器 0 中定时控制寄存器的内容
K_TCR0_SOFT         .set   0B<<11        ;TCR 第 11 位 soft=0
K_TCR0_FREE         .set   0B<<10        ;TCR 第 10 位 free=0
K_TCR0_PSC          .set   1001B<<6      ;TCR 第 9～6 位 PSC=1001B
K_TCR0_TRB          .set   1B<<5         ;TCR 第 5 位 TRB=1
K_TCR0_TSS          .set   0B<<4         ;TCR 第 4 位 TSS=0
K_TCR0_TDDR         .set   1001B<<0      ;TCR 第 3～0 位 TDDR=1001B
K_TCR0 .set   K_TCR0_SOFT|K_TCR0_FREE|K_TCR0_PSC|K_TCR0_TRB|K_TCR0_TSS|
                    K_TCR0_TDDR
;初始化定时/计数器 0
;根据定时长度计算公式:Tt=T*(1+TDDR)*(1+PRD)
;给定 TDDR=9, PRD=79, CLKOUT 主频 f=0.4MHz, T=2.5µs
;Tt=2.5*(1+9)*(1+79)=2000µs=2ms
                    STM    #79,TIM0
                    STM    #79,PRD0
                    STM    #K_TCR0,TCR0
                    RET
;定时/计数器 0 的中断服务子程序:通过 XF 给出周期为 4ms，占空比为 50%的方波波形
t0_flag             .usect   "vars",1      ;当前 XF 输出电平标志位,如果 t0_flag=1,则 XF=1
                                           ;如果 t0_flag=0,则 XF=0
timer0_rev:
                    PSHM    TRN
                    PSHM    T
                    PSHM    ST0
                    PSHM    ST1
                    BITF    t0_flag,#1
                    BC      xf_out,NTC
                    SSBX    XF
                    ST      #0,t0_flag
                    B       next
xf_out:
                    RSBX    XF
                    ST      #1,t0_flag
next:
                    POPM    ST1
                    POPM    ST0
                    POPM    T
                    POPM    TRN
                    RETE
```

② 周期为 20s 的方波发生器

TMS320C54x 的定时/计数器所能定时的时间通过公式 $T \times (1+TDDR) \times (1+PRD)$ 来计算。其中，TDDR 最大为 0FH，PRD 最大为 FFFFH，所以能定时的最长时间为 $T \times 1048576$，由所采用的机器周期 T 决定。例如，$f=40MHz$，则最长定时时间为：

$$T_{max}=25 \times 1048576ns=26.2144ms$$

如果需要更长的定时时间，则可以在中断服务程序中设计一个计数器。

设计一个时钟周期为 20s 的方波，可将定时/计数器设置为 10ms，程序中计数器设为 1000，则在计数 $1000 \times 10ms=10s$ 时，XF 引脚电位取反一次，形成所要求的波形。其程序如下：

```
;fangbo2.asm
;初始化定时/计数器 1, 定时时间为 10ms, 本设置中 TDDR=9, PRD=39999, 主频为 40MHz, T=25ns
;定时时间=T *(1+TDDR)*(1+PRD)=10ms
;定时/计数器 1 寄存器地址
TIM1        .set 0030H
PRD1        .set 0031H
TCR1        .set 0032H
;K_TCR1:设置定时/计数器 1 中定时控制寄存器的内容
K_TCR1_SOFT .set  0B<<11                ;TCR 第 11 位 soft=0
K_TCR1_FREE .set  0B<<10                ;TCR 第 10 位 free=0
K_TCR1_PSC  .set  1001B<<6              ;TCR 第 9～6 位 PSC=1001B
K_TCR1_TRB  .set  1B<<5                 ;TCR 第 5 位 TRB=1
K_TCR1_TSS  .set  0B<<4                 ;TCR 第 4 位 TSS=0
K_TCR1_TDDR .set  1001B<<0             ;TCR 第 3～0 位 TDDR=1001B
K_TCR1.set K_TCR1_SOFT|K_TCR1_FREE|K_TCR1_PSC|K_TCR1_TRB|K_TCR1_TSS|K_TCR1_TDDR
            STM   #039999,TIM1
            STM   #039999,PRD1
            STM   #K_TCR1,TCR1
            ST    #1000,*(t1_counter)    ;启动定时/计数器 1 中断
            RET


;定时/计数器 1 中断服务子程序
;功能:中断子程序中设置有一个计数器 t1_counter, 当中断来临时, 将它减 1
;当减为 0 时, 定时时间到, 触发事件并重新设置计数器 t1_counter, 本例触发的事件是 XF 取反
t1_flag                 .usect      "vars",1        ;定义输出判别标志
t1_counter              .usect      "vars",1        ;定义计数器 t1_counter
timer1_rev:
            PSHM    TRN
            PSHM    T
            PSHM    ST0
            PSHM    ST1
            RSBX    CPL
            ADDM    #-1, *(t1_counter)     ;计数器减 1
            CMPM    *(t1_counter),#0       ;判断是否为 0
            BC      Still_wait,NTC         ;不为 0, 退出中断; 为 0, 触发事件设置计数器
            ST      1000, *(t1_counter)
            ST      #1000, *(t1_counter)
            BITF    t1_flag,#1
            BC      xf_out,NTC
            SSBX    XF
            ST      #0,t1_flag
            B       Still_wait
```

```
xf_out:
                RSBX    XF
                ST      #1,t1_flag
Still_wait:
                POPM    ST1
                POPM    ST1
                POPM    ST0
                POPM    T
                POPM    TRN
                RETE
```

2．脉冲频率检测

通过外部中断请求输入，可以检测输入脉冲频率。根据被测输入信号的周期，设定定时/计数器的定时时间，然后，根据设定时间内所测脉冲的个数，计算被测输入信号的频率。这类信号检测方法可用于许多工业控制系统中，如利用码盘、光栅检测电动机的速度等。方法是，第一个负跳变触发定时/计数器工作，输入一个负跳变，计一个数。设定记忆负跳变的个数，当达到设定数字时，定时/计数器停止工作，则此时定时/计数器的时间值除以所计脉冲数，就是被测输入信号的周期。

程序如下：

```
;pinlv.asm
                .mmregs
;定时/计数器0寄存器地址
TIM0        .set 0024H
PRD0        .set 0025H
TCR0        .set 0026H
TSSSET      .set 010H
TSSCLR      .set 0FFEFH
;K_TCR0:设置定时/计数器0中定时控制寄存器的内容
K_TCR0_SOFT      .set   0B<<11
K_TCR0_FREE      .set   0B<<10
K_TCR0_PSC       .set   1111B<<6
K_TCR0_TRB       .set   1B<<5
K_TCR0_TSS       .set   0B<<4
K_TCR0_TDDR      .set   1111B<<0  ;TDDR=15
K_TCR0 .set   K_TCR0_SOFT|K_TCR0_FREE|K_TCR0_PSC|K_TCR0_TRB|K_TCR0_TSS|K_TCR0_TDDR
;-------------------------------------------------------------------
;变量定义
;t_counter 为所设计数器，其目的是增加定时时间
;在本程序中的定时时间为Tm=32767*Tt，其中Tt为定时/计数器的定时时间
;t_ptr_counter,tim_ptr_counter,tcr_ptr_counter:保留下次脉冲数据在数组中的存储位置
;t_array,tim_array,tcr_array:用于记录数据的数组，当前设为20个记录长度
;-------------------------------------------------------------------
t_counter       .usect    "vars",1              ;变量定义
t_ptr_counter   .usect    "vars",1
tim_ptr_counter .usect    "vars",1
tcr_ptr_counter .usect    "vars",1
t_array         .usect    "vars",20
tim_array       .usect    "vars",20
tcr_array       .usect    "vars",20
                .asg      AR7,t_ptr
                .asg      AR6,tim_ptr
```

```
                      .asg      AR5,tcr_ptr
t0_time               .usect    "vars",1
t0_end                .usect    "vars",1


;初始化定时/计数器 0
                      STM       #32767,TIM0
                      STM       #32767,PRD0
                      STM       #K_TCR0,TCR0
                      ST        #2660,t0_time          ;定时时间 26.6ms
LOOP:
                      BITF      t0_end,#1              ;如果定时时间到, 计算频率
                      BC        LOOP,NTC
                      LD        t0_time,A
                      RPT       #(16-1)
                      SUBC      tim_ptr_counter,A
                      STL       A,@f_out_Q             ;频率输出(除法商)
                      STH       A,@f_out_R             ;除法余数
                      ST        #0,t0_end              ;清定时标志
                      RET
intex_sub:                                            ;外部脉冲中断子程序
                      PSHM      TRN
                      PSHM      T
                      PSHM      ST0
                      PSHM      ST1
                      ADD       tim_ptr_counter,#1     ;脉冲计数器加 1
                      POPM      ST1
                      POPM      ST0
                      POPM      T
                      POPM      TRN
                      RETE
Int0_sub:                                             ;定时/计数器中断子程序
                      PSHM      TRN
                      PSHM      T
                      PSHM      ST0
                      PSHM      ST1
                      LD        t0_end,#1
                      POPM      ST1
                      POPM      ST0
                      POPM      T
                      POPM      TRN
                      RETE
```

3. 信号周期检测

信号一个时钟周期发出一个脉冲，程序精确计算出两个脉冲之间的时间间隔。使用外部中断 INT0 来记录脉冲。当脉冲来临时，触发外部中断 INT0。使用定时/计数器 0 来记录时间，为增加定时时间，在程序中设置一级计数器（若实际需要时间更长，则设置二级乃至多级计数器）。时间的记录类似于时钟的分和秒，使用定时/计数器 0 的寄存器来记录低位时间，用程序中的一个计数器来记录高位时间，在外部中断服务程序中读取时间。在定时/计数器 0 中断服务程序中对计数器加 1，实现低位时间的进位。

程序如下：

```
;zhouqi.asm
;初始化定时/计数器程序，在主程序中调用
            .mmregs
TIM0        .set 0024H
PRD0        .set 0025H
TCR0        .set 0026H
TSSSET      .set 010H
TSSCLR      .set 0FFEFH
;K_TCR0:
K_TCR0_SOFT .set   0B<<11
K_TCR0_FREE .set   0B<<10
K_TCR0_PSC  .set   1111B<<6
K_TCR0_TRB  .set   1B<<5
K_TCR0_TSS  .set   0B<<4
K_TCR0_TDDR .set   1111B<<0  ;TDDR=15
K_TCR0.set K_TCR0_SOFT|K_TCR0_FREE|K_TCR0_PSC|K_TCR0_TRB|K_TCR0_TSS|K_TCR0_TDDR
t_counter       .usect   "vars",1
t_ptr_counter   .usect   "vars",1
tim_ptr_counter .usect   "vars",1
tcr_ptr_counter .usect   "vars",1
t_array         .usect   "vars",20
tim_array       .usect   "vars",20
tcr_array       .usect   "vars",20
                .asg     AR7,t_ptr
                .asg     AR6,tim_ptr
                .asg     AR5,tcr_ptr


_inittimer:
;初始化定时/计数器 0，定时时间为 t*1048576
;定时时间=t*(1+tddr)*(1+prd)，本设置中 tddr=15，prd=65535，主频为 f，时钟周期 T=1/f
                STM      #65535,TIM0
                STM      #65535,PRD0
                STM      #K_TCR0,TCR0
                ST       #0,t_counter
                ST       #t_array,*(t_ptr_counter)
                ST       #tim_array,*(tim_ptr_counter)
                ST       #tcr_array,*(tcr_ptr_counter)
                RET
;外部中断 INT0，在脉冲到来时被激活并响应服务子程序，从脉冲到响应存在延迟
int0isr:
                PSHM     ST0
                PSHM     ST1
                PSHM     t_ptr
                PSHM     tim_ptr
                PSHM     tcr_ptr
                PSHM     AL
                PSHM     AH
                PSHM     AG
                PSHM     BL
                PSHM     BH
                PSHM     BG
```

;将当前存储地址加载到地址指针即寄存器中
```
            LD        *(t_ptr_counter),A
            STLM      A,t_ptr
            LD        *(tim_ptr_counter),A
            STLM      A,tim_ptr
            LD        *(tcr_ptr_counter),A
            STLM      A,tcr_ptr
```
;ti 用户手册上建议，为精确计时，读寄存器时，应先停止定时/计数器
```
            ORM       TSSSET,TCR0     ;停止定时/计数器
            LDM       TIM0,A          ;读 TIM0 寄存器，需 1 个 CLKOUT 周期
            LDM       TCR0,B          ;读 TCR0 寄存器，需 1 个 CLKOUT 周期
            ANDM      TSSCLR,TCR0     ;打开定时/计数器，运行该指令需 1 个 CLKOUT 周期
```
;由于读定时/计数器的寄存器，定时/计数器停止计时共 3 个 CLKOUT 周期
```
            STL       A,*tim_ptr      ;取 TIM0 寄存器，保存
            AND       #0FH,B          ;取 TCR0 寄存器的低 4 位，TDDR
            STL       B,*tcr_ptr      ;保存
            LD        *(t_counter),A
            STL       A,*t_ptr
```
;读到的时间等于脉冲到来的时间+延迟响应时间 t1+停止定时/计数器之前运行程序的时间
```
            ADDM      #1,*(t_ptr_counter)
            ADDM      #1,*(tim_ptr_counter)
            ADDM      #1,*(tcr_ptr_counter)
            PSHM      BG
            PSHM      BH
            PSHM      BL
            PSHM      AG
            PSHM      AH
            PSHM      AL
            PSHM      tcr_ptr
            PSHM      tim_ptr
            PSHM      t_ptr
            PSHM      ST1
            PSHM      ST0
            RETE
timer0isr:
            ANDM      #1,*(t_counter)
            RETE
```

以上程序完成数据的记录工作，在对记录的数据进行相应的计算后，可得到每次脉冲来临时用定时/计数器作为"时钟"所记录下来的时间 $T(n)$，在此程序中，$n=20$。记录的时间不是真正的脉冲到来的时间，而是：

读到的时间=脉冲到来的时间+延迟响应时间+停止定时/计数器之前运行程序的时间

当求两个脉冲之间的时间间隔时，可以得出：

相邻脉冲时间间隔=两个脉冲之间的差值+两次延迟响应时间差

这个"时钟"的每两个脉冲之间都会停止 3 个 CLKOUT 周期的计时，所以最后的结果需加上 3 个 CLKOUT 周期，最后的计算公式：

相邻脉冲时间间隔=$T(n+1)-T(n)+3T$（机器周期）

其代表的物理意义是：前后两个脉冲之间的真正差值，加上记录这两个脉冲的中断响应的延迟时间差，误差即为两次中断响应的延迟时间差。由于两次中断响应的延迟时间都为 3 个时钟周期，即在中断到来后第 4 个时钟周期插入流水线，所以通过上述计算得到的结果将没有误差。

7.3 主机接口

TMS320C54x 内部都有一个主机接口（HPI）。HPI 是一个 8 位并口，用来与主设备或主机连接。外部主机是 HPI 的主控者，它可以通过 HPI 直接访问 CPU 的存储空间，包括存储器映射寄存器。图 7-11 是 HPI 的框图。

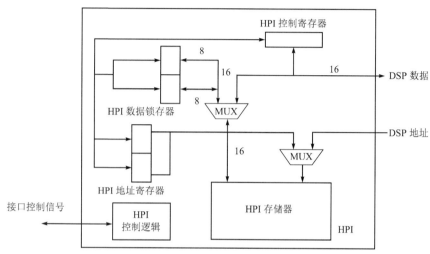

图 7-11　HPI 框图

由图 7-11 可以看出，HPI 主要由以下 5 个部分组成。

① HPI 存储器（DARAM）：它主要用于 TMS320C54x 与主机之间传送数据，也可以用作通用的双寻址数据 RAM 或程序 RAM。

② HPI 地址寄存器（HPIA）：它只能由主机对其直接访问，用于存放当前寻址的存储单元的地址。

③ HPI 数据锁存器（HPID）：它也只能由主机对其直接访问。如果当前进行的是读操作，则 HPID 中存放的是从 HPI 存储器中读出的数据；如果当前进行的是写操作，则 HPID 中存放的是将要写到 HPI 存储器中的数据。

④ HPI 控制寄存器（HPIC）：TMS320C54x 和主机都能对它直接访问，它映射在 TMS320C54x 数据存储器中的地址为 002CH。

⑤HPI 控制逻辑：它用于处理 HPI 与主机之间的接口控制信号。

当 TMS320C54x 与主机交换信息时，HPI 是主机的一个外设。HPI 的外部数据线有 8 根：HD（7~0）。在 TMS320C54x 与主机传送数据时，HPI 能自动地将外部接口传来的连续的 8 位数组合成 16 位数后传给 TMS320C54x。

HPI 有如下两种工作方式。

① 公用寻址方式（SAM）：这是常用的操作方式。在 SAM 方式下，主机和 TMS320C54x 都能寻址 HPI 存储器，异步工作的主机的寻址可在 HPI 内部重新得到同步。如果 TMS320C54x 与主机的周期发生冲突，则主机具有寻址优先权，TMS320C54x 等待一个周期。

② 仅主机寻址方式（HOM）：在 HOM 方式下，只能让主机寻址 HPI 存储器，TMS320C54x 则处于复位状态，或者处在所有内部和外部时钟都停止工作的 IDLE2 空转状态（最小功耗状态）。

HPI 支持主机与 TMS320C54x 之间高速传送数据。在 SAM 方式下，若 HPI 每 5 个 CLKOUT 周期传送一个字节（即 64Mbps），那么主机的运行频率可达 $(F_d \times n)/5$。其中 F_d 是 TMS320C54x 的 CLKOUT 频率；n 是主机每进行一次外部寻址的周期数，通常 n 为 4（或 3）。若 TMS320C54x 的 CLKOUT 频率为 40MHz，那么主机的时钟频率可达 32（或 24）MHz，且不需插入等待周期。在 HOM 方式下，主机具有更快的速度：每 50ns 寻址一个字节（即 160Mbps），且与 TMS320C54x 的时钟频率无关。

1. 连接框图

图 7-12 所示是 TMS320C54x 通过 HPI 与主机连接的框图。可以看到，除 8 位 HPI 数据总线及控制信号线外，不需要附加其他的逻辑电路。

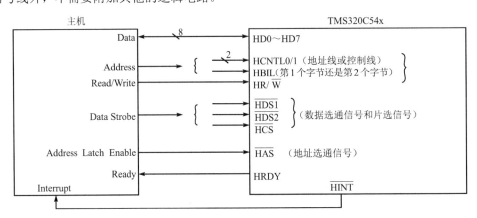

图 7-12　TMS320C54x 通过 HPI 与主机连接的框图

表 7-5 列出了 HPI 引脚的名称和信号功能。

表 7-5　HPI 引脚的名称和信号功能

HPI 引脚	主 机 引 脚	状 态	信 号 功 能		
HD0～HD7	数据总线	I/O/Z	双向并行三态数据总线。当不传送数据（$\overline{HDS1}$、$\overline{HDS2}$ 或 $\overline{HCS}$ =1）或 EMU1/$\overline{OFF}$ =0（切断所有输出）时，HD7（MSB）～HD0（LSB）均处于高阻状态		
$\overline{HCS}$	地址线或控制线	I	片选信号。作为 HPI 的使能输入端，在每次寻址期间必须为低电平，而在两次寻址之间也可以停留在低电平上		
$\overline{HAS}$	地址锁存使能（ALE）或地址选通或不用（连到高电平）	I	地址选通信号。如果主机的地址和数据线使用一根多路总线，则 $\overline{HAS}$ 连到主机的 ALE 引脚，$\overline{HAS}$ 的下降沿锁存 HBIL、HCNTL0/1 和 HR/$\overline{W}$ 信号；如果主机的地址和数据线是分开的，就将 $\overline{HAS}$ 接高电平，此时依靠 $\overline{HDS1}$、$\overline{HDS2}$ 或 $\overline{HCS}$ 中最迟的下降沿锁存 HBIL、HCNTL0/1 和 HR/$\overline{W}$ 信号		
HBIL	地址线或控制线	I	字节识别信号。识别主机传送过来的是第 1 字节还是第 2 字节： HBIL=0，第 1 个字节；HBIL=1，第 2 个字节 第 1 个字节是高字节还是低字节，由 HPIC 中的 BOB 位决定		
HCNTL0/1	地址线或控制线	I	主机控制信号，用来选择主机所要寻址的 HPIA 或 HPID 或 HPIC		
			HCNTL1	HCNTL0	说　明
			0	0	主机可以读/写 HPIC
			0	1	主机可以读/写 HPID。每读 1 次，HPIA 事后加 1；每写 1 次，HPIA 事先加 1
			1	0	主机可以读/写 HPIA。这个寄存器指向 HPI 存储器
			1	1	主机可以读/写 HPID。HPIA 不受影响
$\overline{HDS1}$ $\overline{HDS2}$	读选通和写选通或数据选通	I	数据选通信号，在主机寻址 HPI 周期内，控制 HPI 数据的传送。$\overline{HDS1}$ 和 $\overline{HDS2}$ 信号与 $\overline{HAS}$ 一道产生内部选通信号		
$\overline{HINT}$	主机中断输入	O/Z	HPI 中断输出信号，受 HPIC 中的 HINT 位控制。当 TMS320C54x 复位时，为高电平，当 EMU1/$\overline{OFF}$ 低电平时，为高阻状态		
HRDY	异步准备好	O/Z	HPI 准备好信号。高电平表示 HPI 已准备好执行一次数据传送，低电平表示 HPI 正忙于完成当前事务。当 EMU1/$\overline{OFF}$ 为低电平时，HRDY 为高阻状态，且当 $\overline{HAS}$ 为高电平时，HRDY 总是高电平		
HR/$\overline{W}$	读/写选通，地址线或多路地址/数据	I	读/写信号。高电平表示主机读 HPI，低电平表示写 HPI。若主机没有读/写信号，可用一根地址线代替它		

TMS320C54x 的 HPI 存储器是一个 2KW×16bit 的 DARAM。它在数据空间的地址为 1000H～17FFH（这一存储空间也可用作程序空间，条件是 PMST 寄存器的 OVLY 位为 1）。

从接口的主机方面看，是很容易寻址 2KW HPI 存储器的。由于 HPIA 是 16 位的，由它指向 2KW 空间，因此主机对它寻址是很方便的，地址为 0～7FFH。

HPI 存储器地址的自动增量特性，可以用来连续寻址 HPI 存储器。在自动增量方式下，每进行一次读操作，都会使 HPIA 事后加 1；每进行一次写操作，都会使 HPIA 事先加 1。HPIA 是一个 16 位寄存器，它的每位都可读出和写入，尽管寻址 2KW 的 HPI 存储器只要 11 位最低有效位地址。HPIA 的加/减对 HPIA 所有 16 位都会产生影响。

2．HPI 控制寄存器

HPIC 中有 4 个状态位用于控制 HPI 的操作，见表 7-6。

表 7-6　HPIC 中的状态位

状 态 位	主 机	TMS320C54x	说　明
BOB	读/写	—	字节选择位。如果 BOB=1，则第 1 个字节为低字节；如果 BOB=0，则第 1 个字节为高字节。BOB 位影响数据和地址的传送。只有主机可以修改这一位，TMS320C54x 对它既不能读也不能写
SMOD	读	读/写	寻址方式选择位。如果 SMOD=1，则选择 SAM 方式；如果 SMOD=0，则选择 HOM 方式。TMS320C54x 不能寻址 HPI 存储器的 RAM 区。TMS320C54x 复位期间，SMOD=0；复位后，SMOD=1。SMOD 位只能由 TMS320C54x 修正，然而 TMS320C54x 和主机都可以读它
DSPINT	写	—	主机向 TMS320C54x 发出中断位。这一位只能由主机写，且主机和 TMS320C54x 都不能读它。当主机对 DSPINT 位写 1 时，就对 TMS320C54x 产生一次中断。对于这一位，总是读成 0。当主机写 HPIC 时，高、低字节必须写入相同的值
HINT	读/写	读/写	TMS320C54x 向主机发出中断位。这一位决定 $\overline{HINT}$ 输出端的状态，用来对主机发出中断。复位后，HINT=0，外部 $\overline{HINT}$ 输出端无效（高电平）。HINT 位只能由 TMS320C54x 置位，也只能由主机复位。当外部引脚 $\overline{HINT}$ 无效（高电平）时，TMS320C54x 和主机读 HINT 位为 0；当 $\overline{HINT}$ 有效（低电平）时，读为 1

由于 HPI 总是传送 8 位字节，而 HPIC（通常是主机首先要寻址的寄存器）又是一个 16 位寄存器，因此，在主机这一边，就以相同内容的高字节与低字节来管理 HPIC（尽管某些位的寻址受到一定的限制），而在 TMS320C54x 这一边，高位是不用的，控制/状态位都处在最低 4 位。选择 HCNTL1 和 HCNTL0 均为 0，主机可以寻址 HPIC。连续 2 个字节寻址 8 位 HPI 数据总线。主机要写 HPIC，第 1 个字节和第 2 个字节的内容必须是相同的值。TMS320C54x 寻址 HPIC 的地址为数据空间的 0020H。主机和 TMS320C54x 寻址 HPIC 的结果如图 7-13 所示。

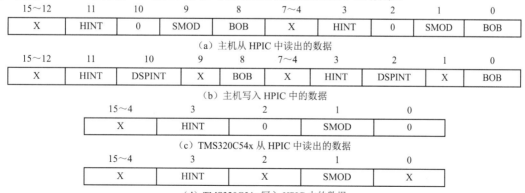

注：读出时的 X 表示读出的是未知值，写入时的 X 表示可以写入任意值。

图 7-13　主机和 TMS320C54x 寻址 HPIC 的结果

7.4 串口

TMS320C54x 具有功能很强的高速、全双工串口，可以用来与系统中的其他 TMS320C54x 器件、编码/解码器、串行 A/D 转换器及其他串行器件直接连接；可以直接实现三种标准通信形式，也可通过软件编程实现其他的标准通信形式。TMS320C54x 的串口分为标准同步串口 SP、缓冲同步串口 BSP、多通道带缓冲串口 McBSP 和时分多路串口 TDM 这 4 种。

7.4.1 标准同步串口

不同型号的芯片所带串口类型不同，见表 7-7。

表 7-7 TMS320C54x 芯片串口配置

芯片型号	SP	BSP	McBSP	TDM
C541	2	0	0	0
C542	0	1	0	1
C543	0	1	0	1
C545	1	1	0	0
C546	1	1	0	0
C548	0	2	0	1
C549	0	2	0	1
C5402	0	0	2	0
C5409	0	0	2	0
C5410	0	0	3	0
C5420	0	0	6	0

1. SP 的结构

标准同步串口 SP 的硬件结构如图 7-14 所示。SP 由 16 位的数据接收寄存器（DRR）、数据发送寄存器（DXR）、接收移位寄存器（RSR）、发送移位寄存器（XSR），以及两个装载控制逻辑电路、两个位/字控制计数器等组成。它有 6 个外部引脚，即接收时钟引脚 CLKR、发送时钟引脚 CLKX、串行接收数据引脚 DR、串行发送数据引脚 DX、接收帧同步信号引脚 FSR 和发送帧同步信号引脚 FSX。

图 7-15 给出了串口传送数据的一种连接方法。下面结合图 7-14 和图 7-15 说明串口收发数据的工作过程。

发送数据时，将准备发送的数据装载到 DXR 中；当上一个字发送完毕后，XSR 为空，DXR 的内容自动复制到 XSR 中。在 FSX 和 CLKX 作用下，将 XSR 的数据通过 DX 输出。

在发送期间，DXR 中的数据刚刚复制到 XSR 中后，串口控制寄存器（SPC）中的发送准备好（XRDY）位立即由 0 变为 1，随后产生一个串口发送中断信号 XINT，同时 CPU 向 DXR 重新加载。

接收数据过程基本与发送过程类似，只是数据流方向相反。外部信号通过 DR 输入，在 FSR 及 CLKR 的作用下，移位至 RSR 中；当 RSR 变满时，直接复制到 DRR 中。整个过程由 CPU 通过 SPC 进行控制，可以通过软件编程实现数据的完整收发通信。

2. 串口控制寄存器

TMS320C54x 的串口控制寄存器（SPC）用于控制串口的操作。SPC 的各位定义如图 7-16 所示。

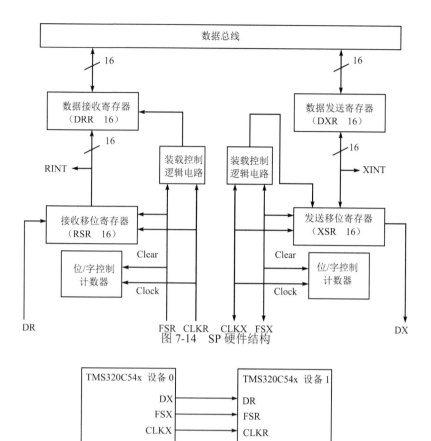

图 7-14 SP 硬件结构

图 7-15 串口传送数据的一种连接方法

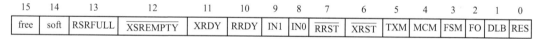

图 7-16 SPC 的各位定义

SPC 共有 16 个控制位，其中 7 位只读，9 位可以读/写。

第 15 位：free 仿真控制位，与第 14 位共同作用于仿真调试。

第 14 位：soft 仿真控制位，与第 15 位共同作用于仿真调试。

第 14 位和第 15 位的组合功能，见表 7-8。

表 7-8 free 位和 soft 位组合功能

free	soft	串口时钟状态
e	0	立即停止串口时钟，结束传送数据
0	1	接收数据不受影响，若正在发送数据，则等待当前数据发送完后停止
1	X	出现断点，时钟不停

第 13 位：RSRFULL 接收移位寄存器满位（只读）。RSRFULL=1 表示 RSR 已满。在字符组模式下，下述三个条件同时满足会使此位有效：第一，上次从 RSR 传到 DRR 中的数据还没有读出；第二，RSR 已满；第三，一个帧同步信号已经出现在 FSR 引脚。在连续传送方式下，只需满足前两个条件。此时，串口暂停接收数据并等待读取 DRR，而 DR 发送过来的数据会丢失。当读入 DRR 中的数据或串口复位或芯片复位时，这一位就变为 0，失效。

第 12 位：$\overline{\text{XSREMPTY}}$ 发送移位寄存器空位（只读）。当发生如下三种情况时，此位变为低电平 0 有效：第一，XSR 已经移空，而 DXR 仍未加载；第二，$\overline{\text{XRST}}$ =0；第三，$\overline{\text{RS}}$ =0。在这种情况下，串口会暂停发送数据，DX 为高阻状态，直到下一个帧同步信号到达。注意，在连续模式下，这种情况是错误状态；而在字符组模式下，这种情况属于正常。向 DXR 中写一个数可以解除这种状态。

第 11 位：XRDY 发送准备好位（只读）。此位由 0 变为 1，表示 DXR 中的内容已复制到 XSR 中，同时产生串口发送中断信号 XINT。可以通过查询该位的方式来判断数据发送的情况。

第 10 位：RRDY 接收准备好位（只读）。此位由 0 变为 1，表示 RSR 中的内容已经复制到 DRR 中，同时产生串口接收中断信号 RINT。可以通过查询该位的方式判断数据接收的情况。

第 9 位：IN1 发送时钟状态位（只读）。IN1 显示的是 CLKX 的当前状态。用位操作指令 BIT、BITT、BITF、CMPM 读取 SPC 中的 IN0、IN1 位。采样 CLKX、CLKR 引脚状态时，整个采样过程需 0.5～1.5 个 CLKOUT 周期的等待时间。

第 8 位：IN0 接收时钟状态位（只读）。IN0 显示的是 CLKR 的当前状态。

第 7 位：$\overline{\text{RRST}}$ 接收复位。$\overline{\text{RRST}}$ =0，串口处于复位状态；$\overline{\text{RRST}}$ =1，串口处于工作状态。

第 6 位：$\overline{\text{XRST}}$ 发送复位。$\overline{\text{XRST}}$ =0，串口处于复位状态；$\overline{\text{XRST}}$ =1，串口处于工作状态。

如果需要复位或重新配置串口，则需要对 SPC 操作两次。首先，对第 6, 7 位写入 0 进行复位。其次，再对第 6, 7 位写入 1，其余各位重新配置。另外，在要求低功耗的情况下，如果不使用串口，可以通过令 $\overline{\text{XRST}}$ = $\overline{\text{RRST}}$ =MCM=0 挂起时钟 CLKX。

第 5 位：TXM 发送方式位。TXM=0，FSX 设置成输入，外部提供帧同步信号。发送时，发送器等待 FSX 提供的同步信号；TXM=1，FSX 设置成输出，每次发送数据开始时，内部产生一个同步信号。

第 4 位：MCM 时钟选择方式位。MCM=1，内部时钟 CLKX 配置成输入，采用外部时钟源；MCM=0，时钟 CLKX 配置成输出，采用内部时钟源。

内部时钟频率是 CLKOUT 的四分之一。

第 3 位：FSM 帧同步方式位，规定初始帧同步信号之后对 FSX 和 FSR 的要求。FSM=0，串口工作于连续模式，即初始帧同步信号之后，不再需要同步信号。如果出现定时错误，会引起整个传送错误；FSM=1，串口工作于字符组模式，即每发送/接收一个字符都要求一个帧同步信号 FSX/FSR。

第 2 位：FO 数据格式位，用于规定串口发送/接收数据的字长。FO=0，发送和接收的数据都是 16 位字；FO=1，数据按 8 位字节传送，先传送 MSB。

第 1 位：DLB 多路开关控制位，用于控制串口的工作状态。

第 0 位：RES 数字返回方式，用于 TMS320C54x 测试串口代码，如图 7-17 所示。这一位用于控制帧同步的多路开关。DLB=1，内部通过一个多路开关（MUX）将 DR 和 DX 相连，如图 7-17（a）所示。FSR 和 FSX 的连接如图 7-17（b）所示。此时，若 MCM=1，则选择内部时钟 CLKX 作为输出时钟 CLKR；若 MCM=0，则选择外部时钟作为 CLKR，如图 7-17（c）所示。DLB=0，串口工作于正常方式，DR、FSR、CLKR 都从外部加入。

3. 串口工作注意事项

串口工作过程中可能出现传输错误等情况。这些情况往往是随机的，例如，接收溢出、发送不满及转换过程中的帧同步信号丢失等。了解串口如何处理这些错误和出现错误时的状况，对有效地利用串口是非常重要的。由于字符组模式与连续模式的错误稍有不同，因此分开讨论。

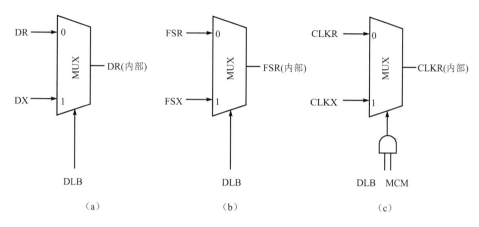

图 7-17　串口多路开关

（1）字符组模式

接收溢出错误通过 SPC 的 RSRFULL 位显示。当 CPU 没有读到传输过来的数据，而更多的数据仍被接收时，CPU 暂停串口接收，直到 DRR 中的数据被读出。因此，任何紧接的后续数据都会丢失。

溢出时，SP 和 BSP 的处理方式不同。在 SP 中，溢出方式 RSR 中的内容被保留。由于溢出接收错误发生后，下一个帧同步信号到来时，RSRFULL 才能被置 1，所以，当 RSRFULL 置位时，连续到来的数据已经丢失。只有利用软件控制在 RSRFULL 被置位后迅速读取 DRR，才可以避免数据丢失。但是，这要求接收时钟 CLKR 频率比 CLKOUT 慢。因为 RSRFULL 在接收帧同步信号 FSR 期间 CLKR 的下降沿被置位，而下一个数据的接收是在随后的 CLKR 的上升沿。因此，检测 RSRFULL，读出 DRR，避免数据丢失的时间仅有半个 CLKR 周期。

在 BSP 中，RSRFULL 在收到最后一位有效位时被置位，RSR 来不及转换到 DRR 中，因此，RSR 中全部转换数据丢失。如果在下一个帧同步信号到来前，DRR 被读出（RSRFULL 清 0），则后续的转换数据可以正确收到。在接收数据（数据正在从 DR 移入 RSR）期间，如果出现帧同步信号，就会产生另一类接收错误。如果发生这种情况，则当前的接收被废除，开始新数据的接收。因此，正在移入 RSR 中的数据丢失，但 DRR 中的数据保留（不会产生从 RSR 到 DRR 的拷贝）。

在接收状态下，SP 工作于字符组模式时的正常和错误状态的工作流程如图 7-18 所示。图 7-19 给出在接收状态下 BSP 工作于字符组模式时的正常和错误状态的工作流程。

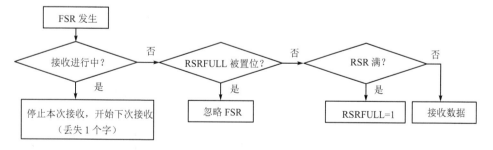

图 7-18　SP 字符组模式接收工作流程

在发送情况下，当 XSR 中的数据正在移入 DX 中时，发生一个帧同步信号，发送就会停止，XSR 中的数据丢失。在帧同步信号发生的瞬间，无论 DXR 中的数据是什么都会送入 XSR 中，并发送出去。然而，值得注意的是，只要 DXR 的最后一位发送出去，就立即产生串口发送中断 XINT 信号。另外，如果 $\overline{\text{XSREMPTY}}$ 为 0，并且帧同步信号发生，则 DXR 中的原有数据移出。图 7-20

给出了在正常和错误状态下串口的发送工作流程图。

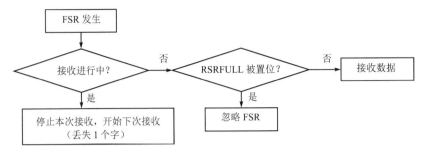

图 7-19　BSP 字符组模式接收工作流程

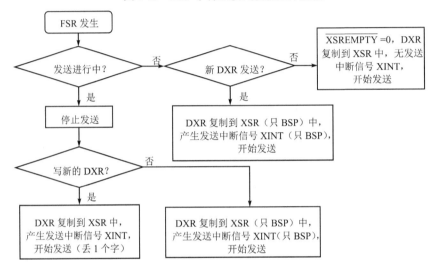

图 7-20　串口发送工作流程

（2）连续模式

在连续模式下，错误出现的形式更多，因为数据转换一直在进行。因此，发送停顿（$\overline{\text{XSREMPTY}}$=0）在连续模式下是一个错误。就像在字符组模式下溢出 RSRFULL=1 是错误一样，在连续模式下，溢出和欠入分别产生接收和发送的停顿。这两种错误不会产生灾难性错误，可以利用简单的读 DRR 或写 XSR 进行矫正。

在连续模式下，溢出错误对 SP 和 BSP 的影响不同。在 SP 中，读 DRR 清 RSRFULL，为了恢复连续模式，并不要求帧同步信号。接收保持原有的字符接收边界，即使接收器没有接收到信号也是如此。因此，当 RSRFULL 由读 DRR 清 0 时，接收从正确的位置开始读。在 BSP 中，由于要求帧同步重新开始连续接收，因此，要重新建立位队列，以便重新开始接收。图 7-21 所示为串口连续模式下接收工作流程。

在连续模式接收期间，如果发生帧同步信号，接收就会停止，因此会丢失一个数据包（因为此时帧同步信号将复位 RSR）。出现在 DR 中的数据随后移入 RSR 中，再一次从第 1 位开始。如果帧同步信号发生在 RSRFULL 清 0 之后，下一个字的边界到来之前，也会产生一个接收停止状况。

另一个串口错误产生的原因是发送期间外部帧同步信号的出现。在连续模式下，初始化帧同步之后，不再需要帧同步信号。如果在发送期间出现一个不合适的时序帧同步信号，就会停止当前的信号发送，造成 XSR 中的数据丢失。新的发送周期被初始化，每个数据发送之后，只要 DXR 被刷新，发送转换就会继续。图 7-22 所示为串口连续模式下发送工作流程。

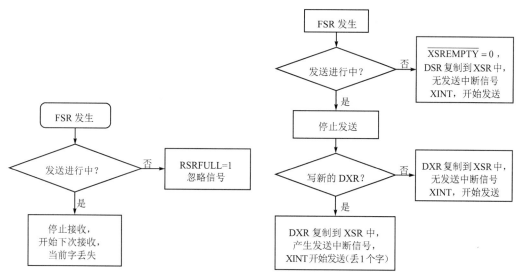

图 7-21 串口连续模式下接收工作流程   图 7-22 串口连续模式下发送工作流程

下面以 TMS320C5402 为例，给出 SP 操作的步骤。

（1）串口初始化步骤

- 复位，写 0038H（或 0008H）到 SPC 中初始化串口。
- 写 00C0H 到 IFR 中，清除挂起的串口中断。
- 将 00C0H 和 IMR 进行与操作，使能串口中断。
- 将清 ST1 寄存器的 INTM 位使能全局中断。
- 写 00F8H（或 00C8H）到 SPC 中开始串口传送。
- 写第一个数据到 DXR 中（如果这个串口与另一个处理器的串口连接，而且这个处理器将产生一个帧同步信号 FSX，则在写这个数据之前必须有握手信号）。

（2）串口中断服务程序步骤

- 将中断用到的寄存器压入堆栈保护。
- 读 DRR 或写 DXR，或同时进行两种操作。从 DRR 中读出的数据写入内存给定区域中，写入 DXR 中的数据从内存给定区域中取出。
- 恢复现场。
- 用 RETE 从中断子程序返回断点。

7.4.2 缓冲同步串口

缓冲同步串口（BSP）在标准同步串口（SP）的基础上增加一个自动缓冲单元（ABU），是一种增强型标准串口。双缓冲的 BSP 允许使用 8、10、12 和 16 位连续通信流数据包，为发送和接收数据提供帧同步信号及一个可编程频率的串行时钟，最大的操作频率是 CLKOUT 的频率。BSP 发送部分包括脉冲编码模块（PCM），使得与 PCM 的接口很容易。BSP 结构，如图 7-23 所示。ABU 是一个附加逻辑电路，允许串口直接对内存进行读/写，不需要 CPU 参与，可以节省时间，实现串口与 CPU 的并行操作。

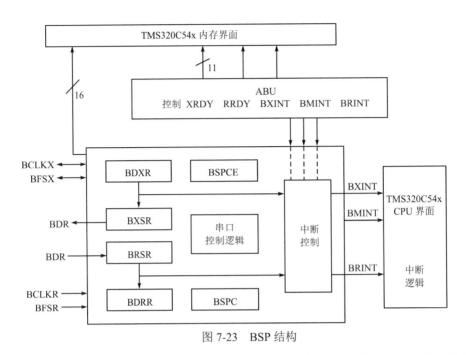

图 7-23　BSP 结构

ABU 有自己的循环寻址寄存器，每个寄存器都有相应的地址产生单元。发送和接收缓冲区驻留在芯片内存一个 2KW 的存储块中。这部分内存也可用作普通的存储器，这是自动缓冲可以寻址的唯一内存块。

利用自动寻址功能可以进行串口和内存的直接数据交换。2KW 存储块中缓冲区开始的地址和长度是可编程访问的，而缓冲区的空或满可以产生串口中断，通知 CPU。利用自动取消功能，可以很容易地取消缓冲区数据传送。

BSP 自动缓冲功能可以对发送和接收部分分别使能。当自动缓冲功能取消时，串口的数据转换的软件控制与标准串口相同。在这种模式下，ABU 是透明的，每发送或接收一个字就会产生中断信号 WXINT 和 WRINT，且被送入 CPU 作为缓冲串口发送中断信号 BXINT 或缓冲串口接收中断信号 BRINT。当自动缓冲功能使能时，BXINT 和 BRINT 两个中断信号只在缓冲区的一半被传输时产生。

1. BSP 标准模式

这部分讨论标准模式下 SP 与 BSP 操作的差别及 BSP 提供的增强功能。增强 BSP 功能在标准模式和自动缓冲模式下都是有效的。BSP 利用自己的内存映射的缓冲数据发送寄存器（BDXR）、缓冲数据接收寄存器（BDRR）、缓冲串口控制寄存器（BSPC）进行数据通信，也用附加的控制寄存器，BSP 控制扩展寄存器（BSPCE）处理它的增强功能和控制 ABU。BSP 发送和接收移位寄存器（BXSR 和 BRSR）不能用软件直接存取，但是具有双向缓冲能力。如果没有使用串口功能，BDXR 和 BDRR 可以用作通用寄存器；此时 BFSR 设置为无效，以保证初始化可能的接收操作。当自动缓冲功能使能时，对 BDXR、BDRR 的访问受限。当 ABU 废除时，BDRR 只能读，BDXR 只能写。当复位时，BDRR 只能写，BDXR 任何时间都可以读。

SP 与 BSP 的差别见表 7-9。

表 7-9 SP 与 BSP 的差别

SPC 的状态	SP	BSP
RSRFULL=1	要求 RSR 满，且 FSR 出现。在连续模式下，只需要 RSR 满	只需要 BRSR 满
溢出时 RSR 数据保留	溢出时 RSR 数据保留	溢出时 BRSR 数据丢失
溢出后连续模式接收重新开始	只要 DRR 被读出，则接收重新开始	只有 BDRR 被读出且 BFSR 到来时，接收才重新开始
DRR 中进行 8、10 和 12 位转换时扩展符号	否	是
XSR 装载，$\overline{\text{XSREMPTY}}$ 清空，XRDY/XINT 中断触发	装载 DXR 时，出现这种状况	装载 BDXR 且 BFSX 发生时，出现这种状况
对 DXR 和 DRR 中的数据进行存取	在任何情况下都可以在程序控制下对 DRR 和 DXR 进行读/写。注意，当串口正在接收时，DRR 的读得不到以前由程序所写的结果。另外，DXR 的重写可能丢失以前写入的数据，这与帧同步发送信号 FSX 和写的时序有关	不启动 ABU 功能时，BDRR 只读，BDXR 只写。只有复位时 BDRR 可写。BDRR 在任何情况下只能读
最大串口时钟频率	CLKOUT/4	CLKOUT
初始化时钟要求	只有帧同步信号出现时，初始化过程才能完成。如果在帧同步信号发生期间或之后，$\overline{\text{XRST}}$ / $\overline{\text{RRST}}$ 变为高电平，则帧同步信号丢失	在标准模式下，帧同步信号出现后，需要一个时钟周期的延时，才能完成初始化过程。在自动缓冲模式下，帧同步信号出现后，需要 6 个时钟周期的延时，才能完成初始化过程
省电操作模式 IDLE2/3	无	有

2. BSP 增强模式

BSP 的扩展功能包括可编程控制串口时钟周期、时钟极性和帧同步信号极性，除有串口提供的 8，16 位数据转换外，还增加了 10，12 位字转换。另外，BSP 允许设置忽略帧同步信号或不忽略。同时，利用 PCM 接口提供一种详细的操作模式。

BSPCE 包含控制位和状态位，这些位针对 BSP 和 ABU 的特殊增强功能而设。BSPCE 各位定义如图 7-24 所示。

15~10	9	8	7	6	5	4~0
ABU 控制	PCM	FIG	FE	CLKP	FSP	CLKDV

图 7-24 BSPCE 各位定义

各位的功能说明如下。

第 15～10 位：ABU 控制位，控制自动缓冲单元。

第 9 位：PCM 脉冲编码模式。此位设置串口工作于编码模式下，这种模式只影响发送寄存器。从 BDXR 到 BXSR 的转换不受 PCM 的影响。PCM=0，清除脉冲编码模式；PCM=1，设置脉冲编码模式。

在 PCM 模式下，只有它的最高位（第 15 位）为 0，BDXR 才被发送；如果这位被设置为 1，则 BDXR 不发送。发送期间，BDX 处于高阻态。

第 8 位：FIG 帧同步信号忽略位。此位仅在连续发送模式且具有外部帧同步信号，以及连续接收模式下工作。FIG=0，在第一个帧同步信号之后的帧同步信号重新启动发送；FIG=1，忽略帧同步信号。

第 7 位：FE 扩展格式位。此位与 SPC 中的 FO 位一起用于设定数据的字长，见表 7-10。

表 7-10　字长控制

FO	FE	字长/位
0	0	16
0	1	10
1	0	8
1	1	12

第 6 位：CLKP 时钟极性位。此位设定接收和发送数据的采样时间。CLKP=0，接收器在 BCLKR 的下降沿采样数据，发送器在 BCLKX 的上升沿发送数据；CLKP=1，接收器在 BCLKR 的上升沿采样数据，发送器在 BCLKX 下降沿发送数据。

第 5 位：FSP 帧同步信号极性位。此位设定帧同步信号触发电平的高低。FSP=0，帧同步信号高电平激活；FSP=1，帧同步信号低电平激活。

第 0~4 位：CLKDV 内部发送时钟分频系数。当 BSPC 的 MCM=1 时，CLKX 由内部的时钟源驱动，这个时钟的频率为 CLKOUT/(CLKDV+1)，CLKDV 的取值范围是 0~31。当 CLKDV 为奇数或 0 时，CLKX 的占空比为 50%；当 CLKDV 为偶数时，其占空比依赖于 CLKP，CLKP=0，占空比为 $(P+1)/P$；CLKP=1，占空比为 $P/(P+1)$。

上述扩展功能可使串口在各方面的应用都十分灵活。尤其是 FIG 的工作方式，可将 16 位数据以外的各种字长数据压缩打包。这个特性可以用于外部帧同步信号的连续发送和接收工作状态。初始化之后，当 FIG=0 时，帧同步信号发生，转换重新开始。FIG=1，帧同步信号被忽略。例如，设置 FIG=1，可以在每 8、10 或 12 位产生帧同步信号的情况下实现连续 16 位数据的有效传输。如果不用 FIG，每个低于 16 位的数据转换必用 16 位格式，包括存储格式。利用 FIG 可以节省缓冲内存。

3. ABU

ABU 的功能是控制串口与固定缓冲内存区中的数据交换，且独立于 CPU 自动进行。ABU 利用 5 个存储器映射寄存器，包括地址发送寄存器（AXR）、循环缓冲区长度发送寄存器（BKX）、地址接收寄存器（ARR）、循环缓冲区长度接收寄存器（BKR）和缓冲串口控制扩展寄存器（BSPCE）。前 4 个寄存器都是 11 位的内部外设存储器映射寄存器，但这些寄存器按照 16 位寄存器方式读取，5 个高位为 0。如果不用自动缓冲功能，则这些寄存器可以作为通用寄存器用。

发送和接收部分可以分别控制。当两个功能同时应用时，通过软件控制相应的缓冲数据发送/接收寄存器 BDXR 或 BDRR。当发送或接收缓冲区的一半或全部为满或空时，ABU 也可执行 CPU 的中断。在标准模式下，这些中断代替了接收和发送中断。在自动缓冲模式下，不会发生这种情况。

使用自动缓冲功能时，CPU 也可以对缓冲区进行操作。如果 ABU 和 CPU 同时对缓冲区进行操作，就会产生时间冲突。此时，ABU 的优先级更高，而 CPU 存取延时 1 个时钟周期。当 ABU 同时与串口进行发送和接收时，发送的优先级高于接收的优先级。此时，发送首先从缓冲区取出数据，然后延迟等待，当发送完成后再开始接收。

ABU 控制位功能如下（BSPCE 中的高 6 位控制位）。

第 15 位：HALTR 自动缓冲接收停止位。HALTR=0，当缓冲区接收到一半时，继续操作；HALTR=1，当缓冲区接收到一半时，自动缓冲停止，此时，BRE 清 0，串口继续按标准模式工作。

第 14 位：RH 接收位，用于指明接收缓冲区的哪一半已经填满。RH=0，表示缓冲区的前半部分被填满，当前接收的数据正存入缓冲区后半部分；RH=1，表示后半部分缓冲区被填满，当前接收数据正存入缓冲区前半部分。

第 13 位：BRE 自动接收使能位。BRE=0，自动接收禁止，串口工作于标准模式下；BRE=1，自动接收允许。

第 12 位：HALTX 自动发送禁止位。HALTX=0，当一半缓冲区发送完成后，自动缓冲继续工作；HALTX=1，当一半缓冲区发送完成后，自动缓冲停止，此时，BRE 清 0，串口继续工作于标准模式下。

第 11 位：XH 发送缓冲禁止位。XH=0，缓冲区的前半部分发送完成，当前发送数据取自缓冲区的后半部分；XH=1，缓冲区的后半部分发送完成，当前发送数据取自缓冲区的前半部分。

第 10 位：BXE 自动发送使能位。BXE=0，禁止自动发送功能；BXE=1，允许自动发送功能。

ABU 工作过程：ABU 操作是在串口与 ABU 的 2KW 内存之间进行的。每一次在 ABU 的控制下，串口将取自指定内存的数据发送出去，或者将接收的串口数据存入指定内存中。在这种工作方式下，在传输每个字的转换过程中不会产生中断，只有当发送或接收数据超过要求一半的界限时才会产生中断，避免 CPU 直接介入每次传输带来的资源消耗。可以利用 11 位地址寄存器和块长度寄存器来设定缓冲区的开始地址和数据区长度。发送和接收缓冲可以分别驻留在不同的独立存储区，包括重叠区域或同一个区域。自动缓冲工作时，ABU 利用循环寻址方式对这个存储区进行寻址，而 CPU 对这个存储区的寻址则严格根据执行存储器操作的汇编指令所选择的寻址方式进行。

循环寻址原理：循环寻址通过装载 BKX/R 满足实际要求缓冲区长度（长度−1），通过装载 ARX/R 给出 2KW 缓冲区内的基地址和缓冲区数据起始地址实现初始化。在一般情况下，初始化起始地址为 0，暗示为缓冲区的开端（即缓冲区顶部地址），但是，也可以指定为缓冲区内的任意一点。一旦初始化完成，BKX/R 可以认为由两部分组成：高位部分相对于 BKX/R 中所有的 0 位置，低位部分相对于高位出现第一个 1 及其以后的位，并表明这个 1 所处的位置为第 N 位。同时，这个 N 位的位置也将寻址寄存器定义为 ARH 和 ARL 两部分。缓冲区顶部地址（TBA）由高位为 ARH 而低位为 N+1 个 0 组成的数定义。缓冲区底部地址（BBA）由 ARH 和 BKL−1 决定。当前数据缓冲区的位置由 ARX/R 的内容决定。长度为 BKX/R 的循环缓冲区必须开始于 N 位地址边界（地址寄存器的低 N 位为 0）。N 必须是满足不等式 2^N>BKX/R 的最小整数，或者是在 2KW 缓冲内存之内的底部地址。缓冲区由两部分组成：第一部分的地址范围为 TBA≥(BKL/2)，第二部分的地址范围为 BKL/2≥(BKL−1)。图 7-25 所示为循环寻址示意图。

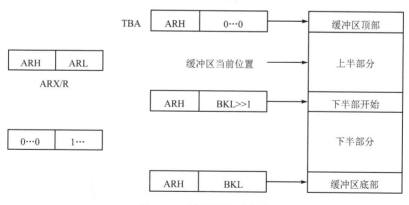

图 7-25　循环寻址示意图

ABU 最小的缓冲区长度为 2，最大的块长度为 2047。任何 2047～1024 个字的缓冲区都开始于相对于 ABU 存储区基地址的 0x0000 位置。如果地址寄存器（AXR，ARR）装载了当前指定的 ABU 缓冲区范围之外的地址，就会产生错误。后续的存取从指定位置开始，不管这些位置是否已经超出指定缓冲区。ARX/R 的内容会随着每次访问继续增加，直至达到下一个允许的缓冲区开始地址。

在后续的存取操作中，作为更新的循环缓冲开始地址，新的 ARX/R 内容用来进行正确的循环缓冲地址计算。值得注意的是，任何不适当的装载，ARX/R 的存取都可能破坏某些存储空间的内容。下面的例子说明自动缓冲功能的应用。考虑一个长度为 5（BKX=5）的发送缓冲区，长度为 8（BKR=8）的接收缓冲区。

发送缓冲区开始于任何一个 8 的倍数的地址：0000H, 0008H, 0010H, ···, 007F8H。

接收缓冲区开始于任何一个 16 的倍数的地址：0000H, 0010H, 0020H, ···, 07F0H。

发送缓冲区开始于 0008H，接收缓冲区开始于 0010H。AXR 的内容可以是 0008H～000CH 中的任何一个值，ARR 的内容为 0010H～0017H 之间的任何一个值。如果本例中 AXR 已经被装载到 000DH 处（长度为 5 的模块不能接收），存储器一直在执行存取操作，则 AXR 中的内容增加直到地址 0010H 处，它是一个可以接收的开始地址。如果发生这种情况，AXR 就指定一个与接收缓冲区相同的地址，从而产生发送/接收冲突，出现运行错误。当 XRDY 或 RRDY 变为 1 时，串口激活自动缓冲功能，表明一个字已经收到，然后完成要求的内存存取。如果已经完成接收的数据超过定义的缓冲区长度的一半，则产生一个中断。当中断产生时，BSPCE 中的 RH 和 XH 表明是哪一半数据已经被发送和接收。若选择废除自动缓冲功能，在遇到下一半缓冲区边界时，BSPCE 中的自动使能位 BXE 和 BRE 被清 0，以便禁止自动缓冲功能，不会产生任何进一步的请求。当发送缓冲被停止时，当前的 AXSR 中的内容和 DXR 中最后的值都会被发送。因为这些转换都已经被初始化，因此，当利用 HALTX 功能时，在穿越缓冲边界与发送实际停止之间通常会有时间延迟。如果必须识别发送的实际停止时间，必须利用软件查询到 XRDY=1，$\overline{\text{XSREMPTY}}$=0。接收时，利用 HALTR 功能，由于越过缓冲区边界时自动缓冲功能被停止，因此进一步接收数据会丢失，除非利用软件从这一点开始响应接收中断，因为不再由 ABU 自动转换读 BDRR。

自动缓冲过程归纳如下：

- ABU 完成对缓冲区的存取。
- 工作过程中地址寄存器内容自动增加，直至缓冲区的底部（到底部后，地址寄存器内容恢复到缓冲区顶部）。
- 如果数据到了缓冲区的一半或底部，就会产生中断，并且刷新 XH/RH。
- 如果选择禁止自动缓冲功能，当数据过半或到达缓冲区底部时，ABU 自动停止自动缓冲功能。

4．BSP 操作注意事项

这部分将重点讨论 BSP 操作的系统级情况，包括初始化时序、ABU 的软件初始化步骤、省电工作模式。

串口初始化时序：TMS320C54x 系列充分利用了 DSP 的静态设计。串口时钟在转换或初始化之前不必工作，如果 FSX/FSR 与 CLKX/CLKR 同时开始，仍然可以正常操作。不管串口时钟是否提前工作，串口初始化的时间及串口脱离复位的时间均是串口正常工作的关键。最重要的是，串口脱离复位状态的时间和第一个帧同步信号的发生时间一致。

初始化时间要求在串口和 BSP 中是不同的。对于串口来说，可在任何 FSX/FSR 的时间复位，但是，如果在帧同步信号之后或帧同步信号期间 XRST/RRST 置位，那么帧同步信号可能被忽略。在标准模式下进行接收操作，或外部帧同步信号发送（TXM=0）操作时，BSP 必须在探测到激活的帧同步信号的那个时钟边沿之前至少两个 CLKOUT 周期加 1/2 个串口时钟周期时复位，以便正常操作。在自动缓冲模式下，具有外部帧同步信号的接收和发送必须需要至少 6 个时钟周期才能复位。

为了开始或重新开始在标准模式下的 BSP 操作，用软件可以完成与串口初始化同样的工作。

此外，BSPCE 被初始化以配置所希望的扩展功能。

BSP 发送软件初始化步骤如下：

① 写 0008H 到 BSPCE 中，复位和初始化串口。

② 写 0020H 到 IFR 中，清除挂起的串口中断。

③ 将 0020H 与 IMR 进行或操作，使能串口中断。

④ 清 ST1 寄存器的 INTM 位，使能全局中断。

⑤ 写 1400H 到 BSPCE 中，初始化 ABU 的发送器。

⑥ 写缓冲区开始地址到 AXR 中。

⑦ 写循环缓冲区长度到 BKX 中。

⑧ 写 0048H 到 BSPCE 中，开始串口操作。

上述初始化步骤仅进行发送操作、字符组模式、外部帧同步信号、外部时钟的设置，数据格式为 16 位，帧同步信号和时钟极性为正。发送缓冲通过设置 ABU 的 BXE 位使能，HALTX=1，使得数据达到缓冲区的一半时停止发送。

BSP 接收软件初始化步骤如下：

① 写 0000H 到 BSPCE 中，复位和初始化串口。

② 写 0020H 到 IFR 中，清除挂起的串口中断。

③ 将 0020H 与 IMR 进行或操作，使能串口中断。

④ 清 ST1 寄存器的 INTM 位，使能全局中断。

⑤ 写 1400H 到 BSPCE 中，初始化 ABU 的发送器。

⑥ 写缓冲区开始地址到 AXR 中。

⑦ 写循环缓冲区长度到 BKX 中。

⑧ 写 0048H 到 BSPCE 中，开始串口操作。

5. BSP 省电工作模式

TMS320C54x 提供几种省电工作模式，允许部分或整个器件进入休眠或低功耗状态。省电状态可采用以下 3 种方式调用：执行 IDEL 指令，将 HM 位设置为低，令 HOLD 引脚为低电平。BSP 可以像其他内部外设一样（定时/计数器、标准串口），利用发送或接收中断唤醒处于睡眠状态的 CPU。

当工作于 IDEL 或 HOLD 模式下时，BSP 继续工作。当工作于 IDEL2/3 模式下时，不同于串口和内部其他外设被停止的情形，BSP 仍然可以工作。在标准模式下，当器件工作于 IDEL2/3 模式下时，若 BSP 利用外部时钟及外部帧同步信号，则这个串口将继续工作。若在执行 IDEL2/3 指令之前，INTM=0，发送或接收中断将唤醒省电模式工作的 CPU。如果使用内部时钟和帧同步信号，BSP 会保持 IDEL2/3 状态直到 CPU 重新工作。

在自动缓冲模式下，当器件工作于 IDEL2/3 模式下时，如果 BSP 利用外部时钟和帧同步信号，一个发送和接收事件将接通内部时钟信号以便完成 DXR（DRR）内存转换。一旦转换完成，BSP 内部时钟自动关断，芯片保持 IDEL2/3 工作状态。在器件执行 IDEL2/3 之前，如果 INTM=0，且发送或接收缓冲区半空、全空或全满时，则 ABU 的发送或接收中断可以唤醒器件的 CPU。

7.4.3 时分多路串口

时分多路串口（TDM）允许 TMS320C54x 器件可与最多 8 个其他器件进行分时串行通信。因此，TDM 提供了简单有效的多处理器应用接口。

　　时分方式是指将与不同器件的通信按时间依次划分为时段，周期性地按时间顺序与不同的器件进行通信的工作方式。每个器件占用各自的通信时段（通道），循环往复传送数据。图 7-26 所示是一个 8 通道的 TDM 系统，各通道的发送或接收相互独立。

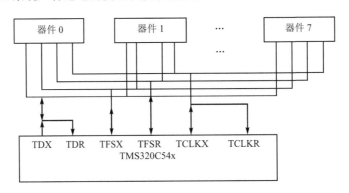

图 7-26　8 通道的 TDM 系统

　　TDM 操作通过 6 个存储器映射寄存器（TRCV、TDXR、TSPC、TCSB、TRTA 和 TRAD）和两个其他专用寄存器（TRSR 和 TXSR，这两个寄存器不直接对程序进行存取，只用于双向缓冲）完成。各寄存器功能说明如下。

　　TDM 数据接收寄存器（TRCV）：16 位，保存接收的串行数据，功能与 DRR 相同。

　　TDM 数据发送寄存器（TDXR）：16 位，保存发送的串行数据，功能与 DXR 相同。

　　TDM 串口控制寄存器（TSPC）：16 位，包含 TDM 的模式控制或状态控制位。第 0 位是 TDM 模式控制位：TDM=1，多路通信方式；TDM=0，普通串口工作方式。其他各位的定义与 SPC 相同。

　　TDM 通道选择寄存器（TCSR）：16 位，规定所有与之通信的器件的发送时段。

　　TDM 发送/接收地址寄存器（TRTA）：16 位，低 8 位（RA0～RA7）为 TMS320C54x 的接收地址，高 8 位（TA0～TA7）为发送地址。

　　TDM 接收地址寄存器（TRAD）：16 位，保存 TDM 地址线的各种状态信息。

　　TDM 数据接收移位寄存器（TRSR）：16 位，控制数据的接收过程，从输入引脚 TDR 到 TRCV，与 RSR 功能类似。

　　TDM 数据发送移位寄存器（TXSR）：控制从 TDXR 来的数据由输出引脚 TDX 发送出去，与 XSR 功能相同。

　　TDM 与其他硬件接口连接时，4 根串口总线上可以同时连接 8 个串口器件进行分时通信。这 4 根线的定义分别为：时钟 TCLK、帧同步 TFAM、数据 TDAT 及附加地址 TADD。

7.4.4　多通道带缓冲串口

　　TMS320C54x 提供多通道带缓冲串口（McBSP）。它可以与其他 TMS320C54x 器件、编码器或其他串口器件通信。TMS320C54x 芯片中只有三款具有 McBSP 功能，分别是：C5402 有 2 个，C5410 有 3 个，C5420 有 6 个。

1. McBSP 特点

　　McBSP 的硬件部分是基于标准串口的引脚连接界面的，具有如下特点：

● 充分的双向通信。

- 双倍的发送缓冲和三倍的接收缓冲数据存储器，允许连续的数据流。
- 独立的接收/发送帧同步信号和时钟信号。
- 可以直接与工业标准的编码器、模拟界面芯片（AICs），以及其他串行 A/D、D/A 转换器件通信。
- 具有外部移位时钟发生器及内部频率可编程移位时钟。
- 可以直接利用多种串行协议接口通信，如 T1/E1、MVIP、H100、SCSA、IOM-2、AC97、IIS、SPI 等。
- 发送和接收通道数最多可以达到 128。
- 宽范围的数据格式选择，包括 8、12、16、20、24、32 位字长。
- 利用 μ 律或 A 律的压缩扩展通信。
- 选择 8 位数据的高位、低位先发送。
- 帧同步信号和时钟信号的极性可编程。
- 可编程内部时钟信号和帧同步信号发生器。

2．McBSP 结构及工作原理

McBSP 结构如图 7-27 所示，包括数据通路和控制通路两部分，并且通过 7 个引脚与外部器件相连。

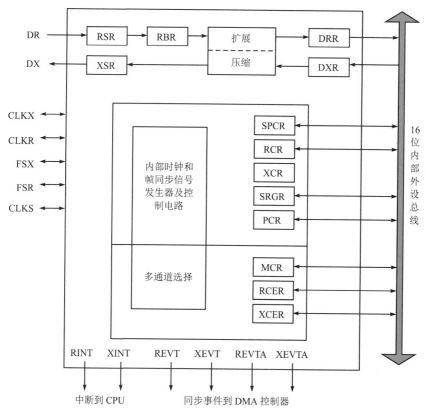

图 7-27　McBSP 结构

各引脚功能说明如下。

DX：发送引脚，与 McBSP 相连，发送数据。

DR：接收引脚，与接收数据总线相连。

CLKX：发送时钟引脚。

CLKR：接收时钟引脚。

FSX：发送帧同步引脚。

FSR：接收帧同步引脚。

在时钟信号和帧同步信号控制下，接收和发送通过 DR 和 DX 引脚与外部器件直接通信。TMS320C54x 内部 CPU 对 McBSP 的操作，利用 16 位控制寄存器，通过内部外设总线进行存取控制。

数据发送过程如下：

① 写数据到数据发送寄存器 DXR[1,2]中。

② 通过发送移位寄存器 XSR[1,2]将数据经 DX 引脚移出并发送。

数据接收过程如下：

① 通过 DR 引脚接收的数据移入接收移位寄存器 RSR[1,2]中，复制这些数据到接收缓冲寄存器 RBR[1,2]中。

② 复制数据到数据接收寄存器 DRR[1,2]中。

③ 从 CPU 或 DMA 控制器中读出。

这个过程允许内部和外部数据通信同时进行。如果接收或发送字长 R/XWDLEN 被指定为 8、12 或 16 位时，DRR2、RBR2、RSR2、DXR2、XSR2 等寄存器不能进行写、读、移位操作。CPU 或 DMA 控制器可对其余的寄存器进行操作，这些寄存器列于表 7-11 中。

McBSP 的控制模块由内部时钟和帧同步信号发生器、控制电路、多通道选择 4 部分构成。两个中断和 4 个同步事件信号控制 CPU 和 DMA 控制器的中断，使 CPU 和 DMA 事件同步。图 7-27 中，RINT、XINT 分别为触发 CPU 的接收和发送中断，REVT、XEVT 分别为触发 DMA 接收和发送同步事件，REVTA、XEVTA 分别为触发 DMA 接收和发送同步事件 A。

表 7-11 McBSP 寄存器列表

地 址			子 地 址	名称缩写	寄存器名称[*]
McBSP0	McBSP1	McBSP2			
—	—	—	—	RBR[1,2]	接收移位寄存器 1,2
—	—	—	—	RSR[1,2]	接收缓冲寄存器 1,2
—	—	—	—	XSR[1,2]	发送移位寄存器 1,2
0020H	0040H	0030H	—	DRR2x	数据接收寄存器 2
0021H	0041H	0031H	—	DRR1x	数据接收寄存器 1
0022H	0042H	0032H	—	DXR2x	数据发送寄存器 2
0023H	0043H	0033H	—	DXR1x	数据发送寄存器 1
0038H	0048H	0034H	—	SPSAx	子地址寄存器
0039H	0049H	0035H	0000H	SPCR1x	串口控制寄存器 1
0039H	0049H	0035H	0001H	SPCB2x	串口控制寄存器 2
0039H	0049H	0035H	0002H	RCR1x	接收控制寄存器 1
0039H	0049H	0035H	0003H	RCR2x	接收控制寄存器 2
0039H	0049H	0035H	0004H	XCR1x	发送控制寄存器 1
0039H	0049H	0035H	0005H	XCR2x	发送控制寄存器 2
0039H	0049H	0035H	0006H	SRGR1x	采样率发生寄存器 1

地　　址			子　地　址	名称缩写	寄存器名称*
McBSP0	McBSP1	McBSP2			
0039H	0049H	0035H	0007H	SRGR2x	采样率发生寄存器2
0039H	0049H	0035H	0008H	MCR1x	多通道寄存器1
0039H	0049H	0035H	0009H	MCR2x	多通道寄存器2
0039H	0049H	0035H	000AH	RCERAx	接收通道使能寄存器A
0039H	0049H	0035H	000BH	RCERBx	接收通道使能寄存器B
0039H	0049H	0035H	000CH	XCERAx	发送通道使能寄存器A
0039H	0049H	0035H	000DH	XCERBx	发送通道使能寄存器B
0039H	0049H	0035H	000EH	PCRx	引脚控制寄存器

* RBR[1,2]、RSR[1,2]、XSR[1,2]不能直接通过 CPU 或 DMA 控制器进行存取。

3．McBSP 配置

通过 3 个 16 位寄存器 SPCR[1,2]和 PCR 进行 McBSP 配置。SPCR1 的结构如图 7-28 所示。

15	14～13	12～11	10～8	7	6	5～4	3	2	1	0
DLB	RJUST	CLKSTP	保留	DXENA	ABIS	RINTM	RSYNCERR	RFULL	RRDY	$\overline{RRST}$
RW, +0	RW, +0	RW, +0	R, +0	RW, +0	RW, +0	RW, +0	RW, +0	R, +0	R, +0	RW, +0

图 7-28　SPCR1 的结构

图 7-28 中，R 表示读，W 表示写，+0 表示复位值为 0。

SPCR1 各位功能说明如下。

第 15 位：DLB 数字循环返回模式位。DLB=0，废除该模式；DLB=1，使能该模式。

第 14～13 位：RJUST 接收符号扩展和判别模式位。RJUST=00，右位判 DRR[1,2]最高位为 0；RJUST=01，右位判 DRR[1,2]最高位为符号扩展位；RJUST=10，左位判 DRR[1,2]最低位为 0；RJUST=11，保留。

第 12～11 位：CLKSTP 时钟停止模式位。CLKSTP=0X，废除时钟停止模式；对于非 SPI 模式为正常时钟。

SPI 模式包括：CLKSTP=10，CLKXP=0，时钟开始于上升沿，无延时；CLKSTP=10，CLKXP=1，时钟开始于下降沿，无延时；CLKSTP=11，CLKXP=0，时钟开始于上升沿，有延时；CLKSTP=11，CLKXP=1，时钟开始于下降沿，有延时。

第 10～8 位：保留。

第 7 位：DXENA 为 DX 使能位。DXENA=0，关断 DX；DXENA=1，打开 DX。

第 6 位：ABIS 模式位。ABIS=0，废除该模式；ABIS=1，使能该模式。

第 5～4 位：RINTM 接收中断模式位。RINTM=00，接收中断 RINT 由 RRDY（字结束）驱动，在 ABIS 模式下由帧结束驱动；RINTM=01，多通道操作中，由块结束或帧结束产生接收中断 RINT；RINTM=10，一个新的帧同步信号产生接收中断 RINT；RINTM=11，由接收同步错误位 RSYNCERR 产生中断 RINT。

第 3 位：RSYNCERR 接收同步错误位。RSYNCERR=0，无接收同步错误；RSYNCERR=1，探测到接收同步错误。

第 2 位：RFULL 表示 RSR[1,2]是否满。RFULL=0，RBR[1,2]未越限；RFULL=1，RBR[1,2]满，RSR[1,2]移入新字满，而 DRR[1,1]未读。

第 1 位：RRDY 接收准备位。RRDY=0，接收器未准备好；RRDY=1，接收器准备好从 DRR[1,2]读数据。

第 0 位：$\overline{RRST}$ 接收器复位，可以复位和使能接收器。$\overline{RRST}$ =0，串口接收器被废除，并处于复位状态；$\overline{RRST}$ =1，串口接收器使能。

注意：所有的保留位均读为 0。如果写 1 到 RSYNCERR 中，就会设置一个错误状态，因此该位只能用于测试。

图 7-29 为 SPCR2 的结构。

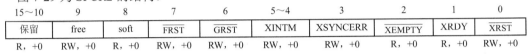

15～10	9	8	7	6	5～4	3	2	1	0
保留	free	soft	$\overline{FRST}$	$\overline{GRST}$	XINTM	XSYNCERR	$\overline{XEMPTY}$	XRDY	$\overline{XRST}$
R，+0	RW，+0	R，+0	RW，+0	RW，+0	RW，+0	RW，+0	R，+0	R，+0	RW，+0

图 7-29　SPCR2 的结构

SPCR2 各位功能说明如下。

第 15～10 位：保留。

第 9 位：free 全速运行模式位。free=0，废除该模式；free=1，使能该模式。

第 8 位：soft 软件模式位。soft=0，废除该模式；soft=1，使能该模式。

第 7 位：$\overline{FRST}$ 帧同步发送器复位。$\overline{FRST}$ =0，帧同步逻辑电路复位，采样率发生器不会产生帧同步信号 FSG；$\overline{FRST}$ =1，在时钟发生器 CLKG 产生（FPER+1）个脉冲后，发出帧同步信号 FSG，例如，所有的帧同步计数器都由它们的编程值装载。

第 6 位：$\overline{GRST}$ 采样率发生器复位。$\overline{GRST}$ =0，采样率发生器复位；GRST=1，采样率发生器启动。CLKG 按照采样率发生器中的编程值产生时钟信号。

第 5～4 位：XINTM 发送中断模式位。XINTM=00，由发送准备好位 XRDY 驱动发送中断；XINTM=01，块结束或多通道操作时的帧同步结束驱动发送中断请求 XINT；XINTM=10，新的帧同步信号产生 XINT；XINTM=11，发送同步错误位 XSYNCERR 产生中断。

第 3 位：XSYNCERR 发送同步错误位。XSYNCERR=0，无同步错误；XSYNCERR=1，探测到同步错误。

第 2 位：$\overline{XEMPTY}$ 表示 XSR[1,2]是否空。$\overline{XEMPTY}$ =0，空；$\overline{XEMPTY}$ =1，不空。

第 1 位：XRDY 表示发送器是否准备好。XRDY=0，发送器未准备好；XRDY=1，发送器准备好发送 DXR[1,2]中的数据。

第 0 位：$\overline{XRST}$ 发送器复位和使能位。$\overline{XRST}$ =0，废除串口发送器，且使之处于复位状态；$\overline{XRST}$ =1，使能串口发送器。

图 7-30 为 PCR 的结构。

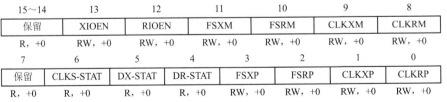

15～14	13	12	11	10	9	8
保留	XIOEN	RIOEN	FSXM	FSRM	CLKXM	CLKRM
R，+0	RW，+0	RW，+0	RW，+0	RW，+0	RW，+0	RW，+0

7	6	5	4	3	2	1	0
保留	CLKS-STAT	DX-STAT	DR-STAT	FSXP	FSRP	CLKXP	CLKRP
R，+0	R，+0	R，+0	R，+0	RW，+0	RW，+0	RW，+0	RW，+0

图 7-30　PCR 的结构

PCR 各位功能说明如下。

第 15～14 位：保留。

第 13 位：XIOEN 发送通用 I/O 模式位，只有 SPCR[1,2]中的 $\overline{XRST}$ =0 时才有效。XIOEN=0，DX、FSX、CLKX 引脚配置为串口；XIOEN=1，DX 引脚配置为通用输出口，FSX、CLKX 引脚配

置为通用 I/O 口，此时，这些引脚不能用于串口操作。

第 12 位：RIOEN 接收通用 I/O 模式位，只有 SPCR[1,2]中的 $\overline{RRST}$ =0 时才有效。RIOEN=0，DR、FSR、CLKR、CLKS 引脚配置为串口；RIOEN=1，DR 和 CLKS 引脚配置为通用 I/O 口，CLKS 引脚受接收器信号 $\overline{RRST}$ 和 RIOEN 组合状态影响。

第 11 位：FSXM 发送帧同步模式位。FSXM=0，帧同步信号由外部器件产生；FSXM=1，由采样率发生器中的帧同步位 FSGM 决定帧同步信号。

第 10 位：FSRM 接收帧同步模式位。FSRM=0，帧同步信号由外部器件产生，FSR 为输入引脚；FSRM=1，帧同步信号由内部采样率发生器产生，除 SRGR 中的 GSYNC=1 情况外，FSR 为输出引脚。

第 9 位：CLKXM 发送时钟模式位。CLKXM=0，CLKX 作为输入引脚输入外部时钟信号驱动发送器时钟；CLKXM=1，内部采样率发生器驱动 CLKX 引脚，此时，CLKX 为输出引脚。

在 SPI 模式下（为非 0 值），CLKXM=0，McBSP 为从器件，时钟 CLKX 由系统中的 SPI 主器件驱动，CLKR 由内部 CLKX 驱动；CLKXM=1，McBSP 为主器件，产生时钟 CLKX 驱动它的接收时钟 CLKR。

第 8 位：CLKRM 接收时钟模式位。

SPCR1 中 DLB=0 时，数字循环返回模式不设置。CLKRM=0，外部时钟驱动接收时钟；CLKRM=1，内部采样率发生器驱动接收时钟 CLKR。

SPCR1 中 DLB=1 时，数字循环返回模式设置。CLKRM=0，由 PCR 中的 CLKXM 确定的发送时钟驱动接收时钟（不是 CLKR），CLKR 为高阻；CLKRM=1，CLKR 设定为输出引脚，由发送时钟驱动，发送时钟由 PCR 中的 CLKM 位定义驱动。

第 7 位：保留。

第 6 位：CLKS-STAT 为 CLKS 引脚状态位。作为通用 I/O 输入口时，反映 CLKS 引脚的电平值。

第 5 位：DX-STAT 为 DX 引脚状态位。作为通用 I/O 输出口时，反映 DX 的值。

第 4 位：DR-STAT 为 DR 引脚状态位。作为通用 I/O 输入口时，反映 DR 的值。

第 3 位：FSXP 发送帧同步信号极性位。FSXP=0，帧同步信号上升沿触发；FSXP=1，帧同步信号下降沿触发。

第 2 位：FSRP 接收帧同步信号极性位。FSRP=0，帧同步信号上升沿触发；FSRP=1，帧同步信号下降沿触发。

第 1 位：CLKXP 发送时钟极性。CLKXP=0，发送数据在 CLKX 的上升沿采样；CLKXP=1，发送数据在 CLKX 的下降沿采样。

第 0 位：CLKRP 接收时钟极性。CLKRP=0，接收数据在 CLKR 的下降沿采样；CLKRP=1，接收数据在 CLKR 的上升沿采样。

4. 接收和发送寄存器 RCR[1,2]、XCR[1,2]

RCR[1,2]、XCR[1,2]分别配置接收和发送操作的各种参数。RCR1 的结构如图 7-31 所示。

15	14~8	7~5	4~0
保留	RFRLEN1	RWDLEN1	保留
R，+0	RW，+0	RW，+0	R，+0

图 7-31 RCR1 的结构

RCR1 各位功能说明如下。

第 15 位：保留。

第 14～8 位：RFRLEN1 接收帧长度位 1。RFRLEN1=0000000，每帧 1 个字；RFRLEN1=0000001，每帧 2 个字；……；RFRLEN1=1111111，每帧 128 个字。

第 7～5 位：RWDLEN1 接收字长位 1。RWDLEN1=000，8 位；RWDLEN1=001，12 位；RWDLEN1=010，16 位；RWDLEN1=011，20 位；RWDLEN1=100，24 位；RWDLEN1=101，32 位；RWDLEN1=11X，保留。

第 4～0 位：保留。

RCR2 的结构如图 7-32 所示。

15	14～8	7～5	4～3	2	1～0
RPHASE	RFRLEN2	RWDLEN2	RCOMPAND	RFIG	RDATDLY
WR，+0	RW，+0	RW，+0	WR，+0	WR，+0	WR，+0

图 7-32　RCR2 的结构

RCR2 各位功能说明如下。

第 15 位：RPHASE 接收相位。RPHASE=0，单相帧；RPHASE=1，双相帧。

第 14～8 位：RFRLEN2 接收帧长度位 2。RFRLEN2=0000000，每帧 1 个字；RFRLEN2=0000001，每帧 2 个字；……；RFRLEN2=1111111，每帧 128 个字。

第 7～5 位：RWDLEN2 接收字长位 2。RWDLEN2=000，8 位；RWDLEN2=001，12 位；RWDLEN2=010，16 位；RWDLEN2=011，20 位；RWDLEN2=100，24 位；RWDLEN2=101，32 位；RWDLEN2=11X，保留。

第 4～3 位：RCOMPAND 接收扩展模式位。除 00 模式外，当相应的 RWDLEN=000 时，这些模式被使能，8 位数据。RCOMPAND=00，无扩展，数据转换开始于最高位 MSB；RCOMPAND=01，8 位数据，数据转换开始于最低位 LSB；RCOMPAND=10，接收数据利用μ律扩展；RCOMPAND=11，接收数据利用 A 律扩展。

第 2 位：RFIG 接收帧忽略位。RFIG=0，第一个接收帧同步信号之后重新开始转换；RFIG=1，第一个接收帧同步信号之后，忽略帧同步信号（连续模式）。

第 1～0 位：RDATDLY 接收数据延时。RDATDLY=00，0 位数据延时；RDATDLY=01，1 位数据延时；RDATDLY=10，2 位数据延时；RDATDLY=11，保留。

XCR1 的结构如图 7-33 所示。

XCR1 各位功能说明如下。

第 15 位：保留。

第 14～8 位：XFRLEN1 发送帧长度位 1。XFRLEN1=0000000，每帧 1 个字；XFRLEN1=0000001，每帧 2 个字；……；XFRLEN1=1111111，每帧 128 个字。

15	14～8	7～5	4～0
保留	XFRLEN1	XWDLEN1	保留
R，+0	RW，+0	RW，+0	R，+0

图 7-33　发送控制寄存器 XCR1 的结构

第 7～5 位：XWDLEN1 接收字长位 1。XWDLEN1=000，8 位；XWDLEN1=001，12 位；XWDLEN1=010，16 位；XWDLEN1=011，20 位；XWDLEN1=100，24 位；XWDLEN1=101，32 位；XWDLEN1=11X，保留。

第 4～0 位：保留。

XCR2 的结构如图 7-34 所示。

15	14~8	7~5	4~3	2	1~0
XPHASE	XFRLEN2	XWDLEN2	XCOMPAND	XFIG	XDATDLY
WR，+0	RW，+0	RW，+0	WR，+0	WR，+0	WR，+0

图 7-34　XCR2 的结构

XCR2 各位功能说明如下。

第 15 位：XPHASE 发送相位。XPHASE=0，单相帧；XPHASE=1，双相帧。

第 14~8 位：XFRLEN2 发送帧长度位 2。XFRLEN2=0000000，每帧 1 个字；XFRLEN2=0000001，每帧 2 个字；……；XFRLEN2=1111111，每帧 128 个字。

第 7~5 位：XWDLEN2 发送字长位 2。XWDLEN2=000，8 位；XWDLEN2=001，12 位；XWDLEN2=010，16 位；XWDLEN2=011，20 位；XWDLEN2=100，24 位；XWDLEN2=101，32 位；XWDLEN2=11X，保留。

第 4~3 位：XCOMPAND 发送扩展模式位。

除 00 模式外，当相应的 XWDLEN=000 时，这些模式被使能，8 位数据。XCOMPAND=00，无扩展，数据转换开始于最高位 MSB；XCOMPAND=01，8 位数据，数据转换开始于最低位 LSB；XCOMPAND=10，发送数据利用μ律扩展；XCOMPAND=11，发送数据利用 A 律扩展。

第 2 位：XFIG 发送帧忽略位。XFIG=0，第一个发送帧同步信号之后，重新开始转换；XFIG=1，第一个发送帧同步信号之后，忽略帧同步信号（连续模式）。

第 1~0 位：XDATDLY 发送数据延时位。XDATDLY=00，0 位数据延时；XDATDLY=01，1 位数据延时；XDATDLY=10，2 位数据延时；XDATDLY=11，保留。

5．发送和接收工作步骤

（1）McBSP 复位。

串口有如下两种复位方式：

- 芯片复位 $\overline{RS}$ =0 引发串口的发送器、接收器、采样率发生器复位。当芯片复位 $\overline{RS}$ =1 完成后，串口仍然处于复位状态，$\overline{GRST}=\overline{FRST}=\overline{RRST}=\overline{XRST}=0$ 。
- 串口的发送器和接收器可用串口控制寄存器中，$\overline{XRST}$ 和 $\overline{RRST}$ 位分别独立复位。采样率发生器可用 SPCR2 中的 $\overline{GRST}$ 位复位。

表 7-12 中列出了两种复位方式下串口各引脚的状态。

表 7-12　McBSP 复位状态

McBSP 引脚	引脚状态	芯片复位 $\overline{RS}$	McBSP 复位	
			接收复位 $\overline{RRST}=0$ ， $\overline{GRST}=0$	发送复位 $\overline{XRST}=0$ ， $\overline{GRST}=0$
DR	输入	输入	输入	
CLKR	输入/输出/高阻	输入	如果为输入，则状态已知 如果为输出，则 CLKR 运行	
FSR	输入/输出/高阻	输入	如果为输入，则状态已知 如果为输出，则 FSRP 未激活	
CLKS	输入/输出/高阻	输入	输入	
DX	输出	输入	高阻	高阻
CLKX	输入/输出/高阻	输入		如果为输入，则状态已知 如果为输出，则 CLKX 运行
FSX	输入/输出/高阻	输入		如果为输入，则状态已知 如果为输出，则 FSXP 未激活

（2）复位完成后，初始化串口。

串口初始化步骤如下。

① 设定 SPCR[1,2]中的 $\overline{XRST}$ = $\overline{RRST}$ = $\overline{FRST}$ =0。如果刚刚复位完毕，不必进行这一步操作。

② 按照表 7-12 中复位要求，编程设定的 McBSP 寄存器配置。

③ 等待两个时钟周期，以保证适当的内部同步。

④ 按照写 DXR 的要求，给出数据。

⑤ 设定 $\overline{XRST}$ =1，$\overline{RRST}$ =1，以使能串口。注意，此时对 SPCR[1,2]所写的值应该仅将复位变为 1，寄存器中的其余位的设置与步骤②相同。

⑥ 如果要求内部帧同步信号，则设定 $\overline{FRST}$ =1。

⑦ 等待两个时钟周期后，接收器和发送器激活。

上述步骤可用于在正常工作情况下的发送器和接收器的复位。

6. 多通道选择配置

用单相帧同步配置 McBSP 可以选择多通道独立的发送器和接收器工作模式，每帧代表一个时分多路（TDM）数据流，由 R（X）FRLEN1 指定的每帧的字数指明所选的有效通道数。当用 TDM 数据流时，CPU 仅需要处理少数通道。为了节省内存和总线带宽，多通道选择总是独立地使能所选定的发送器和接收器。

MCR1 的结构如图 7-35 所示。

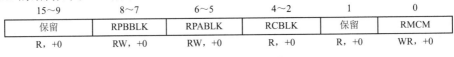

15～9	8～7	6～5	4～2	1	0
保留	RPBBLK	RPABLK	RCBLK	保留	RMCM
R，+0	RW，+0	RW，+0	R，+0	R，+0	WR，+0

图 7-35　MCR1 的结构

MCR1 各位功能说明如下。

第 15～9 位：保留。

第 8～7 位：RPBBLK 接收区域 B 块划分。RPBBLK=00，块 1，对应通道 16～31；RPBBLK=01，块 3，对应通道 48～63；RPBBLK=10，块 5，对应通道 80～95；RPBBLK=11，块 7，对应通道 112～127。

第 6～5 位：RPABLK 接收区域 A 块划分。RPABLK=00，块 0，对应通道 0～15；RPABLK=01，块 2，对应通道 32～47；RPABLK=10，块 6，对应通道 64～79；RPABLK=11，块 8，对应通道 96～111。

第 4～2 位：RCBLK 接收当前块。RCBLK=000，块 0，通道 0～15；RCBLK=001，块 1，通道 16～31；RCBLK=010，块 2，通道 32～47；RCBLK=011，块 3，通道 48～63；RCBLK=100，块 4，通道 64～79；RCBLK=101，块 5，通道 80～95；RCBLK=110，块 6，通道 96～111；RCBLK=111，块 7，通道 112～127。

第 1 位：保留。

第 0 位：RMCM 接收多通道选择使能。RMCM=0，所有 128 个通道使能；RMCM=1，默认废除所有通道，由使能 RPA（B）BLK 块和相应的 RCERA（B）选择所需的通道。

MCR2 的结构如图 7-36 所示。

15～9	8～7	6～5	4～2	1～0
保留	XPBBLK	XPABLK	XCBLK	XMCM
R，+0	RW，+0	RW，+0	R，+0	WR，+0

图 7-36　MCR2 的结构

MCR2 各位功能说明如下。

第 15～9 位：保留。

第 8～7 位：XPBBLK 发送区域 B 块划分。XPBBLK=00，块 1，对应通道 16～31；XPBBLK=01，块 3，对应通道 48～63；XPBBLK=10，块 5，对应通道 80～95；XPBBLK=11，块 7，对应通道 112～127。

第 6～5 位：XPABLK 发送区域 A 块划分。XPABLK=00，块 0，对应通道 0～15；XPABLK=01，块 2，对应通道 32～47；XPABLK=10，块 6，对应通道 64～79；XPABLK=11，块 8，对应通道 96～111。

第 4～2 位：XCBLK 发送当前块。XCBLK=000，块 0，通道 0～15；XCBLK=001，块 1，通道 16～31；XCBLK=010，块 2，通道 32～47；XCBLK=011，块 3，通道 48～63；XCBLK=100，块 4，通道 64～79；XCBLK=101，块 5，通道 80～95；XCBLK=110，块 6，通道 96～111；XCBLK=111，块 7，通道 112～127。

第 1～0 位：XMCM 发送多通道选择使能。

XMCM=00，所有通道无屏蔽，数据发送期间，DX 总是被驱动的。在下述情况下，DX 被屏蔽呈高阻态：① 两个数据包之间的间隔内；② 当一个通道被屏蔽时，无论这个通道是否被使能；③ 通道未使能。

XMCM=01，所有通道被废除，因此，默认为屏蔽。所需的通道由使能 XPA（B）BLK 和 XCERA（B）的相应位选择。另外，这些选定的通道不能被屏蔽，因此，DX 总是被驱动的。

XMCM=10，除被屏蔽的外，所有通道使能。由 XPA（B）BLK 和 XCERA（B）所选择的通道不可屏蔽。

XMCM=11，所有通道被废除，因此，默认为屏蔽状态。利用置位 RPA（B）和 RCERA（B）选择所需通道，利用置位 RPA（B）BLK 和 XCERA（B）选择不可屏蔽通道，这个模式用于对称发送和接收操作。

通道使能寄存器 R（X）CERA（B）。接收通道使能分区 A 和 B（RCERA（B））及发送通道使能分区 A 和 B（XCERA（B）），寄存器分别用于使能接收和发送的 32 个通道中的任何一个，32 个通道中 A 和 B 区分别有 16 个，分别如图 7-37 至图 7-40 所示。

RCERA 的结构如图 7-37 所示。

15	14	13	12	11	10	9	8
RCEA15	RCEA14	RCEA13	RCEA12	RCEA11	RCEA10	RCEA9	RCEA8
WR，+0	RW，+0	RW，+0	WR，+0	WR，+0	WR，+0	WR，+0	WR，+0
7	6	5	4	3	2	1	0
RCEA7	RCEA6	RCEA5	RCEA4	RCEA3	RCEA2	RCEA1	RCEA0
WR，+0	RW，+0	RW，+0	WR，+0	WR，+0	WR，+0	WR，+0	WR，+0

图 7-37 RCERA 的结构

RCERA 各位的功能说明如下。

第 15～0 位：RCEA 接收通道使能。RCEAn=0，在 A 区的相应块中，废除第 n 通道的接收；RCEAn=1，在 A 区的相应块中，使能第 n 通道的接收。

RCERB 的结构如图 7-38 所示。

15	14	13	12	11	10	9	8
RCEB15	RCEB14	RCEB13	RCEB12	RCEB11	RCEB10	RCEB9	RCEB8
WR，+0	RW，+0	RW，+0	WR，+0	WR，+0	WR，+0	WR，+0	WR，+0
7	6	5	4	3	2	1	0
RCEB7	RCEB6	RCEB5	RCEB4	RCEB3	RCEB2	RCEB1	RCEB0
WR，+0	RW，+0	RW，+0	WR，+0	WR，+0	WR，+0	WR，+0	WR，+0

图 7-38 RCERB 的结构

RCERB 各位的功能说明如下。

第 15～0 位：RCEB 接收通道使能。RCEBn=0，在 B 区的相应块中，废除第 n 通道的接收；RCEBn=1，在 B 区的相应块中，使能第 n 通道的接收。

XCERA 的结构如图 7-39 所示。

15	14	13	12	11	10	9	8
XCEA15	XCEA14	XCEA13	XCEA12	XCEA11	XCEA10	XCEA9	XCEA8
WR, +0	RW, +0	RW, +0	WR, +0	WR, +0	WR, +0	WR, +0	WR, +0

7	6	5	4	3	2	1	0
XCEA7	XCEA6	XCEA5	XCEA4	XCEA3	XCEA2	XCEA1	XCEA0
WR, +0	RW, +0	RW, +0	WR, +0	WR, +0	WR, +0	WR, +0	WR, +0

图 7-39　XCERA 的结构

XCERA 各位的功能说明如下。

第 15～0 位：XCEA 发送通道使能。XCEAn=0，在 A 区的相应块中，废除第 n 通道的发送；XCEAn=1，在 A 区的相应块中，使能第 n 通道的发送。

XCERB 的结构如图 7-40 所示。

15	14	13	12	11	10	9	8
XCEB15	XCEB14	XCEB13	XCEB12	XCEB11	XCEB10	XCEB9	XCEB8
WR, +0	RW, +0	RW, +0	WR, +0	WR, +0	WR, +0	WR, +0	WR, +0

7	6	5	4	3	2	1	0
XCEB7	XCEB6	XCEB5	XCEB4	XCEB3	XCEB2	XCEB1	XCEB0
WR, +0	RW, +0	RW, +0	WR, +0	WR, +0	WR, +0	WR, +0	WR, +0

图 7-40　XCERB 的结构

XCERB 各位的功能说明如下。

第 15～0 位：XCEB 发送通道使能。XCEBn=0，在 B 区的相应块中，废除第 n 通道的发送；XCEBn=1，在 B 区的相应块中，使能第 n 通道的发送。

利用多通道选择特性，无须 CPU 干涉就可以使能 32 个一组的静态通信传输通道，除非需要重新分配通道。要在 1 帧内随机选用通道数、通道组等，可在帧出现的时间内，中断响应块结束，刷新分配寄存器。注意，当改变所需通道时，绝对不能影响当前所选择的块。利用接收寄存器 MCR1 的 RCBLK 和发送寄存器 MCR2 的 XCBLK 可以分别读取当前所选块的内容。如果 MCR[1,2]中的 R（X）PA（B）BLK 位指向当前块，则辅助通道使能寄存器不可修改。同样，当指向或被改变指向当前选择的块时，MCR[1,2]中的 R（X）PA（B）BLK 位也不能被修改。如果选择的通道总数小于等于 16，总是指向当前的区，只有串口复位才能改变通道使能状态。

如果 SPCR[1,2]中 RINT=01 或 XINT=01，则在多通道操作期间，在每个 16 通道块边界处，接收和发送中断 RINT 和 XINT 向 CPU 发出中断请求。这个中断表明一个区已经通过，如果相应的寄存器不指向该区，则用户可以改变 A 或 B 区的划分。这些中断的时间长度为两个时钟周期。如果 R（X）MCM=0，则不会产生这个中断。

7.4.5　串口应用

下面举例说明 TMS320C5402 芯片的 McBSP 扩展串行 A/D 转换器的应用。TMS320C5402 芯片的 McBSP 的功能强大，时钟极性和同步信号极性均可编程。McBSP 有 SPI 模式和 I/O 模式两种。在 I/O 模式下，通过位操作可以实现任何串行操作，但操作过程中始终占用 CPU 且编程较复杂。在 SPI 模式下，McBSP 可方便地与满足 SPITM 协议的串行设备相接。与 MAX1247 接口时，DSP 作为

SPI 主设备向 MAX1247 提供串行时钟、命令和片选信号，所以它可与 MAX1247 直接相连不需要附加逻辑电路，且可工作于内部转换时钟方式。

MAX1247 的工作原理是：每次进行 A/D 转换时，外部处理器在 SCLK 引脚输入串行时钟（小于 2MHz）并通过 DIN 引脚输入一个 8 位命令字来启动，由这个命令字选择输入通道、采样极性和转换时钟方式（内部时钟和外部时钟），如 10011110 为 0 通道、单极输入、内部转换时钟命令字。如图 7-41 所示为 MAX1247 连接示意图。

将 BSP0 设置为 SPI 模式，读/写允许，串口发送控制寄存器中的 $\overline{FRST}$ 和 $\overline{GRST}$ 位设置为 1，其他位都设置为 0。实现程序（chuankou.asm）如下：

```
;初始化 McBSP0 为 SPI 模式
        LD          #00H,DP
        STM         #SPCR10,SPSA0
        STM         #0000H,BSP0     ;RRST = 0
        STM         #SPCR20,SPSA0
        STM         #0000H,BSP0     ;XRST = 0
        RPT         #100
        NOP
        STM         #SPCR10,SPSA0
        STM         #K_SPCR10,BSP0
        STM         #RCR10,SPSA0
        STM         #K_RCR10,BSP0
        STM         #XCR10,SPSA0
        STM         #K_XCR10,BSP0
        STM         #PCR10,SPSA0
        STM         #K_PCR10,BSP0
        STM         #SRGR10,SPSA0
        STM         #K_SRGR10,BSP0
        STM         #SRGR20,SPSA0
        STM         #K_SRGR20,BSP0
        STM         #XCR20,SPSA0
        STM         #K_XCR20,BSP0
        STM         #RCR20,SPSA0
        STM         #K_RCR20,BSP0
        STM         #SPCR10,SPSA0
        ORM         #0001H,BSP0      ;RRST = 1
        NOP
        STM         #SPCR20,SPSA0
        ORM         #11000001B,BSP0  ;FRST = 1, GRST = 1, XRST = 1
        RPT         #100
        NOP
        STM         #0000H,DXR20     ;24 位命令，MAX1247
        STM         #9F00H,DXR10     ;10011111B,CH0,SIG,UIP,external
```

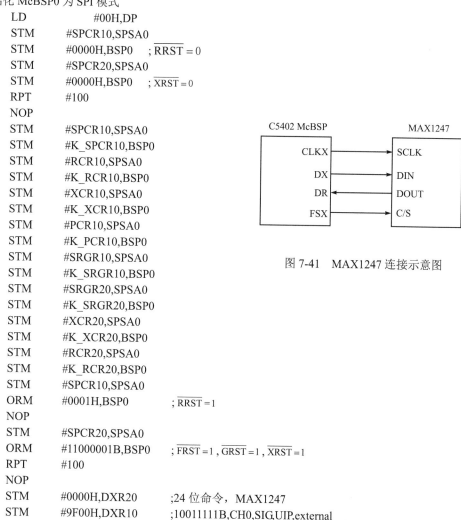

图 7-41　MAX1247 连接示意图

下面是 A/D 转换结果读取程序。该程序在定时中断中进行，采样率是通过设置定时中断时间实现的。

```
;ad.asm
        STM         #0000H,DXR20     ;24 bits command for MAX1247
        STM         #9F00H,DXR10     ;10011111B,CH0,SIG,UIP,external
                                     ;通过接收器将转换结果读入，由于 MAX1247 为 12 位
                                     ;所以经过或操作,得到最后的 12 位结果在 A 中
        LD          DRR10,8,A
        OR          DRR20,A
```

7.5 存储器与 I/O 空间扩展

电子技术的发展使得大容量、低成本、小体积、低功耗、高速存取的存储器芯片得到广泛应用。对于存储容量要求较高的系统，在采用 TMS320C54x 作为核心器件时，由于芯片本身的内存有限，需要考虑存储器的扩展问题。半导体存储器可以分为如下 4 类。

（1）只读存储器

在一般情况下，只读存储器（ROM、PROM、EPROM、OTP）可以作为程序存储器、固定数据、表格等不需要在程序运行过程中改变内容的器件。因为这种存储器断电后，仍然能够保存其中的内容不消失，上电后，可以重复使用其中内容。只读存储器器件不同，写入的编程方法各异。掩模 ROM 或者称为 OTP（ONE TIME PROGRAM）可以在制造过程中编程，适合大批量生产，成本很低。可编程只读存储器（PROM）和可擦除、可编程只读存储器（EPROM），必须用独立的编程器进行编程。PROM 是一次性使用的，不能修改；EPROM 可以多次反复擦除和写入。因此，EPROM 是只读存储器中较贵的，常用于程序开发或样机的生产。

（2）可读/写存储器

可读/写存储器（RAM、SRAM、DRAM）因为断开电源后存储的内容会自动消失，因此，常用于存储程序运行过程中的中间数据。动态存储器（DRAM）具有成本低、运算速度快、存储容量大等特点，常被用于大容量存储系统中。这种存储器容量大、体积小，所以，内部地址空间译码采用矩阵结构，往往行地址、列地址复用同一根地址线，分别通过行地址选通（RAS）和列地址选通（CAS）信号按时序分时选通，因此，需要增加相应的控制逻辑电路。这种存储器的存储方式是电容的电荷存储。因为电容存在漏电现象，必须周期性地进行刷新，所以配有刷新控制电路。但是这种存储器的抗干扰性弱，并且对外界环境、工艺结构、控制逻辑和电源质量要求很高，因此，工业现场测控系统很少采用 DRAM。静态存储器（SRAM）抗干扰能力较强，常用于工业现场，但是，这种存储器的电路结构复杂、成本高、存储容量相对较小。

（3）不挥发读/写存储器

不挥发读/写存储器具有 ROM 和 RAM 的特点，既可以读/写，断电后又可以保存其中的内容。这类存储器包括可擦写的只读存储器 E^2PROM 和不挥发随机存储器 NOVRAM。通常，这种产品为厚膜集成块，将微电池、电源检测、切换开关和 SRAM 集成在一起，因此，其体积较普通存储器大。而且，在上电、掉电的情况下需要使用数据保护和特殊时序。

（4）特殊存储器

KEPROM 为加密型存储器，加密的关键字有 2^{64} 种组合，使其固化内容无法被读出或复制。双口 RAM 是一种有两个读/写口的 RAM 结构，可用两个 CPU 同时对其进行操作，是进行数据交换的简捷方法。这两个口具有各自独立的地址、控制和输入/输出端。先进先出 RAM 是按照先进先出（FIFO）的方式进行数据的写入和读出的双口 RAM。这种芯片读/写不需要地址信息，数据流是单向传输的，可以同时读/写同一存储单元。

TMS320C54x 的存储器扩展需要考虑所选存储器的性能。由于 TMS320C54x 的程序空间、数据空间、I/O 空间扩展公用外部数据总线和地址总线，因此，I/O 空间扩展也是本节的重要内容。因为在便携式仪器仪表、手机、语音处理设备等单 DSP 作为 CPU 的应用中，许多外围功能，包括打印输出、键盘输入、显示输出等，均需要 TMS320C54x 直接对外设进行控制，而 TMS320C54x 的 I/O 口有限，因此，需要通过锁存器和缓冲器进行 I/O 空间扩展。

7.5.1 存储器与 I/O 空间扩展基本方法

扩展存储器或 I/O 空间时，除考虑地址空间的分配外，关键是存储器读/写控制和片选控制的时序与 TMS320C54x 的外部地址总线、数据总线及控制线时序的配合。

1. 外部总线

（1）外部总线结构

TMS320C54x 的外部程序空间或数据空间及 I/O 空间扩展的地址总线和数据总线复用，完全依靠片选和读/写选通信号，配合时序控制完成外部程序空间、数据空间和 I/O 空间的扩展操作。表 7-13 中列出了 TMS320C54x 的主要外部接口信号。

外部接口总线是一组并行接口，它有两个互相独立的选通信号 $\overline{\text{MSTRB}}$ 和 $\overline{\text{IOSTRB}}$。$\overline{\text{MSTRB}}$ 控制外部程序空间或数据空间的存取，$\overline{\text{IOSTRB}}$ 控制 I/O 空间的读/写选通，读/写信号 $\text{R}/\overline{\text{W}}$ 可以控制数据流的方向。

表 7-13　TMS320C54x 的主要外部接口信号

信号名称	C541, C542, C543, C545, C546	C5410	C5402, C5409	C5420	说　明
A0～A15	15～0	22～0	19～0	17～0	地址总线
D0～D15	15～0	15～0	15～0	15～0	数据总线
$\overline{\text{MSTRB}}$	√	√	√	√	外部存储器选通信号
$\overline{\text{PS}}$	√	√	√	√	程序空间片选信号
$\overline{\text{DS}}$	√	√	√	√	数据空间片选信号
$\overline{\text{IOSTRB}}$	√	√	√	√	I/O 空间读/写选通信号
$\overline{\text{IS}}$	√	√	√	√	I/O 空间片选信号
$\text{R}/\overline{\text{W}}$	√	√	√	√	读/写信号
READY	√	√	√	√	数据准备完成信号
$\overline{\text{HOLD}}$	√	√	√	√	保持请求信号
$\overline{\text{HOLDA}}$	√	√	√	√	保持响应信号
$\overline{\text{MSC}}$	√	√	√	√	微状态完成信号
$\overline{\text{IAQ}}$	√	√	√	√	中断请求信号
$\overline{\text{IACK}}$	√	√	√	√	中断响应信号

TMS320C54x 的 READY 信号和内部软件产生的等待状态，允许 CPU 与不同速度的存储器或者 I/O 设备进行数据交换。当与慢速器件通信时，CPU 处于等待状态，直到慢速器件完成它的操作并且发出 READY 信号后才继续运行。在两个外部存储器之间进行传输时，可能需要插入等待周期，可以通过 TMS320C54x 内部分区转换逻辑自动插入一个等待状态。

当外设需要寻址 TMS320C54x 的外部程序空间、数据空间和 I/O 空间时，可以利用 $\overline{\text{HOLD}}$ 和 $\overline{\text{HOLDA}}$ 信号，达到控制 TMS320C54x 外部资源的目的。$\overline{\text{HOLD}}$ 引脚控制 TMS320C54x 的保持工作模式，可将外部总线控制权交给外部控制器，直接控制程序空间、数据空间、I/O 空间之间的数据交换。保持模式分为正常模式和并发 DMA 模式两种。

当 CPU 寻址内部存储器时，外部数据总线被挂起处于高阻状态，而地址总线与 $\overline{\text{PS}}$、$\overline{\text{DS}}$、$\overline{\text{IS}}$ 信号保持以前的状态，$\overline{\text{MSTRB}}$、$\overline{\text{IOSTRB}}$、$\text{R}/\overline{\text{W}}$、$\overline{\text{IAQ}}$ 及 $\overline{\text{MSC}}$ 信号均保持在无效的状态。

如果 PMST 寄存器中的地址可视化（AVIS）位设置为 1，则激活 $\overline{\text{IAQ}}$，内部程序空间的地址被放置在地址总线上。当 CPU 寻址外部数据空间和 I/O 空间时，扩展地址总线被强制为 0。当 CPU

用 AVIS=1 寻址内部存储器时，也是这种情况。

（2）外部总线操作的优先权

TMS320C54x 内部有 1 根程序总线（PB），3 根数据总线（CB，DB，EB）和 4 根地址总线（PAB，CAB，DAB，EAB）。由于内部是流水线结构，CPU 可以同时对这些总线进行存取操作。但是，CPU 每个时钟周期只能存取一根外部总线，否则，会产生流水线冲突。

【例7-4】外部总线操作冲突例子。在一个并行指令周期内，CPU 存取外部存储器两次，例如，取一条指令、写一个数据存储器或外部 I/O 器件时，将发生流水线冲突，这个流水线冲突会根据预定义的流水线优先权由 CPU 自行解决。外部总线操作优先权如图 7-42 所示。在一个指令周期内的CPU "写—读—读"操作时序，包括读取一条指令、读/写外部数据操作数。因为数据存取比程序读取有更高的优先权，因此只有在所有的数据存取完成后，才能够开始程序的读取。当程序和数据保存在外部存储器中时，如果一条单操作数写指令后跟着一条双操作数读指令或一条 32 位操作数读指令，就会发生流水线冲突。

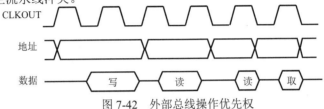

图 7-42　外部总线操作优先权

如下的指令顺序会发生流水线冲突：

ST	T, *AR6	;Smem 写操作
LD	*AR4+, A	;Xmem 和 Ymem 读操作
||MAC	*AR5+, B	

可以通过加入 NOP 指令来解决这类流水线冲突。

2．外部总线等待状态发生器

TMS320C54x 中有两个控制等待状态的寄存器——软件等待状态寄存器（SWWSR）和分区状态控制寄存器（BSCR），它们控制着外部总线的工作。

（1）软件等待状态寄存器（SWWSR）

等待状态发生器可以通过编程方式插入等待周期，最多可达 7～14 个机器周期。对于不同型号的芯片，这个参数不同。等待状态发生器为 TMS320C54x 的高速内存与慢速外设的协调连接提供了一个方便的接口。对于要求多于 7～14 个等待周期的外部器件的连接，可以利用硬件的 READY 线。当所有的外设寻址都配置为 0 等待状态时，等待状态发生器的内部时钟被关掉。来自内部时钟的这些通道被切断后，可以降低处理器的功耗，即器件工作于省电状态。

等待状态发生器的工作受到一个 16 位的 SWWSR 的控制，它是一个存储器映射寄存器，在数据空间中的地址为 0028H。

TMS320C54x 的外部扩展程序空间和数据空间分别由两个 32KW 的存储区域组成，I/O 空间由 64KW 的块组成。这些存储区域在 SWWSR 中都相应有一个 3 位字段，用来定义各个空间插入等待状态的数目，如图 7-43 所示。

15	14～12	11～9	8～6	5～3	2～0
保留/XPA	I/O 空间 （64KW）	数据空间 （高 32KW）	数据空间 （低 32KW）	程序空间 （高 32KW）	程序空间 （低 32KW）
R	R/$\overline{W}$	R/$\overline{W}$	R/$\overline{W}$	R/$\overline{W}$	R/$\overline{W}$

图 7-43　SWWSR 结构

SWWSR 中各字段规定的插入等待状态的最小数为 0（不插入等待周期），最大数为 7。表 7-14 列出了 SWWSR 各字段的功能说明。

表 7-14　SWWSR 各字段的功能说明

位　号	名　称	复位值	功　能
15	保留	0	C542，C546 为保留位；C5402，C548，C549，C5409，C5410，C5420 为扩展程序地址控制位，由地址的字段选择程序空间的地址范围
14～12	I/O 空间	111B	I/O 空间字段：此字段值（0～7）对应于 I/O 空间（0000H～FFFFH）插入的等待周期数
11～9	数据空间	111B	数据空间字段：此字段值（0～7）对应于数据空间（8000H～FFFFH）插入的等待周期数
8～6	数据空间	111B	数据空间字段：此字段值（0～7）对应于数据空间（0000H～7FFFH）插入的等待周期数
5～3	程序空间	111B	程序空间字段：此字段值（0～7）对应于程序空间（8000H～FFFFH）插入的等待周期数
2～0	程序空间	111B	程序空间字段：此字段值（0～7）对应于程序空间（0000H～7FFFH）插入的等待周期数

图 7-44 是 TMS320C54x 等待状态发生器的逻辑框图。

当 CPU 寻址外部程序空间时，SWWSR 中相应字段的内容被加载到计数器中。如果这个字段值的内容不是 000，就会向 CPU 发出一个"没有准备好"信号，等待计数器启动工作。没有准备好的情况一直保持到计数器减为 0 和外部的 READY 信号变成高电平为止。这个外部 READY 信号与 CPU 等待信号进行"或"操作，产生等待信号，加到 CPU 的 $\overline{\text{WAIT}}$ 引脚。当计数器减到 0（内部等待状态的 READY 信号变为高电平），且外部 READY 信号也变为高电平时，CPU 的 $\overline{\text{WAIT}}$ 引脚由低电平变高电平，结束等待状态。READY 信号在 CLKOUT 信号的下降沿被采样，至少插入两个等待周期后，CPU 才会检测 READY 信号，且在最后一个等待周期时采样外部 READY 信号。

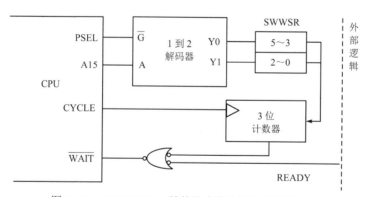

图 7-44　TMS320C54x 等待状态发生器的逻辑框图

复位时 SWWSR=7FFFH，是外部存取状态的最大等待数。这个特点可以在处理器初始化时保证 CPU 与慢速外设的正常通信。若要插入 7 个以上等待周期，则需要附加硬件电路。

（2）分区状态控制寄存器（BSCR）

分区转换可编程逻辑允许 CPU 在不同的存储器（如程序空间、数据空间）之间和 I/O 空间进行读/写操作时，不必考虑硬件等待周期。当 CPU 的读/写操作在程序空间、数据空间、I/O 空间之间转换时，分区转换可编程逻辑自动地插入等待周期。这个等待周期数的多少由分区状态控制寄存器（BSCR）的装载内容决定。BSCR 的结构如图 7-45 所示。

15～12	11	10～9	8	7～3	2	1	0
BNKCMP	$\overline{PS}$ 或 $\overline{DS}$	保留位	IPIRQ	保留位	HBH	BH	EXIO
R/$\overline{W}$	R/$\overline{W}$		R/$\overline{W}$		R/$\overline{W}$	R/$\overline{W}$	R/$\overline{W}$

图 7-45 BSCR 的结构

BSCR 是一个存储器映射寄存器，它的地址为 0029H。BSCR 各位的功能说明如表 7-15 所示。

表 7-15 BSCR 各位的功能说明

位　号	名　称	复位值	功　能
15～12	BNKCMP	—	定义外部存储器分区的大小。这 4 位用来屏蔽一个地址的高 4 位。 BNKCMP=1111b, 4 个最高位被屏蔽，分区大小为 4KW； BNKCMP=1110b, 3 个最高位被屏蔽，分区大小为 8KW； BNKCMP=1100b, 2 个最高位被屏蔽，分区大小为 16KW； BNKCMP=1000b, 1 个最高位被屏蔽，分区大小为 32KW； BNKCMP=0000b, 0 个最高位被屏蔽，分区大小为 64KW
11	$\overline{PS}$ 或 $\overline{DS}$	—	在连续读"程序—数据"或"数据—程序"时，自动插入额外周期。 $\overline{PS}$ 或 $\overline{DS}$ =0，在这种情况下，除穿越分区边界外，其他情况不插入额外周期。 $\overline{PS}$ 或 $\overline{DS}$ =1，在连续读"程序—数据"或"数据—程序"时，自动插入额外周期
10～9	保留	—	
8	IPIRQ	—	CPU 之间的中断请求位
7～3	保留	—	
2	HBH	—	HPI 总线保持位
1	BH	0	总线保持位：BH=0，清除总线保持；BH=1，使能总线保持，数据总线 D(15～0) 保持以前的状态不变
0	EXIO	0	外部总线接口关断，用来控制外部总线：EXIO=0，外部总线接口处于接通状态；EXIO=1，关断外部总线接口，在完成当前总线周期后，地址总线、数据总线和控制总线信号不再被激活。各信号的状态：A(22～0)，保持以前状态不变；D(15～0)，高阻；PS, DS, IS, 高电平；$\overline{MSTRB}$, $\overline{IOSTRB}$, 高电平；R/$\overline{W}$, 高电平；I/O, 高电平

EXIO 与 BH 位一起控制外部地址总线和数据总线的使用。在正常操作下，这两位均为 0。为了减少功耗，特别是外部存储器用得较少或从来不用时，可以令 EXIO=1，BH=1。当 EXIO=1 时，CPU 不可能修改 ST1 寄存器中的 HM 位，也不可能修改 PMST 寄存器中的 DROM、MP/$\overline{MC}$、OVLY 位。

TMS320C54x 有一个寄存器包含用于读/写程序和数据空间的最新地址的高位（由 BNKCMP 位定义）。如果当前读操作的地址高位与内部寄存器中的地址高位不匹配，则 $\overline{MSTRB}$ 信号在一个周期内无效。在这个额外的无效周期内，地址总线转换到新的地址，内部寄存器的内容被当前地址的高位内容替代。如果当前的地址与寄存器内容匹配，则进行正常读操作。如果在同一个分区内完成读操作，就无须插入额外周期。当从不同的分区进行读操作时，插入一个额外周期，自动消除流水线冲突。当一个读存取紧跟另一个读存取时，也会自动插入一个额外周期。这种特性可以通过令 BNKCMP=0 取消。

TMS320C54x 分区转换控制寄存器可在下列情况下自动地插入一个额外的周期（在这个额外的周期内，让地址总线转换到一个新的地址）：

- 一次程序读操作之后，紧跟着对不同存储器分区的另一次程序读操作或数据读操作。
- 当 $\overline{PS}$ 或 $\overline{DS}$ =1 时，一次程序读操作之后，紧跟着一次数据读操作。
- 对于 TMS320C548 和 TMS320C549，一次程序读操作之后，紧跟着对不同页进行另一次程序读操作。

- 一次数据读操作之后，紧跟着对不同存储器分区的另一次程序读操作或数据读操作。

图 7-46 给出在存储器读操作之间分区转换时插入额外周期的时序图，图 7-47 给出在连续程序读操作和数据读操作之间插入额外周期的时序图。

3. 外部总线接口分区转换时序

所有的外部总线读/写操作都在 CLKOUT 的节拍控制下完成，每个操作过程所需时间一定是 CLKOUT 的整数倍。一个 CLKOUT 周期定义为从一个脉冲的下降沿到相邻的下一个脉冲的下降沿所需的时间间隔。有些外部总线的读/写操作不需要等待周期，例如，存储器写、I/O 写、I/O 读等操作需要两个周期，存储器读只要一个周期。当一个存储器读紧跟一个存储器写或者相反时，存储器读就要多出半个周期。下面举例说明外部接口时序图，除非另做说明，所举例子都是 0 等待状态读/写的情况。

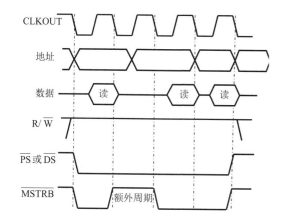

图 7-46 在存储器读操作之间分区转换时序图

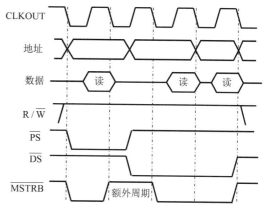

图 7-47 在程序读操作和数据读操作之间
分区转换时序图

存储器寻址时序图及 I/O 寻址时序图反映了 TMS320C54x 存储器和 I/O 操作时各信号之间的时序关系，这对于正确用好外部总线接口是很重要的。

（1）存储器寻址时序图

分析存储器寻址时序图时应注意如下两点。

① 在存储器读/写数据有效的时间段，$\overline{\text{MSTRB}}$ 为低电平，其持续时间至少一个 CLKOUT 周期。$\overline{\text{MSTRB}}$ 的前后都有一个 CLKOUT 转变周期。

② 在 CLKOUT 转变周期内：

I）$\overline{\text{MSTRB}}$ 为高电平。

II）R/$\overline{\text{W}}$ 如果发生变化，则一定发生在 CLKOUT 的上升沿。

III）在下列情况下，地址变化发生在 CLKOUT 的上升沿：

- 前面的 CLKOUT 周期是存储器写操作；
- 前面是存储器读操作，紧跟着是一次存储器写操作或 I/O 空间读/写操作。

IV）在其他情况下，地址变化发生在 CLKOUT 的下降沿。

V）$\overline{\text{PS}}$、$\overline{\text{DS}}$、$\overline{\text{IS}}$ 如果变化，则与地址线同时变化。

图 7-48 所示为存储器"读—读—写"操作时序图。由图 7-48 可见，CLKOUT 开始，$\overline{\text{PS}}$、$\overline{\text{MSTRB}}$ 为低电平，第 1 个周期进行第 1 次程序读操作；第 2 个周期进行第 2 次程序读操作，因为 $\overline{\text{DS}}$ 为高电平，数据空间未被选中，所以这两个周期内是程序读操作，这个期间 $\overline{\text{MSTRB}}$ 始终保持低电平；

紧接着第 3 个周期为"读—写"转换周期,这个周期内 $\overline{PS}$ 和 $\overline{MSTRB}$ 由低电平转换为高电平,而 $\overline{DS}$ 由高电平转换为低电平,为数据写操作做准备;第 4 个周期写操作完成。整个"读—读—写"连续操作需要 4 个周期,一次存储器存取操作至少持续一个周期,在由读周期转换为写周期的过渡周期中, $\overline{MSTRB}$ 为高电平, $R/\overline{W}$ 在 CLKOUT 的上升沿改变。

图 7-48 所示为无等待周期的"读—读—写"操作时序图,数据读位于一个周期内尽可能靠后的时间段,以获得最大的有效地址操作时间。外部写花费两个周期的时间。如果没有对外部接口的操作,内部写只需要一个周期,保证了尽可能长的处理时间。

图 7-49 所示为 $\overline{MSTRB}$ 控制的无等待周期的"写—写—读"操作时序图。在 $\overline{MSTRB}$ 改变之后,地址和被写数据保持有效大约半个周期。而且,当地址或 $R/\overline{W}$ 改变时,在每个写周期结束瞬间, $\overline{MSTRB}$ 变为高电平,以防止存储器被再次写,所以,每个写操作需要两个周期,一个读操作紧跟一个写操作也要占用两个周期。

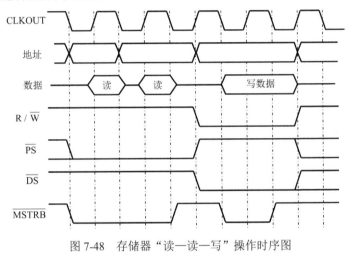

图 7-48　存储器"读—读—写"操作时序图

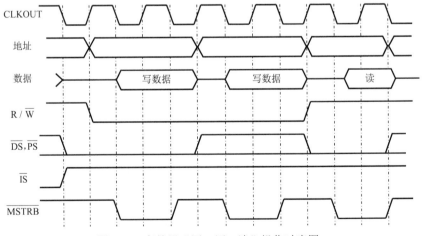

图 7-49　存储器"写—写—读"操作时序图

图 7-50 所示为利用 $\overline{MSTRB}$ 控制的插入一个等待周期的"读—读—写"操作时序图。读操作通常是一个周期,扩展后读操作变为两个周期,写操作相应变为 3 个周期。

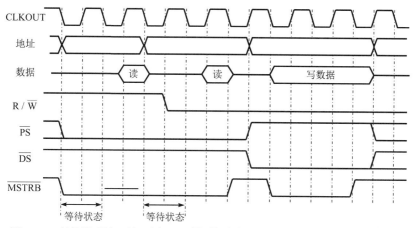

图 7-50　存储器"读—读—写"延时操作时序图（程序空间插入一个等待周期）

（2）I/O 寻址时序图

图 7-51 所示为无等待周期的并行 I/O"读—写—读"操作时序图。在没有等待周期的状态下，I/O 读/写操作时，读和写操作分别占用两个周期。另外，这些读/写操作和存储器操作的时序相同。除一个存储单元用于 I/O 读/写操作以外，地址在 CLKOUT 的下降沿改变（若 I/O 空间寻址前是一次存储器寻址，则地址变化发生在 CLKOUT 的上升沿）。$\overline{\text{IOSTRB}}$ 在一个时钟的上升沿到下一个时钟的上升沿之间保持低电平。

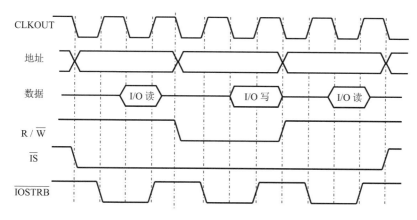

图 7-51　并行 I/O"读—写—读"操作时序图

$\overline{\text{IOSTRB}}$ 控制读和写操作要求最少两个周期，某些外设在读/写期间可能改变它们的状态位，因此，当与其他外设通信时，保持地址的有效是很重要的。

图 7-52 所示为增加一个等待周期的并行 I/O"读—写—读"操作时序图。

（3）存储器与 I/O 空间之间转换操作时序图

图 7-53 至图 7-60 所示为存储器和 I/O 空间之间读/写转换操作时序图。

对于外部存储器，包括程序空间、数据空间及 I/O 空间的连续读/写操作，需要 $\overline{\text{MSTRB}}$ 和 $\overline{\text{IOSTRB}}$ 分别控制存储器和 I/O 空间的读/写控制端。而且，这些不同存储区域和 I/O 空间之间转换所需要的时间延迟由 BSCR 中装载的内容决定。

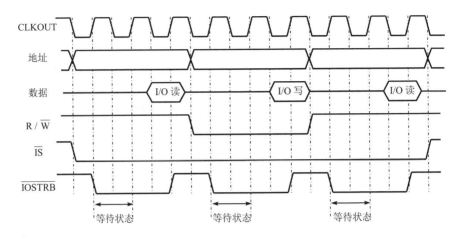

图 7-52　并行 I/O "读—写—读" 延时操作时序图（I/O 空间插入一个等待周期）

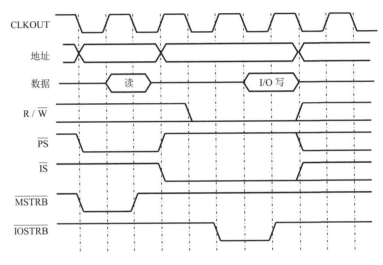

图 7-53　"存储器读—I/O 写" 操作时序图

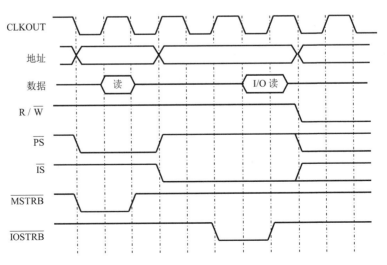

图 7-54　"存储器读—I/O 读" 操作时序图

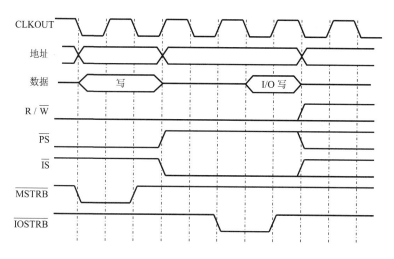

图 7-55　"存储器写—I/O 写"操作时序图

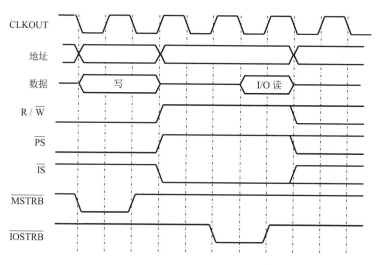

图 7-56　"存储器写—I/O 读"操作时序图

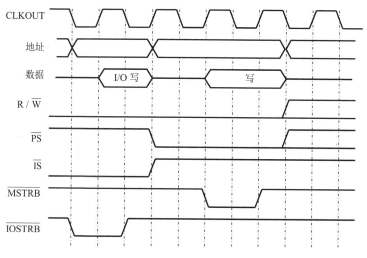

图 7-57　"I/O 写—存储器写"操作时序图

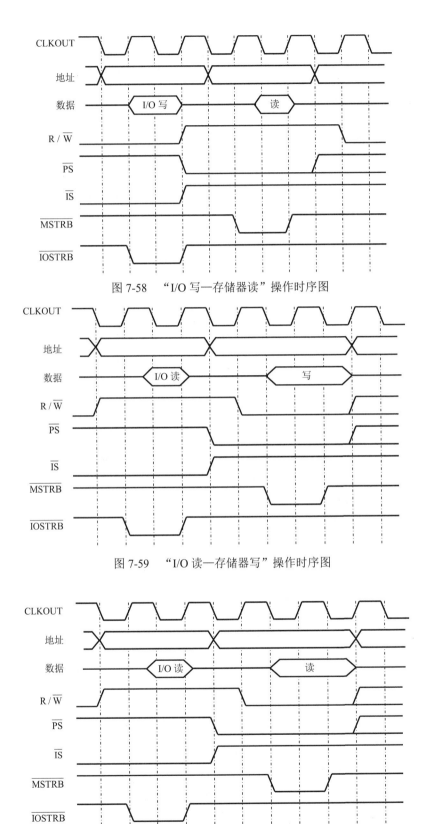

图 7-58　"I/O 写—存储器读"操作时序图

图 7-59　"I/O 读—存储器写"操作时序图

图 7-60　"I/O 读—存储器读"操作时序图

7.5.2 省电模式和复位时序

当扩展外部存储器或 I/O 空间时，TMS320C54x 的特殊工作状态（如睡眠状态、复位状态、唤醒状态）的外部时序会直接影响与其相连的外设的复位、省电等系统重要工作参数。因此，有必要讨论 TMS320C54x 的三种省电模式和复位状态的外部时序问题。

TMS320C54x 有 IDEL1、IDEL2、IDEL3 和 RESET 这 4 种特殊工作模式。当进入或脱离这 4 种工作模式时，CPU 在工作与停止之间转换。

进入或脱离 IDEL1、IDEL2 模式时，因为 CPU 和内部外设时钟不停止，所以，不需要特殊考虑时序问题。当进入或脱离 IDEL3、RESET 模式时，CPU 和内部外设时钟完全停止，因此，必须考虑时序问题。RESET 属于硬件初始化，IDEL3 使 CPU 和内部外设从睡眠状态转向苏醒状态。

1. 复位时序

如图 7-61 所示为外部总线的复位时序，$\overline{RS}$ 引脚必须保持低电平两个机器周期以上，RESET 才能正确复位。当 CPU 响应 RESET 信号后，终止当前工作，程序计数器直接转入 FF80H 的复位地址。此时，如果 $\overline{RS}$ 为低电平，则地址总线被 FF80H 单元的内容驱动。

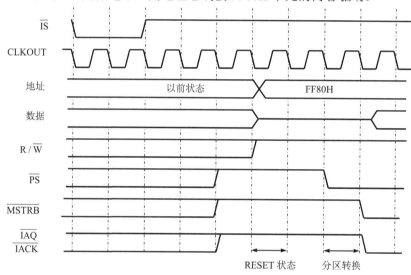

图 7-61　外部总线复位时序

对于外部总线来说，器件按照以下步骤进入 RESET 状态：

① 在 $\overline{RS}$ 被置为低电平 4 个周期后，$\overline{PS}$、$\overline{MSTRB}$ 和 IAQ 被驱动为高电平。

② 在 $\overline{RS}$ 被置为低电平 5 个周期后，R/$\overline{W}$ 变为高电平，数据总线变为高阻态，地址总线被 FF80H 单元的内容驱动。

③ 器件进入 RESET 状态。

完成 RESET 后，程序从 FF80H 处开始执行。不管 MP/$\overline{MC}$ 的状态如何，指令获取信号 $\overline{IAQ}$ 和中断响应信号 $\overline{IACK}$ 被激活。

对于外部总线来说，器件按以下步骤进入激活状态：

① 在 $\overline{RS}$ 被置为高电平 5 个周期后，$\overline{PS}$ 被驱动为低电平。

② 在 $\overline{RS}$ 被置为高电平 6 个周期后，$\overline{MSTRB}$、$\overline{IAQ}$ 被驱动为低电平。

③ 一个半周期后，器件准备读数据，转入工作状态。

注意：

① $\overline{RS}$ 是一个异步输入，可在时钟周期的任何位置出现。如果满足指定时间，就会出现上述时序；反之，就会加入一个延时周期。

② 在 RESET 期间，数据总线为高阻态，控制信号无效。

③ 在 7 个等待周期后，RESET 信号可以被获取。

④ 在 RESET 之后的第一个周期内，插入一个分区转换周期。

2．IDEL3 省电模式

IDEL3 指令执行 IDEL3 省电模式，锁相环（PLL）停止工作，CPU 处于深度睡眠状态，功耗最小。在这种状态下，由于 TMS320C54x 内的一个转换门将外部时钟信号与芯片内部的逻辑完全隔离，输入时钟的工作状态不会影响芯片内部的工作，因此，必须通过外部中断才能唤醒 PLL 和 CPU 重新工作。

表 7-16 中列出了由外部中断 INTn、NMI 信号唤醒 PLL 所需的时间，这些时间由硬件的 PLL 配置确定。当某一个外部中断变为低电平时，一个内部计数器开始计数输入时钟周期，计数器的初始设置依赖于 PLL 的系数，以保证对于 40MIPS 的 TMS320C54x，计数时间大于 50μs。表中针对的是 CLKOUT 时钟频率为 40MHz 的情况，当其计数减为 0 后，从 PLL 来的输出返回内部逻辑中。一个外部中断的下降沿（大于 10ns）将 CPU 从 IDEL3 状态唤醒，PLL 时钟在 n 个时钟周期后反馈到 CPU，CPU 从 IDEL3 状态唤醒需要 3 个时钟周期。同时，因为中断脉冲初始化中断同步，因此 TMS320C54x 不需要另外的周期用于时钟同步，CPU 唤醒后会迅速检测到中断。

表 7-16　由外部中断 INTn、NMI 信号唤醒 PLL 所需的时间

计数器初值	PLL 系数	等效时钟周期数	40MHz 计数时间/μs
2048	1	2048	51.2
2048	1.5	3072	76.8
1024	2	2048	51.2
1024	2.5	2560	64.0
1024	3	3072	76.8
512	4	2048	51.2
512	4.5	2304	58.6
512	5	2560	64.0

利用 RESET 脱离 IDEL3 状态时，不使用计数器。PLL 的输出迅速反馈到内部逻辑，CLKOUT 立即出现。PLL 和 CLKOUT 的稳定锁定时间是 50μs，因此为了使 CPU 稳定运行，必须保持 RESET 信号低电平 50μs 以上。图 7-62 所示为 IDEL3 状态唤醒时序。

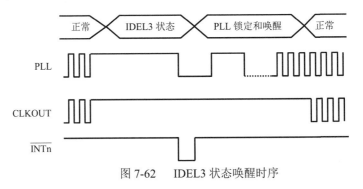

图 7-62　IDEL3 状态唤醒时序

7.5.3 ROM 扩展应用

TMS320C54x 程序地址总线有 16～23 根，根据不同的芯片配置的地址总线数不同。数据总线为 16 根，可以与 16 根数据总线的各种 ROM 连接。在这里，主要应该考虑的是芯片控制逻辑，下面以 TMS320C5402 和 AT 公司生产的 AT29LV1024 Flash ROM 为例，介绍 TMS320C54x 的程序空间具体扩展方法，包括硬件连接电路和相应的软件驱动程序。TMS320C5402 有 23 根地址总线，最多可以扩展 1MW（兆字）外部程序空间。程序空间的扩展主要是存储器与 DSP 之间的时序配合，但是 TMS320C54x 的程序空间与数据空间及 I/O 空间扩展使用同样的地址总线和数据总线，所以不同存储器和 I/O 设备之间控制逻辑的配合也应认真考虑。

ROM 的 3 种工作方式如下。

① 读。因为 ROM 内容不能改变，所以存储器只能进行读操作。如果存储器的片选线为低电平，则读允许线为低电平。此时地址总线选中的存储单元的内容出现在数据总线上。

② 维持。一旦片选线为高电平，就说明不选择这个芯片，存储器处于维持状态。此时芯片的地址总线和数据总线为高阻态，即不占用地址和数据总线。

③ 编程。在编程电源端加上规定的电源值，片选端和读允许端加入要求的电平，通过写入工具就可以将数据固化到 ROM 中。

在设计程序空间扩展电路时，应注意以下 3 点。

① 根据应用系统容量选择存储芯片容量。选取原则是，尽量选择大容量芯片，以减少芯片的组合数量，提高系统的抗干扰能力及系统的性能价格比。

② 根据 CPU 工作频率，选取最大读取时间、电源容差、工作温度等主要参数。

③ 选择逻辑控制芯片，以满足程序空间扩展与数据空间扩展、I/O 空间扩展的兼容问题。

AT29LV1024 是 1MW 的 Flash ROM，其封装如图 7-63 所示、引脚功能说明见表 7-17。

AT29LV1024 有 16 根地址线，1 根数据线，以及 3 根控制线，分别是片选线 $\overline{CE}$、写入线 $\overline{WE}$ 和读允许线 $\overline{OE}$。AT29LV1024 的固化程序需要利用专门写入工具进行离线程序固化，所以电路设计中编程写入端 $\overline{WE}$ 应该为高电平，它的正常工作电压是 8.3V，与 TMS320C5402 的内部外设电压相同。

表 7-17 AT29LVl024 引脚功能

引 脚 名	功　　能
A0～A15	地址线
$\overline{CE}$	片选
$\overline{OE}$	输出使能，读允许
$\overline{WE}$	写入
I/O0～I/O15	数据线
NC	空
DC	不连接

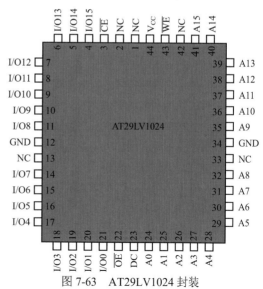

图 7-63 AT29LV1024 封装

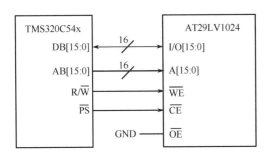

图 7-64 TMS320C5402 与 AT29LV1024 的连接

TMS320C5402 与 AT29LV1024 的连接如图 7-64 所示。由于 TMS320C5402 的外部存储器和 I/O 空间公用地址与数据总线，因此在不进行程序读操作时，AT29LV1024 的数据和地址线一定要处于高阻状态，否则会影响其他与地址和数据总线相连接的存储器和 I/O 空间的正常工作。根据程序读/写时序图（见图 7-50），$\overline{PS}$ 信号满足这一条件。因为 ROM 一般设定为只读，因此在读信号出现时，$\overline{PS}$=0；在写信号出现时，$\overline{PS}$=1。

所以，$\overline{PS}$ 引脚与 AT29LV1024 的片选引脚 $\overline{CE}$ 连接。$\overline{PS}$=0，ROM 挂起，地址和数据线呈现高阻。如果仅扩展一个 ROM，则可将 TMS320C5402 的 $\overline{MSTRB}$ 引脚与 AT29LV1024 的 $\overline{OE}$ 引脚相连。从图 7-50 可见，当 $\overline{PS}$=0 时，$\overline{MSTRB}$=0，可以对存储器进行读操作；当 $\overline{PS}$=1 时，ROM 挂起，$\overline{MSTRB}$ 的状态对存储器没有影响。还可以将 AT29LV1024 的 $\overline{OE}$ 引脚直接接地，因为当芯片不被选中时，任何操作都不起作用，这种接法可以节省一条控制线 $\overline{MSTRB}$。如图 7-64 所示为单纯的程序扩展电路。

7.5.4 静态 RAM 扩展应用

TMS320C54x 根据型号的不同，可以配置不同大小的内部 RAM。考虑到程序的运算速度、系统的整体功耗及电路的抗干扰性能，在选择芯片时应当尽量选择内部 RAM 容量大的芯片。但是在某些情况下需要进行大量的数据运算和存储，因此必须考虑外部数据空间的扩展问题。常用的 RAM 分为静态存储器（SRAM）和动态存储器（DRAM）两种。

SRAM 的静态功能引脚特性如表 7-18 所示。

表 7-18 SRAM 静态功能引脚特性

引　　脚	特　　　性
地址	单向输出、高阻
数据	双向三态，输入、输出、高阻
片选	低电平有效
读选通	低电平有效
写允许	低电平有效
工作电压	8.3V

如果系统对外部数据存储的运算速度要求不高，则可以采用常规的静态 RAM，如 62256，62512 等。如果兼顾 TMS320C54x 的运算速度，则可以采用高速数据存储器，如 ICSI64LV16。这个芯片的工作电压为 8.3V，与 TMS320C54x 外设电压相同，并有 64KW×16bit、128KW×16bit 容量的芯片型号可供选择。图 7-65 所示为 ICSI64LV16 的结构。ICSI64LV16 分别有 16 根地址和数据线，控制线包括片选 $\overline{CE}$，读选通 $\overline{OE}$，写允许 $\overline{WE}$，高字节选通 $\overline{UB}$ 和低字节选通 $\overline{LB}$。

图 7-66 所示为 TMS320C5402 与 ICSI64LV16 连接示意图。地址、数据线分别相连，片选 $\overline{CE}$ 与 TMS320C5402 的 $\overline{DS}$ 相连。因为 ICSI64LV16 的写允许有一个单独的控制端 $\overline{WE}$，低电平有效，与 TMS320C5402 的 R/$\overline{W}$ 时序逻辑相对应，所以，R/$\overline{W}$ 与 $\overline{WE}$ 直接相连。根据 ICSI64LV16 的真值表（见表 7-19）可知，写过程中不受 $\overline{OE}$ 电平的影响，因此，$\overline{OE}$ 直接接地。$\overline{LB}$ 用于低字节（7～0）读/写控制，$\overline{UB}$ 用于高字节（15～8）读/写控制，因此进行字读/写操作（15～0）时，这两个引脚为低电平。

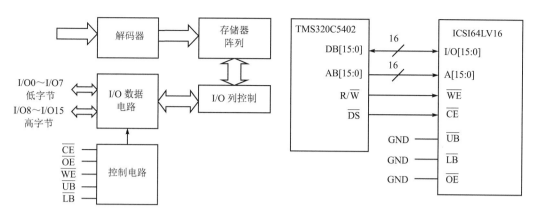

图 7-65   ICSI64LV16 的结构   图 7-66   TMS320C5402 与 ICSI64LV16 的连接

表 7-19   ICSI64LV16 的真值表

工作模式	$\overline{WE}$	$\overline{CE}$	$\overline{OE}$	$\overline{LB}$	$\overline{UB}$	I/O0～I/O7	I/O8～I/O15
未选中	X	H	X	X	X	高阻态	高阻态
禁止输出	H	L	H	X	X	高阻态	高阻态
	X	L	X	H	H	高阻态	高阻态
读	H	L	L	L	H	Dout	高阻态
	H	L	L	H	L	高阻态	Dout
	H	L	L	L	L	Dout	Dout
写	L	L	X	L	H	Din	高阻态
	L	L	X	H	L	高阻态	Din
	L	L	X	L	L	Din	Din

7.5.5   I/O 空间扩展应用

由于 TMS320C54x 的 I/O 资源与其他硬件资源复用，如串口、并口、数据和地址总线等，所以 I/O 空间的使用无论从硬件连接还是软件驱动方面都需要考虑更多的影响因素。下面以常用的 I/O 输入键盘和 I/O 输出液晶显示器为例，介绍 TMS320C54x 的 I/O 空间扩展应用需要注意的规则。

1．I/O 配置

TMS320C54x 的 I/O 资源由以下三部分构成。

（1）通用 I/O 引脚：$\overline{BIO}$ 和 XF

分支转移控制输入引脚 $\overline{BIO}$ 用来监控外设。在时间要求苛刻的循环中，不允许受到干扰，此时可以根据 $\overline{BIO}$ 引脚的状态（即外设的状态）决定分支转移的去向，以代替中断。外部标志输出引脚 XF 可以用来向外部器件发信号，通过软件命令，例如通过指令：

```
SSBX   XF
RSBX   XF
```

可将该引脚置 1 和复位。

（2）BSP 引脚用作通用 I/O 引脚

若满足下面两个条件，则可以将串口的引脚（CLKX、FSX、DX、CLKR、FSR 和 DR）用作通用的 I/O 引脚。

- 串口的相应部分处于复位状态，即寄存器 SPC[l,2]中的 R（X）IOEN=1。
- 串口的通用 I/O 功能被使能，即寄存器 PCR 中的 R（X）IOEN=1。

串口的引脚控制寄存器中含有控制位，以便将串口的引脚设置为输入或输出。表 7-20 中给出了串口引脚的 I/O 设置。

表 7-20　串口引脚的 I/O 设置

引　　脚	设置条件	设为输出	输出值设置位	设为输入	读入值显示位
CLKX	XRST=0 XIOEN=1	CLKM=1	CLKXP	CLKM=0	CLKXP
FSX	与上同	FSXM=1	FSXP	FSXM=0	FSXP
DX	与上同	总是为输出	DX-STAT	不能	无
CLKR	RRST=0 RIOEN=1	CLKRM=1	CLKRP	CLKRM=0	CLKRP
FSR	与上同	FSRM=1	FSRP	FSRM=0	FSRP
DR	与上同	不能为输出	无	总是输出	DR-STAT
CLKS	RRST=XRST=0 RIOEN=XIOEN=1	不能为输出	无	总是输出	CLKS-STAT

（3）HPI 的 8 位数据总线用作通用 I/O 引脚

HPI 的 8 位双向数据总线可以用作通用的 I/O 引脚。这一用法只有在 HPI 不被允许，即在复位时 HPIENA 引脚为低电平的情况下才能实现。通用 I/O 控制寄存器（GPIOCR）和通用 I/O 状态寄存器（GPIOSR）用来控制 HPI 数据引脚的通用 I/O 功能。

表 7-21 为通用 I/O 控制寄存器（GPIOCR）各位的意义及功能说明。

表 7-21　通用 I/O 控制寄存器各位的意义及功能

位　　号	名　　字	复位值	功　　能
15	TOU1	0	定时/计数器 1 输出允许。该位允许或禁止定时/计数器 1 的输出到 HINT 引脚。该输出只有在 HPI-8 不允许时才有效。注意：在只有一个定时/计数器的器件上该位保留
14～8	保留	0	
7～0	DIR7～DIR0	0	I/O 引脚方向位，DIRX 设置 HDX 引脚为输入或输出：DIRX=0 HDX 引脚设置为读入；DIRX=1 HDX 引脚设置为输出（其中 X=0,1,…,7）

表 7-22 为通用 I/O 状态寄存器（GPIOSR）各位的意义及功能说明。

表 7-22　通用 I/O 状态寄存器各位的意义及功能

位　　号	名　　字	复位值	功　　能
15～8	保留	0	
7～0	IO7～IO0	任意	IOX 引脚的状态位，该位反映 HDX 引脚上的电平，若该引脚设置为输入，则该位锁存该引脚的电平逻辑值（1 或 0）；若该引脚设置为输出，则根据该位的值驱动引脚上的电平：IOX=0，HDX 引脚电平为低；IOX=1，HDX 引脚电平为高（其中 X=0,1,…,7）

2．I/O 空间扩展应用举例

在实际应用中，很多情况需要输入和输出接口。显示器作为常用的输出设备，在便携式仪器、手机、PDA 等产品中得到广泛的应用。使用液晶模块可以很方便地作为 I/O 设备与 TMS320C54x 芯片连接，下面以 TMS320C5402 芯片、EPSON 的液晶模块 TCM-A0902 和软件控制键盘输入为例，介绍 TMS320C54x 的 I/O 硬件连接方法和软件驱动程序设计。

【例 7-5】显示器的连接和驱动。

TCM-A0902 引脚功能如表 7-23 所示，其与 TMS320C5402 的连接示意图如图 7-67 所示。

表 7-23 TCM-A0902 引脚功能

符　号	I/O	功　　能
V_{DD}	I	电源
V_{SS}	I	地
$\overline{RESET}$	I	复位（1=初始化）
$\overline{CS}$	I	片选
RD	I	读
$\overline{WR}$	I	写
A0	I	寄存器选择
DB0～DB7	I	数据线

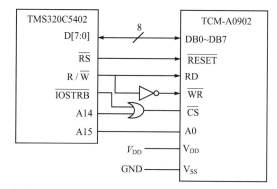

图 7-67　TMS320C5402 与液晶显示器连接示意图

液晶模块作为扩展的 I/O 设备，占用两个 I/O 口地址，液晶的 A0 为数据、命令寄存器选择引脚，所以扩展的 I/O 口地址分为：数据端口地址 BFFFH 和命令端口 3FFFH。显示器驱动程序如下：

```
;YEJING.ASM
            LD        #lcd_data,DP          ;初始化液晶程序
            NOP
            ST        #DTYSET,lcd_data
            CALL      writecomm
            ST        #031H,lcd_data
            CALL      writecomm
            ST        #PDINV,lcd_data
            CALL      writecomm
            ST        #SLPOFF,lcd_data
            CALL      writecomm
            ST        #VOLCTL,lcd_data      ;设置液晶亮度
            CALL      writecomm
            ST        #010H,lcd_data
            CALL      writecomm
writecomm:  PORTW     lcd_data,COMMP        ;程序 writecomm 写液晶命令口
            CALL      delay
            RET
writedata:  PORTW     lcd_data,DATAP        ;程序 writedata 写液晶数据口
            CALL      delay
            RET
```

【例 7-6】键盘的连接和驱动。

键盘作为常用的输入设备应用十分广泛。由于 TMS320C54x 芯片的 I/O 资源较少，因此通过 74HC573 锁存器扩展了一个 3×5 的矩阵式键盘。表 7-24 为锁存器 74HC573 的真值表，图 7-68 所示为锁存器 74HC573 的封装图。

TMS320C54x 扩展键盘占用两个 I/O 口地址：读键盘端口地址 EFFFH 和写键盘端口地址 DFFFH。

图 7-69 所示为 TMS320C54x 的键盘扩展 I/O 连接图。

表 7-24　74HC573 真值表

输　入			输　出
$\overline{OE}$	LE	D	
L	H	H	H
L	H	L	L
L	L	X	Q_0
H	X	X	Z

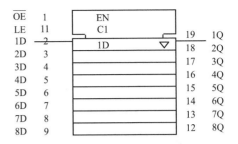

图 7-68　锁存器 74HC573 的封装图

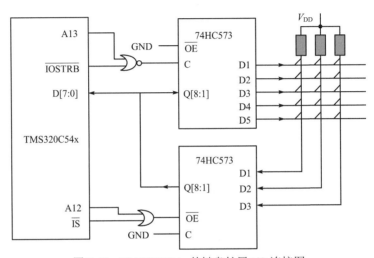

图 7-69　TMS320C54x 的键盘扩展 I/O 连接图

TMS320C54x 键盘 I/O 扩展驱动程序如下:

```
;JIANGPAN.ASM
        LD          #key_data,DP
        STM         #KEYWORD,data_ptr
        LD          key_data,A
        AND         #KEYALL,A
        STL         A,key_data
        PORTW       key_data,WKEYP
        CALL        delay
        PORTR       RKEYP,key_data
        CALL        delay
        ANDM        #07H,key_rdata
        CMPM        key_rdata,#07H
;没有查询到有键按下,跳转至 nokey
        BC          nokey,TC        ;查询到有键按下,等待 10ms,软件去抖
        CALL        wait10 ms
        PORTR       RKEYP,key_rdata
        CALL        delay
        ANDM        #07H,key_rdata
        CMPM        key_rdata,#07H
;10ms 后查询,若无键按下,仍跳转至 nokey
        BC          nokey,TC
```

;下面按行查询键值
```
keystage:    AND      #KEYCOL11,A
             OR       #KEYCOL12,A
             STL      A,key_data
             PORTW    key_data,WKEYP
             CALL     delay
             PORTR    RKEYP,key_rdata
             CALL     delay
             ANDM     #07H,key_rdata
             CMPM     key_rdata,#07H
```
;扫描第 1 行,若有键按下,则跳转至 keyok
```
             BC       keyok,NTC
             AND      #KEYCOL21,A
             OR       #KEYCOL22,A
             STL      A,key_data
             PORTW    key_data,WKEYP
             CALL     delay
             PORTR    RKEYP,key_rdata
             CALL     delay
             ANDM     #07H,key_rdata
             CMPM     key_rdata,#07H
```
;扫描第 2 行,若有键按下,则跳转至 keyok
```
             BC       keyok,NTC
             AND      #KEYCOL31,A
             OR       #KEYCOL32,A
             STL      A,key_data
             PORTW    key_data,WKEYP
             CALL     delay
             PORTR    RKEYP,key_rdata
             CALL     delay
             ANDM     #07H,key_rdata
             CMPM     key_rdata,#07H
```
;扫描第 3 行,若有键按下,则跳转至 keyok
```
             BC       keyok,NTC
             AND      #KEYCOL41,A
             OR       #KEYCOL42,A
             STL      A,key_data
             PORTW    key_data,WKEYP
             CALL     delay
             PORTR    RKEYP,key_rdata
             CALL     delay
             ANDM     #07H,key_rdata
             CMPM     key_rdata,#07H
```
;扫描第 4 行,若有键按下,则跳转至 keyok
```
             BC       keyok,NTC
             AND      #KEYCOL51,A
             OR       #KEYCOL52,A
             STL      A,key_data
             PORTW    key_data,WKEYP
             CALL     delay
```

```
            PORTR        RKEYP,key_rdata
            CALL         delay
            ANDM         #07H,key_rdata
            CMPM         key_rdata,#07H
;扫描第 5 行,若有键按下,则跳转至 keyok
            BC           keyok,NTC
;无键按下,键值变量赋 0,并跳至结束
nokey:      ST           #00H,_iKey_value
            B            keyend
;有键按下,将查询时写出的行数据和读入的列数据组合得到键值,并赋给键值变量
keyok:      SFTA         A,3
            OR           key_rdata,A
            AND          #0FFH,A
            STL          A,_iKey_value
;结束
keyend:     NOP
            RET
```

TMS320C54x 的外设扩展公用数据总线、地址总线，所以如果同时扩展程序空间、数据空间、I/O 空间，则 TMS320C54x 的硬件连接的控制逻辑必须考虑时序和电平的配合。如图 7-70 所示为综合电路连接图，所有扩展的外设驱动程序都可以利用前面单个外设扩展的驱动程序。

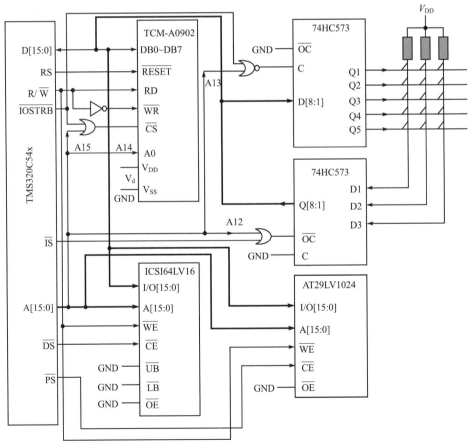

图 7-70　综合电路连接图

习题 7

1. 试列举主机与 HPI 通信的连接单元，并分别说明它们的功能。

2. 已知 TMS320C54x 的 CLKOUT 频率为 4MHz，那么

① 在 SAM 方式下，主机的时钟频率是多少？

② 在 HOM 方式下，主机的时钟频率与 TMS320C54x 时钟频率有关吗？

3. 试分别说明下列有关定时/计数器初始化和开放定时中断语句的功能。

① STM　　　#0004H, IFR

② STM　　　#0080H, IMR

③ RSBX INTM

④ STM　　　#0279H, TCR

4. 假设时钟频率是 40MHz，试编写在 XF 端输出一个周期为 2ms 的方波的程序。

5. TMS320C54x 的串口有哪几种类型？

6. 试叙述标准串口数据的发送过程。

7. 试分别说明下列语句的功能：

① 　STM　#SPCR10, SPSA0

　　STM　#0001H, BSP0

② 　STM　#SPCR20, SPSA0

　　STM　#0081H, BSP0

③ 　STM　#SPCR20, SPSA0

　　ORM　#01000000B, BSP0

8. 在 TMS320C54x 芯片中，能否从一种分频方式直接切换到另一种分频方式？写出切换步骤。

9. 一个 DSP 系统采用了 TMS320C5402 芯片，而其他外部接口芯片为 5V 器件，试为该系统设计一个合理的电源。

10. 试为 DSP 系统设计一个复位电路，要求该电路具有上电复位、手动复位和监视系统运行等功能。

11. 将 TMS320C5402 芯片从 2 分频方式切换到 4 分频方式，试编写相应的程序。

12. TMS320C5402 外接一个 128KW×16bit 的 RAM，采用混合程序区和数据区扩展法，连接电路如图 7-71 所示，试分析程序空间和数据空间的地址范围。

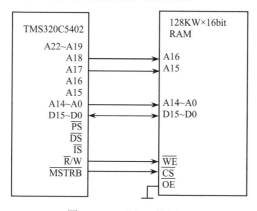

图 7-71　习题 12 的图

13．如何设计 DSP 芯片的模数接口电路？并行转换接口和串行转换接口与 DSP 芯片连接有何不同？

14．试用 TMS320C5402 芯片设计一个 DSP 应用系统。该系统包括一个 128KW 的 EPROM 和 A/D 转换器、D/A 转换器。

15．试用 TMS320C54x、ADC 和 DAC 等芯片，设计一个音频信号采集与处理系统。要求用 McBSP 实现。

16．试用 TMS320C54x 的 HPI，实现 89C51 单片机与 DSP 芯片之间的通信。

参 考 文 献

[1]   TMS320C54x Code Composer Studio Tutorial．Texas Instruments Incorporated，2001.

[2]   TMS320C54x DSP/BIOS User's Guide．Texas Instruments Incorporated，2001.

[3]   TMS320C54x DSP/BIOS Application Programming Interface(API) Reference Guide. Texas Instruments Incorporated，2001.

[4]   Real Time Data Exchange．Texas Instruments Incorporated，2001.

[5]   TMS320C54x Assembly Language Tools User's Guide. Texas Instruments Incorporated, 2001.

[6]   TMS320C54x DSP Reference Set．Texas Instruments Incorporated，2001.

[7]   TMS320C54x DSP Reference Set，Volume1：CPU and Peripherals．Texas Instruments Incorporated，2001.

[8]   TMS320C54x DSP Reference Set，Volume2：Mnemonic Instruction Set. Texas Instruments Incorporated，2001.

[9]   TMS320C54x DSP Reference Set，Volume3：Algebraic Instruction Set．Texas Instruments Incorporated，2001.

[10]   TMS320C54x DSP Reference Set，Volume4：Application Guide. Texas Instruments Incorporated，2001.

[11]   TMS320C54x User's Guide. Texas Instruments Incorporated，1999

[12]   The TMS320C54x DSP HPI and PC Parallel Port Interface. Texas Instruments，1997，Literature Number SPRAl51.

[13]   Extended Precision IIR Filter Design on the TMS320C54x DSP. Texas Instruments，1998，Literature Number SPRA454.

[14]   赵红怡，张常年．数字信号处理及其 MATLAB 实现．北京：化学工业出版社，2002.

[15]   张雄伟，曹铁勇．DSP 芯片的原理与开发应用．北京：电子工业出版社，2000.

[16]   程佩青．数字信号处理教程．北京：清华大学出版社，2001.

[17]   彭启琮．TMS320C54x 实用教程．成都：电子科技大学出版社，2000.